"十二五"职业教育国家规划教材
经全国职业教育教材审定委员会审定

工业和信息化人才培养规划教材　　高职高专计算机系列

计算机
网络基础（第3版）

Computer Networks

杜煜 姚鸿 ◎ 编著

U0277731

人民邮电出版社
北京

图书在版编目（CIP）数据

计算机网络基础 / 杜煜，姚鸿编著. -- 3版. -- 北京：人民邮电出版社，2014.9（2022.1重印）
工业和信息化人才培养规划教材. 高职高专计算机系列
ISBN 978-7-115-36187-5

Ⅰ. ①计… Ⅱ. ①杜… ②姚… Ⅲ. ①计算机网络－高等职业教育－教材 Ⅳ. ①TP393

中国版本图书馆CIP数据核字(2014)第135369号

内 容 提 要

本书 2002 年出版，2008 年进行了第二版修订，2011 年通过北京市教委的评审，被列为"北京市精品教材"，2014 年通过了"十二五"职业教育国家规划教材的立项。本书累计发行 13 万多册，得到广大师生和读者的好评。本书第三版在内容和结构方面都做了很大的调整，全书分为 10 章，系统地介绍了计算机网络的发展、网络体系结构、数据通信基础、局域网、结构化布线系统、网络互连、Internet 与 Intranet、无线网络、网络安全等内容，在最后一章，专门设计了 15 个实验项目，以培养读者的实践能力。

全书内容丰富新颖、图文并茂，层次清楚、语言简洁，使读者既能够学习到理论知识，又能够通过实验培养实用技能。本书可作为高等院校和职业院校信息技术类专业的教材，也可供从事计算机网络工作的工程技术人员学习参考。

◆ 编　著　杜　煜　姚　鸿
　　责任编辑　王　威
　　责任印制　杨林杰

◆ 人民邮电出版社出版发行　　北京市丰台区成寿寺路 11 号
　　邮编　100164　电子邮件　315@ptpress.com.cn
　　网址　http://www.ptpress.com.cn
　　三河市君旺印务有限公司印刷

◆ 开本：787×1092　1/16
　　印张：19.25　　　　　2014 年 9 月第 3 版
　　字数：493 千字　　　2022 年 1 月河北第 20 次印刷

定价：45.00 元

读者服务热线：(010)81055256　印装质量热线：(010)81055316
反盗版热线：(010)81055315

第3版前言

随着网络技术的发展、网络应用的普及，各行业信息化建设不断深入，使现代社会网络无处不在，企业信息化与电子政务以及电子商务已经成为中国信息化领域最受关注的发展点。从而，计算机网络受重视程度越来越高，对计算机网络与应用的学习显得尤为重要。

本书第一版和第二版先后被评为"北京市精品教材"、"普通高等教育"十五"国家级规划教材"、"普通高等教育"十一五"国家级规划教材"和"普通高等教育精品教材"。本次修订，作者根据几年来在计算机网络的教学和科研项目中积累的一部分的教学和工程经验，将这些新成果、新思路融入到本教材第三版的编写中。本教材前两版发行量超过了13万册，得到了广大教师、学生和读者的肯定，因此，在编写此教材过程中，作者还是力求全书内容丰富新颖、图文并茂，并保证教材的系统性、完整性和严谨性。在写作中，力求层次清楚、语言简洁，每章的内容都配有习题，同时作者还精心编写了实验设计，以方便读者既能够学习到理论知识，又能够通过实验获得一些实用的技能。希望读者在学习完本书后，能够了解、认知和掌握计算机网络。

全书共分10章，第1章介绍计算机网络的基础，包括计算机网络的形成与发展、计算机网络的功能、分类和拓扑结构、计算模式等内容。第2章是计算机网络体系结构，介绍了网络体系结构及协议的概念、OSI与TCP/IP体系结构。第3章是数据通信的基础知识，涉及通信过程中的调制、编码、复用、差错控制等技术，以及传输介质和设备接口。第4章着重介绍了计算机局域网络，包括局域网络的特点、层次结构及标准化模型、拓扑结构、介质访问控制、传统以太网、高速以太网，虚拟局域网、局域网连接设备与应用等。第5章简要介绍了结构化布线系统，涉及相关的概念、标准，以及结构化布线系统的组成级服务器技术等内容。第6章是网络的互连，涉及网络互连的相关概念、网络互连类型与设备、协议以及IPv6相关技术等。第7章是Internet应用与Intranet，介绍了Internet及其相关内容，包括Internet的管理机构、资源与应用、Internet提供的服务，以及Intranet技术。第8章无线网络，介绍无线局域网、无线城域网，以及其他无线网络的技术标准与应用。第9章计算机网络安全，着重讲述了安全策略、访问控制、数据加密、防火墙技术等。第10章是实验设计。

本书的编制以理论联系实际为原则，关于本书的使用，作者建议读者在网络技术课程的学习中，从本书获得相关知识、了解新技术动态，同时掌握实用技术运用。本书侧重于计算机网络体系结构、局域网、网络互连、Internet应用与Intranet等内容。学生通过本课程的学习，应初步具备分析比较和选择网络技术组件、设备的能力，掌握较复杂的局域网组建，具备一定的网络管理与维护、互联网服务的配置管理等网络应用能力，为从事相关职业打下必要的基础。

为方便教学，本书配备了PPT等教学资源，任课老师可到人民邮电出版社教学服务与资源网（www.ptpedu.com.cn）免费下载使用。

由于作者水平有限，书中难免出现漏洞和错误，望各位专家与读者给予谅解和指正。如有任何问题，请来信至：duyu@vip.163.com。

编者

2014年7月

目 录 CONTENTS

第 1 章　计算机网络概论　1

1.1　计算机网络的形成与发展	1	
1.1.1　以单计算机为中心的联机系统	1	
1.1.2　计算机–计算机网络	3	
1.1.3　分组交换技术的诞生	3	
1.1.4　计算机网络体系结构的形成	4	
1.1.5　Internet 的快速发展	5	
1.1.6　Internet 的应用与高速网络技术的发展	6	
1.1.7　云计算、物联网与 4G 移动网络	7	
1.2　计算机网络的定义与功能	7	
1.2.1　计算机网络的定义	7	
1.2.2　计算机网络的功能	7	
1.3　计算机网络的组成	8	
1.3.1　计算机网络的系统组成	8	
1.3.2　计算机网络软件	9	
1.4　计算机网络的分类	10	

1.4.1　按网络的作用范围划分	10
1.4.2　按网络的传输技术划分	11
1.4.3　按网络的使用范围划分	11
1.4.4　按传输介质分类	12
1.4.5　按企业和公司管理分类	12
1.5　计算机网络的拓扑结构	13
1.6　计算机网络的计算模式	14
1.6.1　以大型机为中心的计算模式	14
1.6.2　以服务器为中心的计算模式	14
1.6.3　客户机/服务器计算模式	15
1.6.4　浏览器/服务器的计算模式	17
1.6.5　P2P 计算模式	17
1.6.6　云计算模式	18
1.7　标准化组织	19
练习题	21

第 2 章　计算机网络体系结构　22

2.1　网络体系结构及协议的概念	22
2.2　开放系统互连参考模型（OSI/RM）	23
2.2.1　ISO/OSI 参考模型	23
2.2.2　物理层	26
2.2.3　数据链路层	27
2.2.4　网络层	28

2.2.5　其他各层的简介	29
2.3　TCP/IP 的体系结构	30
2.3.1　TCP/IP 的概述	30
2.3.2　TCP/IP 的层次结构	30
2.3.3　TCP/IP 协议集	31
练习题	33

第 3 章　数据通信的基础知识　35

3.1　基本概念	35
3.1.1　信息、数据和信号	35
3.1.2　数据通信系统的基本结构	36
3.1.3　通信信道的分类	37
3.1.4　数据通信的技术指标	38
3.2　数据的传输	39
3.2.1　串/并行通信	39
3.2.2　信道的通信方式	40
3.2.3　信号的传输方式	41
3.3　数据传输的同步方式	42

3.4　数据的编码和调制技术	43
3.4.1　数字数据的调制	43
3.4.2　数字数据的编码	45
3.4.3　模拟数据的调制	46
3.4.4　模拟数据的编码	46
3.5　数据交换技术	48
3.5.1　电路交换	48
3.5.2　存储转发交换	50
3.5.3　高速交换技术	52
3.6　信道复用技术	52

3.6.1 频分多路复用	53	
3.6.2 时分多路复用	53	
3.6.3 波分多路复用	55	
3.6.4 码分多路复用	55	
3.7 传输媒体的类型与特点	56	
3.7.1 双绞线	56	
3.7.2 同轴电缆	56	
3.7.3 光纤	57	
3.7.4 无线电传输	58	

3.8 通信接口及设备	60
3.8.1 EIA RS-232C 接口	60
3.8.2 EIA RS-449 接口	64
3.8.3 ITU-T X.2l 接口	64
3.8.4 调制解调器	64
3.9 差错控制技术	67
3.9.1 差错的产生	67
3.9.2 差错的控制	68
练习题	70

第 4 章 计算机局域网络 72

4.1 局域网概述	72
4.1.1 局域网的特点	72
4.1.2 局域网层次结构及标准化模型	73
4.2 局域网的主要技术	75
4.2.1 拓扑结构	75
4.2.2 传输介质与传输形式	77
4.2.3 介质访问控制方法	77
4.3 以太网技术	80
4.3.1 以太网的产生和发展	80
4.3.2 传统以太网	81
4.3.3 快速以太网（Fast Ethernet）	82
4.3.4 千兆位以太网（Gigabit Ethernet）	83
4.3.5 万兆位以太网（10 Gigabit Ethernet）	84
4.4 交换式以太网（Switching Ethernet）	86

4.4.1 交换式以太网的工作原理	87
4.4.2 交换式以太网的特点	88
4.4.3 三层交换技术	88
4.5 虚拟局域网 VLAN	90
4.5.1 VLAN 概述	90
4.5.2 VLAN 的实现	91
4.5.3 VLAN 的划分方法	92
4.5.4 VLAN 的优点	94
4.6 局域网连接设备与应用	95
4.6.1 网络适配器	95
4.6.2 集线器	96
4.6.3 交换机	97
练习题	102

第 5 章 结构化布线系统 104

5.1 结构化布线系统概述	104
5.1.1 结构化布线系统的概念	104
5.1.2 结构化布线系统的标准	105
5.2 结构化布线系统的组成	105
5.2.1 用户工作区系统	107
5.2.2 水平布线系统	107
5.2.3 垂直布线系统	107
5.2.4 设备间系统	108
5.2.5 布线配线系统	109
5.2.6 建筑群系统	109
5.3 典型的水平布线系统	110
5.3.1 水平布线系统的要求	110
5.3.2 8针 RJ-45 型连接器	111
5.3.3 模块配线架	112
5.3.4 工作区通信插座	113
5.3.5 跳接电缆	113

5.4 服务器技术	113
5.4.1 多处理器技术	113
5.4.2 总线能力	115
5.4.3 内存	115
5.4.4 磁盘接口技术	115
5.4.5 容错技术	116
5.4.6 磁盘阵列技术	117
5.4.7 服务器集群技术	119
5.4.8 热插拔技术	120
5.4.9 双机热备份	120
5.4.10 服务器状态监视	120
5.5 结构化布线系统应注意的事项	121
5.5.1 电源、电气保护与接地	121
5.5.2 环境保护	121
练习题	122

6.1　互连网络的基本概念　123
　　6.1.1　网络互连的类型　124
　　6.1.2　网络互连的层次　125
6.2　网络互连设备　127
　　6.2.1　网桥（Bridge）　127
　　6.2.2　路由器（Router）　130
　　6.2.3　网关（Gateway）　135
6.3　网际互联 IP 协议　136
　　6.3.1　IP 数据报　136
　　6.3.2　IP 编址　138
　　6.3.3　ARP 地址解析　142
　　6.3.4　ICMP 协议　143
　　6.3.5　IGMP 协议　144
6.4　子网编址技术　146
　　6.4.1　划分子网的原因　147

6.4.2　子网划分的层次结构和划分方法　148
6.4.3　可变长子网划分（VLSM）　153
6.4.4　超网和无类域间路由 CIDR　156
6.5　IP 路由选择　157
　　6.5.1　路由选择基础　157
　　6.5.2　路由信息协议 RIP　159
　　6.5.3　开放最短路径优先 OSPF　162
　　6.5.4　外部网关协议 BGP　163
6.6　IPv6 技术　164
　　6.6.1　IPv6 的发展背景　164
　　6.6.2　IPv6 的技术特点　164
　　6.6.3　IPv6 的地址　166
　　6.6.4　IPv6 与 IPv4 的互通　167
练习题　169

7.1　Internet 概述　171
　　7.1.1　Internet 的管理机构　172
　　7.1.2　Internet 的资源与应用　172
　　7.1.3　Internet 在中国的发展　175
7.2　域名系统　175
　　7.2.1　层次型域名系统命名机制及管理　176
　　7.2.2　Internet 域名系统的规定　177
　　7.2.3　域名系统的工作原理　178
7.3　主机配置协议　180
　　7.3.1　引导程序协议 BOOTP　180
　　7.3.2　动态主机配置协议 DHCP　180
7.4　简单网络管理协议 SNMP　181
　　7.4.1　SNMP 的概念　181
　　7.4.2　网络管理的功能　182
7.5　WWW 服务　183
　　7.5.1　WWW 的发展　183
　　7.5.2　WWW 的相关概念　184
　　7.5.3　WWW 的工作方式　186
　　7.5.4　WWW 浏览器　186
　　7.5.5　WWW 的语言　187
7.6　电子邮件服务　191
　　7.6.1　电子邮件的特点　191
　　7.6.2　电子邮件的传送过程　191

7.6.3　电子邮件的相关协议　192
7.6.4　电子邮件的地址与信息格式　193
7.7　文件传输服务　195
　　7.7.1　文件传输的概念　195
　　7.7.2　文件传输协议 FTP　195
　　7.7.3　FTP 的主要功能　196
　　7.7.4　匿名 FTP 服务　196
7.8　远程登录服务　197
　　7.8.1　远程登录的概念与意义　197
　　7.8.2　Telnet 协议与工作原理　198
　　7.8.3　Telnet 的使用　198
7.9　Internet 的接入技术　199
　　7.9.1　公用电话网 PSTN　199
　　7.9.2　综合业务数字网 ISDN　200
　　7.9.3　xDSL 宽带接入　203
　　7.9.4　光纤接入　206
7.10　企业内联网 Intranet　207
　　7.10.1　企业网技术的发展　207
　　7.10.2　Intranet 的概念　208
　　7.10.3　Intranet 的主要技术特点　209
　　7.10.4　Intranet 网络的组成　209
　　7.10.5　Intranet 的 VPN 与 NAT　214
练习题　216

3

目
录

第 8 章 无线网络 218

8.1 无线局域网 WLAN 218	8.2.2 无线城域网的应用领域 225
8.1.1 无线局域网的相关标准 218	8.2.3 无线城域网的特点 225
8.1.2 无线局域网的结构 219	8.2.4 无线城域网的组建 226
8.1.3 无线局域网的应用领域 221	**8.3 其他无线网络** 226
8.1.4 无线局域网的特点 222	8.3.1 无线个人区域网 226
8.1.5 无线局域网的组建 223	8.3.2 无线广域网 227
8.2 无线城域网 WMAN 224	**练习题** 228
8.2.1 无线城域网的相关标准 224	

第 9 章 计算机网络安全 229

9.1 计算机网络安全概述 229	9.4.2 防火墙的设计 242
9.2 计算机网络的安全要求 230	9.4.3 防火墙的组成 243
9.2.1 计算机网络安全的要求 230	**9.5 数据的加密和认证** 246
9.2.2 计算机网络的保护策略 231	9.5.1 数据加密技术 246
9.2.3 网络安全管理 232	9.5.2 密码体制 247
9.2.4 网络安全协议 233	9.5.3 数字签名 249
9.2.5 常用的安全工具 234	**9.6 网络安全的攻击与防卫** 250
9.3 访问控制与设备安全 236	9.6.1 常见的网络攻击及解决方法 250
9.3.1 访问控制技术 237	9.6.2 网络安全的防卫模式 253
9.3.2 设备安全 239	9.6.3 常用的安全措施原则 254
9.4 防火墙技术 240	**练习题** 255
9.4.1 防火墙的优缺点 241	

第 10 章 计算机网络实验设计 256

10.1 串行通信接口实验 256	10.3.1 路由器与静态路由配置 269
10.1.1 使用串行接口直连 2 台计算机 256	10.3.2 RIP 动态路由协议的配置 271
10.1.2 使用超级终端进行串行通信 257	10.3.3 OSPF 动态路由协议的配置 272
10.2 组建小型计算机局域网实验 261	10.3.4 VLAN 的划分与互通 274
10.2.1 网线制作与网络设备状态识别 261	10.3.5 防火墙访问控制列表（ACL）
10.2.2 使用 TCP/IP 协议配置计算机局	实验 276
域网 263	10.3.6 ADSL 无线路由器配置实验 278
10.2.3 计算机局域网连通性测试 264	**10.4 基于 Windows Server 2003 的**
10.2.4 局域网子网间的连通性与路由追	**网络应用服务实验** 282
踪测试 267	10.4.1 DNS 服务器的安装与配置 282
10.3 路由协议、网络安全和无线路由	10.4.2 DHCP 服务器的安装与配置 291
实验 269	10.4.3 IIS 服务器的安装与配置 296

PART 1

第 1 章
计算机网络概论

本章提要

- 计算机网络的形成与发展；
- 计算机网络的定义、功能以及组成；
- 计算机网络的分类与拓扑结构；
- 计算机网络的计算模式；
- 国际标准化组织。

计算机网络是计算机技术与通信技术结合的产物。1946 年第一台电子计算机 ENIAC 的诞生标志着向信息社会迈进的开始。随着半导体技术、磁记录技术的发展和计算机软件的开发，计算机技术的发展异常迅速，而 20 世纪 70 年代微型计算机的出现和发展使计算机在各个领域得到广泛普及和应用，从而加快了信息技术革命，使人类进入了信息时代。在计算机应用的过程中，需要对大量复杂的信息进行收集、交换、加工、处理和传输，从而产生了通信技术，以便为计算机或终端设备提供收集、交换和传输信息的手段。

1.1　计算机网络的形成与发展

计算机网络从 20 世纪 60 年代开始发展至今，规模已从小型的办公室局域网发展为全球性的大型广域网，对现代人类的生产、经济、生活等各个方面都产生了巨大的影响。仅仅在过去的 20 多年里，计算机和计算机网络技术就取得了惊人的发展，处理和传输信息的计算机网络形成了信息社会的基础，不论是企业、机关、团体还是个人，他们的生产率和工作效率都由于使用这些革命性的工具而有了实质性的增长。在当今的信息社会中，人们不断地依靠计算机网络来处理个人和工作上的事务，而且这种趋势正在加剧，显示出计算机和计算机网络的强大功能。计算机网络的形成大致分为以下几个阶段。

1.1.1　以单计算机为中心的联机系统

20 世纪 60 年代中期以前，计算机主机昂贵，而通信线路和通信设备的价格相对便宜，可以共享主机资源和进行信息的采集及综合处理，联机终端网络是一种主要的系统结构形式，这种以单计算机为中心的联机系统如图 1-1 所示。

在单处理机联机网络中，涉及多种通信技术、多种数据传输设备和数据交换设备。从计算机技术上来看，这是由单用户独占一个系统发展到分时多用户系统，即多个终端用户分时占用主机上的资源，这种结构被称为第一代网络。在单处理机联机网络中，主机既要承担通信工作又要承担数据处理，因此，主机的负荷较重，且效率低。另外，每一个分散的终端都要单独占用一条通信线路，线路利用率低，且随着终端用户的增多，系统费用也在增加。因此，为了提高通信线路的利用率并减轻主机的负担，便使用了多点通信线路、集中器以及通信控制处理机。

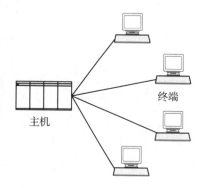

图 1-1　单计算机为中心的联机系统

多点通信线路就是在一条通信线路上连接多个终端，如图 1-2 所示，多个终端可以共享同一条通信线路与主机进行通信。由于主机与终端间的通信具有突发性和高带宽的特点，所以各个终端与主机间的通信可以分时地使用同一高速通信线路。相对于每个终端与主机之间都设立专用通信线路的配置方式，这种多点线路能极大地提高线路的利用率。

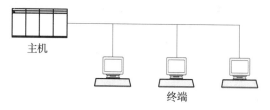

图 1-2　多点通信线路

通信控制处理机（Communication Control Processor，CCP）或称前端处理机（Front End Processor，FEP）的作用就是要完成全部的通信任务，让主机专门进行数据处理，以提高数据处理的效率。

集中器主要负责从终端到主机的数据集中以及从主机到终端的数据分发，它可以放置于终端相对集中的位置，其一端用多条低速线路与各终端相连，收集终端的数据，另一端用一条较高速率的线路与主机相连，实现高速通信，以提高通信效率，如图 1-3 所示。

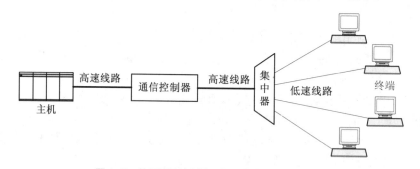

图 1-3　使用通信控制处理机和集中器的通信系统

联机终端网络典型的范例是美国航空公司与 IBM 公司在 20 世纪 50 年代初开始联合研究、60 年代初投入使用的飞机订票系统（SABRE-I）。这个系统由一台中央计算机与全美范围内的 2 000 个终端组成，这些终端采用多点线路与中央计算机相连。美国通用电气公司的信息服务系统（GE Information Service）则是世界上最大的商用数据处理网络，其地理范围从美国本土延伸到欧洲、澳洲和日本。该系统于 1968 年投入运行，具有交互式处理和批处理能力。

1.1.2　计算机–计算机网络

从 20 世纪 60 年代中期到 70 年代中期，随着计算机技术和通信技术的进步，已经形成了将多个单处理机联机终端网络互相连接起来，以多处理机为中心的网络，并利用通信线路将多台主机连接起来，为用户提供服务。连接形式有两种。

第一种形式是通过通信线路将主机直接连接起来，主机既承担数据处理又承担通信工作，如图 1-4（a）所示。

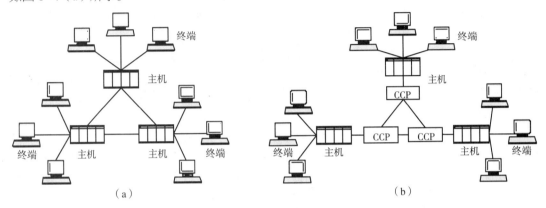

（a）　　　　　　　　　　　　　　　　　（b）

图 1-4　计算机–计算机网络

第二种形式是把通信任务从主机分离出来，设置通信控制处理机（CCP），主机间的通信通过 CCP 的中继功能间接进行，如图 1-4（b）所示。

通信控制处理机负责网上各主机间的通信控制和通信处理，由它们组成了带有通信功能的内层网络，也称为通信子网，是网络的重要组成部分。主机负责数据处理，是计算机网络资源的拥有者，而网络中所有的主机构成了网络的资源子网。通信子网为资源子网提供信息传输服务，资源子网上用户间的通信是建立在通信子网的基础上的。没有通信子网，网络就不能工作，而没有资源子网，通信子网的传输也失去了意义，两者结合起来组成了统一的资源共享的网络。

1.1.3　分组交换技术的诞生

随着计算机–计算机网络技术的不断发展，网络用户不仅可以通过计算机使用本地计算机的软件、硬件与数据资源，也可以通过网络使用其他计算机的软件、硬件与数据资源，以达到计算机资源共享的目的。这一阶段研究的典型代表是美国国防部高级研究计划局（ARPA）的 ARPANET，其核心技术是分组交换技术。

在早期的通信系统中，最重要且应用最广泛的是线路交换（Circuit Switching）。但是，利用电话线路传送计算机或终端的数据也会出现新的问题，这是因为在计算机通信时，线路上真正用来传送数据的时间往往不到 10%，有时甚至低于 1%。用户在阅读屏幕信息或用键盘输入与编辑一份报文时，通信线路实际上是空闲的，通信线路资源被浪费了，而用户的通信费用却很高。同时，在线路交换中，用于建立通路的呼叫过程对计算机通信来说也太长。线路交换是为语音通信而设计的，打电话的平均时间约为几分钟，因此呼叫过程（10～20s）不算太长。但是，1 000 bit 的数据在 2 400 bit/s 的线路上传输时，需要的时间还不到 0.5 s。相比之下，呼叫过程占用的时间就太多了。

由于计算机与各种终端的传送速率不同，在采用线路交换时，不同类型、不同规格和速率的终端很难相互进行通信，必须采用一些措施来解决这个问题。同时，计算机通信应采取有效的差错控制技术，可靠并准确无误地传送每一个比特，因此，需要研究开发出适用于计算机通信的交换技术。

20 世纪 60 年代中期美国国防部开始着手进行分组交换网的研究工作。美国国防部高级研究计划局（ARPA）的早期研究的项目包括了分组交换基本概念与理论的研究课题。1967 年初，ARPA 着手于计算机连网的课题；1967 年 6 月正式公布了研究计划，打算用租用线路来连接分组交换装置，分组交换装置采用小型机，这个分组交换网就是 ARPANET。从 1962 年至 1965 年，ARPA 与英国国家物理实验室（NPL）都在对新型的计算机通信网进行研究。分组交换的概念最初是在 1964 年提出来的，1969 年 12 月，美国第一个使用分组交换技术的 ARPANET 投入运行，虽然当时仅有 4 个节点，但它对分组交换技术的研究起了重要作用。到 20 世纪 70 年代后期，ARPA 网络节点超过 60 个，主机 100 多台，地域范围跨越了美洲大陆，连通了美国东部和西部的许多大学和研究机构，而且通过通信卫星与夏威夷和欧洲等地区的计算机网络相互连通。

采用分组交换技术的网络试验成功，使计算机网络的概念发生了巨大的变化。早期的联机终端系统是以单个主机为中心，各终端通过通信线路共享主机的硬件和软件资源。而分组交换网以通信子网为中心，主机和终端构成了用户资源子网。用户不仅可共享通信子网的资源，而且还可共享用户资源子网的许多硬件和软件资源。这种以通信子网为中心的计算机网络被称为第二代计算机网络，其功能比面向终端的第一代计算机网络的功能有很大的增强。

1.1.4　计算机网络体系结构的形成

经过 20 世纪 60 年代和 70 年代前期的发展，人们对网络的技术、方法和理论的研究日趋成熟。为了促进网络产品的开发，各大计算机公司纷纷制定了自己的网络技术标准，最终促成了国际标准的制定，遵循网络体系结构标准建成的网络称为第三代网络。计算机网络体系结构依据标准化的发展过程可分为两个阶段。

1. 各计算机制造厂商网络结构标准化

IBM 公司在 SNA（系统网络体系结构）之前已建立了许多网络，为了使自己公司制造的计算机易于连网，并有标准可依，使网络的系统软件、网络硬件具有通用性，1974 年在世界上首先提出了完整的计算机网络体系标准化的概念，宣布了 SNA 标准。IBM 公司以 SNA 标准建立起来的网络称为 SNA 网，这大大方便了用户用 IBM 各机型建造网络。为了增强计算机产品在世界市场上的竞争能力，DEC 公司公布了 DNA（数字网络系统结构）；UNIVAC 公司公布了DCA（数据通信体系结构）；Burroughs 公司公布了 BNA（宝来网络体系结构）等。这些网络技术标准只是在一个公司范围内有效，也就是说，遵从某种标准的、能够互联的网络通信产品，也只限于同一公司生产的同构型设备。

2. 国际网络体系结构标准化

1977 年，国际标准化组织（ISO）为适应网络向标准化发展的需要，成立了 TC97（计算机与信息处理标准化委员会）下属的 SC16（开放系统互联分技术委员会），在研究、吸收各计算机制造厂家的网络体系结构标准化经验的基础上，开始着手制定开放系统互联的一系列标准，旨在方便异种计算机互联。该委员会制定了"开放系统互联参考模型"（OSI/RM），简称为 OSI。作为国际标准，OSI 规定了可以互联的计算机系统之间的通信协议，遵从 OSI 协议的网络通信产品都是所谓的开放系统，而符合 OSI 标准的网络也被称为第三代计算机网络。目前，几乎所有的网络产品厂商都在生产符合国际标准的产品，而这种统一的、标准化的产品互相竞争市场，也给网络技术的发展带来了更大的繁荣。

20 世纪 80 年代，个人计算机（PC）有了极大的发展。这种更适合办公室环境和家庭使用的计算机对社会生活的各个方面都产生了深刻的影响。在一个单位内部的微型计算机和智能设备的互联网络不同于以往的远程公用数据网，因而局域网技术也得到了相应的发展。1980 年 2 月 IEEE 802 局域网标准出台。局域网的发展道路不同于广域网，局域网厂商从一开始就按照标准化、互相兼容的方式展开竞争，他们大多进入了专业化的成熟时期。今天，在一个用户的局域网中，工作站可能是 IBM 的，服务器可能是 HP 的，网卡可能是 Intel 的，交换机可能是 Cisco 的，而网络上运行的软件则可能是 Novell 公司的 NetWare 或是 Microsoft 的 Windows 2003/2008。

1.1.5　Internet 的快速发展

进入 20 世纪 80 年代中期，在计算机网络领域中发展速度最快的莫过于 Internet，而且随着 Internet 的发展，目前它已成为世界上最大的国际性计算机互联网。

1969 年 12 月 ARPANET 投入运行，到 1983 年，ARPANET 已连接了 300 多台计算机，供美国各研究机构和政府部门使用。在 1984 年，ARPANET 被分解为两个网络。一个是民用科研网（ARPANET），另一个是军用计算机网络（MILNET）。由于这两个网络都是由许多网络互连而成的，因此它们都称为 Internet，ARPANET 就是 Internet 的前身。

美国国家科学基金会（NSF）认识到计算机网络对科学研究的重要性，因此，从 1985 年起，NSF 就围绕其 6 个大型计算机中心建设计算机网络。1986 年，NSF 建立了国家科学基金网（NSFNET），它是一个三级计算机网络，分为主干网、地区网和校园网，覆盖了全美国主要的大学和研究所。NSFNET 也和 ARPANET 相连。最初，NSFNET 的主干网的速率不高，仅为 56 kbit/s。在 1989～1990 年，NSFNET 主干网的速率提高到 1.544 Mbit/s，并且成为 Internet 中的主要部分；到了 1990 年，鉴于 ARPANET 的实验任务已经完成，在历史上起过重要作用的 ARPANET 就正式宣布关闭。

1991 年，NSF 和美国的其他政府机构开始认识到，Internet 必将扩大其使用范围，而不会仅限于大学和研究机构。世界上的许多公司纷纷接入到 Internet，使网络上的通信量急剧增大，于是美国政府决定将 Internet 的主干网转交给私人公司来经营，并开始对接入 Internet 的单位收费。1992 年，Internet 上的主机超过 100 万台。1993 年 Internet 主干网的速率提高到 45 Mbit/s。到 1996 年速率为 155 Mbit/s 的主干网建成。1999 年 MCI 和 WorldCom 公司将美国的 Internet 主干网速率提高到 2.5 Gbit/s，Internet 上注册的主机已超过 1 000 万台。2000 年，Internet 主干网速率达到 5 Gbit/s。

Internet 已经成为世界上规模最大和增长速率最快的计算机网络，没有人能够准确说出 Internet 究竟有多大。Internet 的迅猛发展始于 20 世纪 90 年代。由欧洲原子核研究组织 CERN 开发的万维网(WWW)被广泛使用在 Internet 上，大大方便了广大非网络专业人员对网络的使用，成为 Internet 发展的指数级增长的主要驱动力。WWW 的站点数目也急剧增长，1993 年底只有 627 个，1994 年底就超过 1 万个，1996 年底超过 60 万个，1997 年底超过 160 万个，而 1999 年底则超过了 950 万个，上网用户数则超过 2 亿。Internet 上的数据通信量每月约增加 10%。以我国 Internet 的发展为例，截止到 2013 年 12 月，上网用户人数约 6.18 亿人，仅 CN 下注册的域名数已达到 1 844 万个。

1.1.6　Internet 的应用与高速网络技术的发展

对于广大网络用户来说，Internet 是一个利用路由器来实现多个广域网和局域网互连的大型广域计算机网络。它对推动世界科学、文化、经济和社会的发展有着不可估量的作用。用户可以利用 Internet 来实现全球范围的电子邮件、WWW 信息查询与浏览、电子新闻、文件传输、语音与图像通信服务等功能。实际上，Internet 已成为覆盖全球的信息基础设施之一。

在 Internet 飞速发展与广泛应用的同时，高速网络的发展也引起了人们越来越多的注意。高速网络技术的发展主要表现在宽带综合业务数据网（B-ISDN）、异步传输模式（ATM）、高速局域网、交换局域网与虚拟网络上。

进入 20 世纪 90 年代以来，世界经济已经进入了一个全新的发展阶段。世界经济的发展推动着信息产业的发展，信息技术与网络的应用已成为衡量 21 世纪综合国力与企业竞争力的重要标准。在 1993 年 9 月，美国宣布了国家信息基础设施建设计划，它被形象地称为信息高速公路。美国建设信息高速公路的计划触动了世界各国，人们开始认识到信息技术的应用与信息产业的发展将会对各国经济发展产生重要的作用，因此，很多国家也纷纷开始制定各自的信息高速公路的建设计划。对于国家信息基础设施建设的重要性已在各国形成共识，1995 年 2 月全球信息基础设施委员会成立，目的是推动与协调各国信息技术与信息服务的发展与应用。在这种情况下，全球信息化的发展趋势已不可逆转。

在企业内部网中采用 Internet 技术，促进了 Internet 技术的发展；企业网（Intranet）之间电子商务活动的开展又进一步促进了外联网 Extranet 技术的发展，同时对社会经济生活产生了重要的影响。Internet、Intranet 和 Extranet 是当前企业网研究与应用的热点。

建设信息高速公路就是为了满足人们在未来随时随地对信息交换的需要，在此基础上人们相应地提出了个人通信与个人通信网的概念，它将最终实现全球有线网与无线网的互连、邮电通信网与电视通信网的互连以及固定通信与移动通信的结合。在现有电话交换网（PSTN）、公共数据网（PDN）、广播电视网、B-ISDN 的基础上，利用无线通信、蜂窝移动电话、卫星移动通信、有线电视网等通信手段，最终实现"任何人在任何地方，在任何的时间里，使用任一种通信方式，实现任何业务的通信"。

信息高速公路的服务对象是整个社会，因此，它要求网络无所不在，未来的计算机网络将覆盖所有的企业、学校、科研部门、政府及家庭，其覆盖范围可能要超过现有的电话通信网。为了支持各种信息的传输，网上电话、视频会议等应用对网络传输的实时性要求很高，未来的网络必须具有足够的带宽、很好的服务质量与完善的安全机制，以满足不同应用的需求。

以 ATM 为代表的高速网络技术发展迅速。目前，世界上很多发达国家都组建了各自的 ATM 网络，在我国电信部门的骨干网和一些商业网上也广泛采用了 ATM 技术。在网络传输上，全光通信网（AON）的传输和交换的过程中始终以光的形式存在，具有处理高速率的光信号，实现超长距离、超大容量的无中继通信提高网络效率等多种优点而成为通信网未来的发展方向。

为了有效地保护金融、贸易等商业秘密以及政府机要信息与个人稳私，网络必须具有足够的安全机制，以防止信息被非法窃取、破坏与丢失。作为信息高速公路基础设施的网络系统，必须具备高度的可靠性与完善的管理功能，以保证信息传输的安全与畅通。因此，计算机网络技术的发展与应用必将对 21 世纪世界经济、军事、科技、教育与文化的发展产生重大的影响。

利用信息技术改造提升传统产业，实现网络化、智能化、集约化、绿色化发展，促进产业优化升级；另一方面，以宽带基础建设带动高新技术产业不断发展，具体提出要不断创新宽带应用模式，培育新市场新业态，加快电子商务、现代物流、网络金融等现代服务业发展，壮大云计算、物联网、移动互联网、智能终端等新一代信息技术产业。

1.1.7　云计算、物联网与 4G 移动网络

云计算和物联网是目前 IT 业界的两大焦点，是互联网发展过程中必然的产物。云计算狭义的理解就是通过网络以按需、易扩展的方式获得所需资源，包括计算资源、存储资源和网络资源。通过云计算技术，将计算分布在大量的分布式计算机上，而非本地计算机或远程服务器中，企业可以将资源切换到需要的应用上，根据需求访问计算机和存储系统。

物联网就是"物物相连的互联网"。物联网通过智能感知、识别技术与普适计算、广泛应用于网络的融合中，也被称为继计算机、互联网之后世界信息产业发展的第三次浪潮。物联网利用局部网络或互联网等通信技术把传感器、控制器、机器、人员和物等通过新的方式连在一起，形成人与物、物与物相连，实现信息化、远程管理控制和智能化的网络。物联网是互联网的延伸，它包括互联网及互联网上所有的资源，兼容互联网所有的应用，但物联网中所有的元素（所有的设备、资源及通信等）都是个性化和私有化的。

云计算是实现物联网的核心，而物联网是云计算的目标，促进着云计算的发展。物联网通过大量的传感器采集到难以计数的数据量，云计算则对这些海量数据进行智能处理、提取。目前，云计算、物联网产业链和产业体系已初步形成，各种应用层出不穷。当前随着云计算、物联网技术的日益成熟，云计算、物联网创新应用将成为促进信息网络产业的大发展。

2013 年 12 月 4 日，工信部向中国联通、中国电信、中国移动正式发放了第四代移动通信业务牌照，标志着中国电信产业正式进入了 4G 时代，一个全新的移动互联网时代，用户上网速度最高可达到 100 Mbps。4G 网络将以更快的通信速度、更低的资费及对大数据量传输的承载力，在移动办公（如移动视频会议、移动 OA 系统）、移动电子商务（如移动仓储物流管理、供应链管理、移动客户关系管理）等方面具有广阔的应用前景，将会极大地促进企业移动信息化建设。作为未来大数据和移动网络的发展的先锋军，4G 网络的运行让云计算、移动互联网与物联网的结合有巨大的空间。

1.2　计算机网络的定义与功能

1.2.1　计算机网络的定义

对计算机网络的定义没有统一的标准，根据计算机网络发展的阶段或侧重点的不同，对计算机网络有几种不同的定义。根据目前计算机网络的特点，侧重资源共享的计算机网络定义则更准确地描述了计算机网络的特点。

计算机网络定义："利用通信设备和线路，将分布在地理位置不同的、功能独立的多个计算机系统连接起来，以功能完善的网络软件（网络通信协议及网络操作系统等）实现网络中资源共享和信息传递的系统"

1.2.2　计算机网络的功能

1. 数据交换和通信

计算机网络中的计算机之间或计算机与终端之间，可以快速可靠地相互传递数据、程序或文件。例如，电子邮件（E-mail）可以使相隔万里的异地用户快速准确地相互通信；电子数据

交换（EDI）可以实现在商业部门（如海关、银行等）或公司之间进行订单、发票、单据等商业文件安全准确的交换；文件传输服务（FTP）可以实现文件的实时传递，为用户复制和查找文件提供了有力的工具。

2. 资源共享

充分利用计算机网络中提供的资源（包括硬件、软件和数据）是计算机网络组网的主要目标之一。计算机的许多资源是十分昂贵的，不可能为每个用户所拥有。例如，进行复杂运算的巨型计算机、海量存储器、高速激光打印机、大型绘图仪和一些特殊的外设等，另外，还有大型数据库和大型软件等。这些昂贵的资源都可以为计算机网络上的用户所共享。资源共享既可以使用户减少投资，又可以提高这些计算机资源的利用率。

3. 提高系统的可靠性

在一些用于计算机实时控制和要求高可靠性的场合，通过计算机网络实现的备份技术可以提高计算机系统的可靠性。当某一台计算机出现故障时，可以立即由计算机网络中的另一台计算机来代替其完成所承担的任务。例如，空中交通管理、工业自动化生产线、军事防御系统、电力供应系统等都可以通过计算机网络设置备用或替换的计算机系统，以保证实时性管理和不间断运行系统的可靠性。

4. 分布式网络处理和负载均衡

对于大型的任务或当网络中某台计算机的任务负荷太重时，可将任务分散到网络中的其他计算机上处理，这样既使得每台计算机不会负担过重，又提高了计算机的可用性，这就是分布式处理和均衡负荷的基本含义。

1.3 计算机网络的组成

1.3.1 计算机网络的系统组成

计算机网络要完成数据处理与数据通信两大基本功能。那么，它在结构上必然也可以分成两个部分：负责数据处理的计算机与终端；负责数据通信的通信控制处理机（CCP）与通信线路。从计算机网络系统组成的角度看，典型的计算机网络从逻辑功能上可以分为资源子网和通信子网两部分，其结构如图1-5所示。

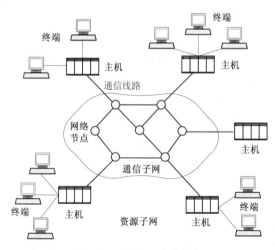

图1-5 计算机网络的组成

1. 资源子网

资源子网由主机、终端、终端控制器、连网外设、各种软件资源与信息资源组成。资源子网负责全网的数据处理业务，并向网络用户提供各种网络资源与网络服务。

网络中主机可以是大型机、中型机、小型机、工作站或微机。主机是资源子网的主要组成单元，它通过高速通信线路与通信子网的通信控制处理机相连接。普通用户终端通过主机连入网内。主机要为本地用户访问网络其他主机设备与资源提供服务，同时要为网中远程用户共享本地资源提供服务。随着微型机的广泛应用，连入计算机网络的微型机数量日益增多，它可以作为主机的一种类型直接通过通信控制处理机连入网内，也可以通过连网的大、中、小型计算机系统间接连入网内。

终端控制器连接一组终端，负责这些终端和主计算机的信息通信，或直接作为网络节点。终端是直接面向用户的交互设备，可以是由键盘和显示器组成的简单的终端，也可以是微型计算机系统。

计算机外设主要是网络中的一些共享设备，如大型的硬盘机、高速打印机、大型绘图仪等。

2. 通信子网

通信子网由通信控制处理机、通信线路与其他通信设备组成，完成网络数据传输、转发等通信处理任务。

通信控制处理机在通信子网中又被称为网络节点。它一方面作为与资源子网的主机、终端连接的接口，将主机和终端连入网内；另一方面它又作为通信子网中的分组存储转发节点，完成分组的接收、校验、存储和转发等功能，实现将源主机报文准确发送到目的主机的作用。

通信线路为通信控制处理机与通信控制处理机、通信控制处理机与主机之间提供通信信道。计算机网络采用了多种通信线路，如电话线、双绞线、同轴电缆、光纤、无线通信信道、微波与卫星通信信道等。一般在大型网络中和相距较远的两结点之间的通信链路都利用现有的公共数据通信线路。

信号变换设备的功能是对信号进行变换以适应不同传输媒体的要求。这些设备一般有：将计算机输出的数字信号变换为电话线上传送的模拟信号的调制解调器、无线通信接收和发送器、用于光纤通信的编码解码器等。

1.3.2 计算机网络软件

在网络系统中，除了包括各种网络硬件设备外，还应该具备网络软件。因为在网络上，每一个用户都可以共享系统中的各种资源、系统该如何控制和分配资源、网络中各种设备以何种规则实现彼此间的通信、网络中的各种设备该如何被管理等，都离不开网络的软件系统。因此，网络软件是实现网络功能必不可少的软环境。通常，网络软件包括以下几种。

- 网络协议软件：实现网络协议功能，比如 TCP/IP、IPX/SPX 等。
- 网络通信软件：用于实现网络中各种设备之间进行通信的软件。
- 网络操作系统：实现系统资源共享，管理用户的应用程序对不同资源的访问，典型的操作系统有 Windows NT/2000/2003、Novell NetWare、UNIX 等。
- 网络管理软件和网络应用软件：网络管理软件是用来对网络资源进行管理以及对网络进行维护的软件，而网络应用软件是为网络用户提供服务的，是网络用户在网络上解决实际问题的软件。

网络软件最重要的特征是，它研究的重点不是网络中各个独立的计算机本身的功能，而是如何实现网络特有的功能。

1.4 计算机网络的分类

计算机网络按照自身的特点，可以有多种分类形式，比如，可以按网络的作用范围、网络的传输技术方式、网络的使用范围以及通信介质等分类。此外，还可以按信息交换方式和拓扑结构等进行分类。下面对常见的几种分类进行介绍。

1.4.1 按网络的作用范围划分

1. 局域网（Local Area Network，LAN）

局域网是计算机通过高速线路相连组成的网络。一般限定在较小的区域内，如图1-6所示。LAN通常安装在一个建筑物或校园（园区）中，覆盖的地理范围从几十米至数公里，例如，一个实验室、一栋大楼、一个校园或一个单位。将各种计算机、终端及外部设备互连成网。网上的传输速率较高，从10 Mbit/s到100 Mbit/s，甚至可以达到10 Gbit/s。通过局域网，各种计算机可以共享资源，例如，共享打印机和数据库。

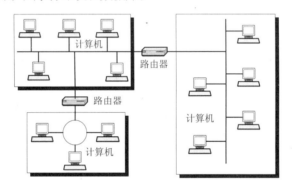

图1-6 LAN

2. 城域网（Metropolitan Area Network，MAN）

城域网规模局限在一座城市的范围内，覆盖的地理范围从几十公里至数百公里。如图1-7所示，城域网是对局域网的延伸，用于局域网之间的连接，在传输介质和布线结构方面牵涉范围较广，例如，在城市范围内，政府部门、大型企业、机关、公司以及社会服务部门的计算机连网，可实现大量用户的多媒体信息的传输，包括语音、动画和视频图像，以及电子邮件及超文本网页等。

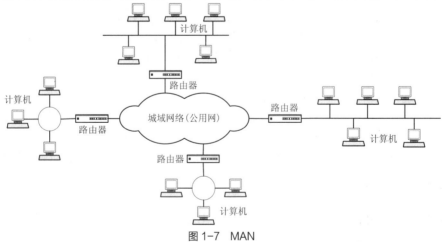

图1-7 MAN

3. 广域网（Wide Area Network，WAN）

广域网覆盖的地理范围从数百公里至数千公里，甚至上万公里，且可以是一个地区或一个国家，甚至世界几大洲，故又称远程网。广域网在采用的技术、应用范围和协议标准方面与局域网和城域网有所不同。在广域网中，通常是利用电信部门提供的各种公用交换网，将分布在不同地区的计算机系统互连起来，达到资源共享的目的，如图1-8所示。广域网使用的主要技术为存储转发技术。

图1-8　WAN

1.4.2　按网络的传输技术划分

1. 广播式网络

广播式网络（Broadcast Network）的特点是，仅有一条通信信道，网络上的所有计算机都共享这个通信信道。当一台计算机在信道上发送分组或数据包时（分组和数据包实质上就是一种短的消息，按照特定的数据结构组织而成），网络中的每台计算机都会接收到这个分组，并且将自己的地址与分组中的目的地址进行比较，如果相同，则处理该分组，否则将它丢弃。

在广播式网络中，若某个分组发出以后，网络上的每一台机器都接收并处理它，则称这种方式为广播（Broadcast）；若分组是发送给网络中的某些计算机，则被称为多点播送或组播（Multicast）；若分组只发送给网络中的某一台计算机，则称为单播（Unicast）。

2. 点到点网络

点到点网络（Point-to-Point Network）的特点是，两台计算机之间通过一条物理线路连接。若两台计算机之间没有直接连接的线路，分组可能要通过一个或多个中间节点的接收、存储、转发，才能将分组从信源发送到目的地。由于连接多台计算机之间的线路结构可能非常复杂，存在着多条路由，因此，在点到点的网络中如何选择最佳路径显得特别重要。

1.4.3　按网络的使用范围划分

1. 公用网

公用网由电信部门组建，一般由政府电信部门管理和控制，网络内的传输和交换装置可提供（如租用）给任何部门和单位使用。公用网分为公共电话交换网（PSTN）、数字数据网（DDN）、综合业务数字网（ISDN）、帧中继（FR）等。

2. 专用网

专用网是由某个单位或部门组建的，不允许其他部门或单位使用，例如，金融、石油、铁路等行业都有自己的专用网。专用网可以是租用电信部门的传输线路，也可以是自己铺设的线路，但后者的成本非常高。

1.4.4 按传输介质分类

1. 有线网

有线网是指以双绞线、同轴电缆以及光纤作为传输介质的计算机网络。有线网的传输介质包括以下几种。

- 双绞线：通过专用的各类双绞线来组网。双绞线网是目前最常见的连网方式，它比较经济，且安装方便，传输率和抗干扰能力一般，广泛应用于局域网中，还可以通过电话线上网，通过现有电力网电缆建网。
- 同轴电缆：可以通过专用的中同轴电缆（俗称粗缆）或小同轴电缆（俗称细缆）来组网，此外，还可通过有线电视电缆，使用电缆调制解调器（Cable Modem）上网。
- 光纤：光纤网采用光导纤维作为传输介质，光纤传输距离长，传输率高，可达每秒数吉比特，且抗干扰性强，不会受到电子监听设备的监听，是高安全性网络的理想选择。

2. 无线网

无线网是指以电磁波作为传输介质的计算机网络，它可以传送无线电波和卫星信号。无线网包括以下几种。

- 无线电话网：通过手机上网已成为新的热点，目前这种连网方式费用较高、速率不高，但由于连网方式灵活方便，它仍是一种很有发展前途的连网方式。
- 语音广播网：价格低廉、使用方便，但保密性和安全性差。
- 无线电视网：普及率高，但无法在一个频道上和用户进行实时交互。
- 微波通信网：通信保密性和安全性较好。
- 卫星通信网：能进行远距离通信，但价格昂贵。

1.4.5 按企业和公司管理分类

1. 内联网（Intranet）

内联网一般是指企业的内部网，是由企业内部原有的各种网络环境和软件平台组成的，例如，传统的客户机/服务器模式经过逐步改造、过渡、统一到像使用 Internet 那样方便，即使用 Internet 上的浏览器/服务器模式。在内部网络上采用通用的 TCP / IP 作为通信协议，利用 Internet 的 3W 技术，并以 Web 模型作为标准平台。它一般具备自己的 Intranet Web 服务器和安全防护系统，为企业内部服务。

2. 外联网（Extranet）

相对企业内部网，外联网是泛指企业之外，需要扩展连接到与自己相关的其他企业网。它是采用 Internet 技术，同时又有自己的 WWW 服务器，但不一定与 Internet 直接进行连接的网络。同时必须建立防火墙把内联网与 Internet 隔离开，以确保企业内部信息的安全。

3. Internet

Internet 是目前最流行的一种国际互联网。Internet 起源于美国，自 1995 年开始启用，发展非常迅速，特别是随着 Web 浏览器的普遍应用，Internet 已在全世界范围得到应用。利用在全球性的各种通信系统基础上，它像一个无可比拟的巨大数据库，并结合多媒体的"声、图、文"表现能力，不仅能处理一般的数据和文本，而且也能处理语音、静止图像、电视图像、动画和三维图形等。

1.5 计算机网络的拓扑结构

计算机网络的拓扑结构就是网络中通信线路和站点（计算机或设备）的几何排列形式。在计算机网络中，将主机和终端抽象为点，将通信介质抽象为线，形成点和线组成的图形，使人们对网络整体有明确的全貌印象。常见的几种计算机网络拓扑结构如图1-9所示。

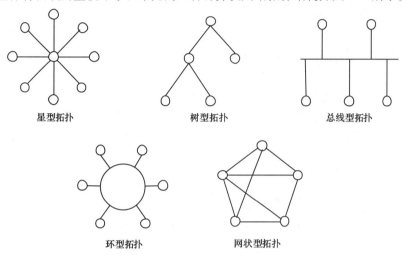

星型拓扑　　　　树型拓扑　　　　总线型拓扑

环型拓扑　　　　网状型拓扑

图1-9 计算机网络的拓扑结构

1. 星型拓扑网络

在星型拓扑网络结构中，各节点通过点到点的链路与中心节点相连。中心节点可以是转接中心，起到连通的作用；也可以是一台主机，此时就具有数据处理和转接的功能。星型拓扑结构的优点是很容易在网络中增加新的站点，容易实现数据的安全性和优先级控制，易实现网络监控；但缺点是属于集中控制，对中心节点的依赖性大，一旦中心节点有故障会引起整个网络的瘫痪。

2. 树型拓扑网络

在树型拓扑结构中，网络的各节点形成了一个层次化的结构，树中的各个节点都为计算机。树中低层计算机的功能和应用有关，一般都具有明确定义的和专业化很强的任务，如数据的采集和变换等；而高层的计算机具备通用的功能，以便协调系统的工作，如数据处理、命令执行和综合处理等。一般来说，层次结构的层不宜过多，以免转接开销过大，使高层节点的负荷过重。

若树型拓扑结构只有两层，就变成了星型结构，因此，树型拓扑结构可以看成是星型拓扑结构的扩展。

3. 总线型拓扑网络

在总线型拓扑网络中，所有的站点共享一条数据通道，一个节点发出的信息可以被网络上的多个节点接收。由于多个节点连接到一条公用信道上，所以必须采取某种方法分配信道，以决定哪个节点可以发送数据。

总线型网络结构简单，安装方便，需要铺设的线缆最短，成本低，且某个站点自身的故障一般不会影响整个网络，因此它是最普遍使用的一种网络。其缺点是实时性较差，总线的任何一点故障都会导致网络瘫痪。

4. 环型拓扑网络

在环型拓扑网络中，节点通过点到点的通信线路连接成闭合环路。环中数据将沿一个方向逐站传送。环型拓扑网络结构简单，传输延时确定，但是环中每个节点与连接节点之间的通信线路都会成为网络可靠性的屏障。环中节点出现故障，有可能造成网络瘫痪。另外，对于环型拓扑网络，网络节点的加入、退出以及环路的维护和管理都比较复杂。

5. 网状型拓扑网络

在网状型拓扑网络中，节点之间的连接是任意的，没有规律。其主要优点是可靠性强，但结构复杂，必须采用路由选择算法和流量控制方法。广域网基本上采用网状型拓扑结构。

1.6 计算机网络的计算模式

随着计算机技术和计算机网络的发展，对计算机网络各种资源的共享模式也发生了巨大的变化，由最初的大型机为中心的模式，发展到以服务器为中心的模式、客户机/服务器、浏览器/服务器的计算模式、P2P 的计算模式，以及目前流行的云计算模式。

1.6.1 以大型机为中心的计算模式

20 世纪 80 年代以前，计算机界普遍使用的是功能强大的大型机，许多用户同时共享 CPU 资源和数据存储功能。但访问这些大型机会往往受到严格的控制，在与其进行数据交换时需要通过穿孔卡和简单的终端。在以后的若干年中，虽然有关技术飞速发展，但总体而言，还局限于对资源的集中控制和不友好的用户界面中，在这种技术条件下，所采用的是以大型机为中心的计算模式，也称分时共享模式，其网络结构如图 1-10 所示。这一模式的特点是：系统提供专用的用户界面；所有的用户击键和光标位置都被传入主机；通过直接的硬件连线把简单的终端连接到主机或一个终端控制器上；所有从主机返回的结果包括光标位置和字符串等都显示在屏幕的特定位置；系统采用严格的控制和广泛的系统管理、性能管理机制。这一模式是利用主机的能力来运行应用，通过无智能的终端来对应用进行控制。

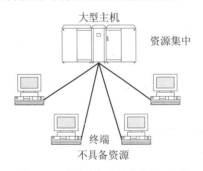

图 1-10 以大型机为中心的网络结构

1.6.2 以服务器为中心的计算模式

20 世纪 80 年代初，个人计算机（PC）得到了飞速发展，由此导致了原有计算模式的重大发展和变化。虽然个人计算机在用户的桌面上提供了有限的 CPU 处理能力和数据存储能力以及一些界面比较友好的软件，但是 PC 机在大多数大型应用中，处理数据能力显然非常不足，这便促使了局域网的产生。通过局域网的连接，PC 机与大型机之间的资源被集成在一个网络中，使 PC 机的资源（文件和打印机资源）得到了延伸。这种模式是以服务器为中心的计算模式，也被称为资源共享模式。它向用户提供了灵活的服务，但管理控制和系统维护工具的功能还是很弱的。

　　以服务器为中心的计算模式，主要用于共享共同的应用、数据以及打印机，而且每个应用提供自己的用户界面，并对界面给予全面的控制。所有的用户查询或命令处理都在工作站方完成。这一模式是利用工作站的能力来运行所有应用，用服务器的能力来作为外设的延伸，如硬盘、打印机等，其网络结构如图 1-11 所示。

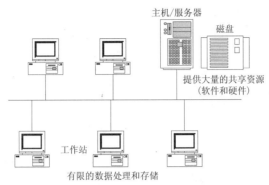

图 1-11　以服务器为中心的网络结构

1.6.3　客户机/服务器计算模式

　　由于处理器技术、计算机技术和网络技术的进一步发展，使得计算机的处理能力更加强大，而路由器和网桥技术的应用和有效的网络管理使得计算机连接到局域网上变得更加容易，通过各种网络新技术可以将地理上分散的局域网互连在一起。除了连网能力以外，个人计算机可以很方便地访问大型系统的各种信息。另外，个人计算机价格的不断下降也使得个人计算机的使用日益广泛。

　　正是基于以上原因，人们已经不满足于资源共享模式，而是开发出一种新的计算机模式，这就是客户机/服务器（Client-Server）模式，简称 C/S 模式，其网络结构如图 1-12 所示。在客户机/服务器模式下，应用被分为前端（客户部分）和后端（服务器部分）。客户部分运行在微机或工作站上，而服务器部分可以运行在从微机到大型机等各种计算机上。客户机和服务器分别工作在不同的逻辑实体中，并协同工作。服务器主要是运行客户机不能完成或费时的工作，比如大型数据库的管理，而客户机可以通过预先指定的语言向服务器提出请求，要求服务器去执行某项操作，并将操作结果返送给客户机。

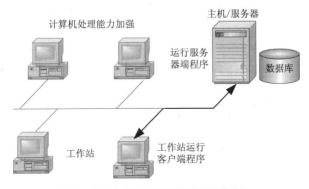

图 1-12　客户机/服务器模式的网络结构

客户机/服务器模式最大的技术特点是系统使用了客户机和服务器双方的智能、资源和计算机能力来执行一项特定的任务，也就是说，一项任务由客户机和服务器双方共同承担。

在客户机/服务器计算模式下，一个或更多个客户机和一个或更多的服务器以及支持客户机和服务器进程通信的网络操作系统共同组成了一个支持分布计算、分析和表示的系统，在该模式下，应用分为前端的客户应用部分和后端的服务器应用部分。客户方发出请求，网络通信系统将请求的内容传到服务器，服务器根据请求完成预定的操作，然后把结果送回客户，如图1-13所示。值得一提的是，早期局域网上的主要应用如文件共享、打印机共享并不是真正的客户机/服务器模式应用。

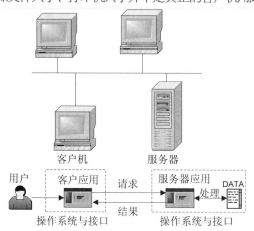

图 1-13 客户机/服务器模式示意图

客户机/服务器模式与传统的分时共享模式和资源共享模式相比有许多优点。

- 减少了网络的流量，使用客户机/服务器模式，客户计算机和服务器计算机相互协调工作，它们只传输必要的信息。如果需要数据库更新，只需传送要更新的内容即可，整个数据库的内容不必传来传去。与此相对应的是，资源共享模式通常要将大量的数据传送到工作站，等工作站将数据处理完毕后，再将这些数据传回到服务器中。

- 除了网络流量减少外，由于大量的数据运算与处理工作是在功能强大的服务器上完成的，而不是在客户机上，所以客户机/服务器应用的响应时间较短。

- 客户机/服务器模式可以充分利用客户机和服务器双方的能力，组成一个分布式应用环境，而以前用户只能在两个系统之间选择一个。微机或工作站一般使用具有交互性的图形化用户界面，而传统的小型机或大型机提供很强的数据管理、信息共享和复杂的管理、安全机制。客户机/服务器模式正是把这两方面的优点结合起来，充分发挥双方的特点，完成用户指定的任务。

- 通过把客户机的应用程序与服务器上的数据隔离开可以保证数据的安全性和完整性。由于数据处理被隔离在服务器上，因而服务器能对数据进行存取和充分而有效的控制，未通过鉴别或授权的客户将无法对数据进行访问。

- 由于许多计算机和操作系统都能互连起来，用户可以选择最适宜的硬件和软件环境，比如具有很高性能价格比的 PC 机，然后把这些客户机都连到一个更强大的服务器系统上。无论数据在哪里，用户都可以去访问它。

正是基于上述原因，客户机/服务器模式比以前的两种计算模式更为优越，因而得到广泛的应用。

1.6.4 浏览器/服务器的计算模式

传统的 C/S 计算模式中客户机上除负责图形显示和事件输入外，把应用逻辑和业务处理规则可能都放置于客户机上，造成客户机越来越"胖"。由于客户机端配置了大量的应用逻辑和业务处理规则软件以及开发工具软件，而软件的变动与版本的升级以及硬件平台的适应能力都影响着系统中所有的客户机，在这种情况下，势必造成成本的增加和管理维护上的难度。此外，随着 Internet/Intranet 技术和应用的发展，WWW 服务成为核心服务，用户通过浏览器漫游世界。而随着浏览器技术的发展，用户通过浏览器不仅能进行超文本的浏览查询，而且还能收发电子邮件，进行文件上传和下载等工作。也就是说，用户在浏览器统一的界面上能完成网络上各种服务和应用功能。这种基于浏览器、WWW 服务器和应用服务器的计算结构称为浏览器/服务器（Browser/Server）的计算模式，简称 B/S 模式，其网络结构如图 1-14 所示。在 B/S 模式下，可以将应用逻辑和业务处理规则放置在服务器的一侧，对于这样的结构，客户机可以做得尽可能的"瘦"，其功能可能只是体现在一个浏览器或是 Java 虚拟机上。这种计算模式继承和共融了传统客户机/服务器模式中的网络软、硬件平台和应用，但它具有传统 Client/Server 计算模式所不及的很多特点，比如更加开放、与软、硬件平台无关、应用开发速度快、生命周期长、应用扩充和系统维护升级方便等。

图 1-14 浏览器/服务器模式的网络结构

1.6.5 P2P 计算模式

P2P（peer-to-peer）为对等网络技术，又称点对点技术，是无中心服务器、依靠用户群（peers）交换信息的互联网体系。与有中心服务器的中央网络系统不同，对等网络的每个用户端既是一个节点，也有服务器的功能，任何一个节点无法直接找到其他节点，必须依靠其户群进行信息交流。P2P 计算模式可简单地定义为通过直接交换共享计算机资源和服务。当对等计算机在客户机/服务器模式下作为客户机进行操作时，它还包含另外一层可使其具有服务器功能的软件。对等计算机可对其他计算机的要求进行响应。请求和响应范围和方式都根据具体应用程序不同而不同。

P2P 计算模式可为从个人用户到大型机构的广泛用户提供技术资源和丰富的社会吸引力。

从技术角度而言，P2P 可提供机会利用大量闲置资源。这些闲置资源包括大量计算处理能力以及海量储存潜力。

P2P 可消除仅用单一资源造成的瓶颈问题。P2P 可被用来通过网络实现数据分配、控制及满足负载平衡请求。除了可帮助优化性能之外，P2P 模式还可用来消除由于单点故障而影响全局的危险。P2P 模式在企业采用，可利用客户机之间的分布式服务代替一些费用昂贵的数据中心功能。用于数据检索和备份的数据存储可在客户机上进行。此外，P2P 基础平台可允许直接互联或共享空间，并可实现远程维护功能。

P2P 丰富吸引力源于其广泛的社会和心理因素所导致的。比如说，用户可在网络边缘轻松组建独立的在线社区，并按他们自己的意愿进行运作。诸多这样的 P2P 社区都处于不断变化的动态状态，用户可随时进入或离开，可处于活动或休眠状态。

1.6.6 云计算模式

云计算是一种新兴的网络计算模式，改变了传统的计算系统的占有和使用方式。云计算以网络化的方式组织和聚合计算与通信资源，以虚拟化的方式为用户提供可以缩减或扩展规模的计算资源，增加了用户对于计算系统的规划、购置、占有和使用的灵活性。在云计算中，用户所关心的核心问题不再是计算资源本身，而是所能获得的服务，因此，服务问题（服务的提供和使用）是云计算中的核心和关键问题。

云计算通过管理、调度与整合分布在网络上的各种资源，以统一的界面为大量用户提供服务，如图 1-15 所示。通过云计算，用户的应用程序可以在很短的时间内处理 TS 级甚至 PB 级的信息内容，实现和超级计算机同样强大的效能。用户则按需计量地使用这些服务，从而实现将计算、存储、软件等各种资源作为一种公用设施来提供的目标。

图 1-15 云计算的虚拟化资源

云计算是网格计算、分布式计算、并行计算、效用计算、网络存储、虚拟化、负载均衡等传统计算机和网络技术发展融合的产物。云计算提供 3 个层次的服务——基础设施即服务(IaaS)，平台即服务(PaaS)和软件即服务(SaaS)。

1. 云基础设施作为服务 (Infrastructure as a Service，IaaS)

在 IaaS 模式下，用户可以直接按需使用弹性的云基础设施（云供应的处理能力、存储、网络，以及其他基础性的计算资源），用户可以在获得的云基础设施上自行部署和运行任意的应用软件。在这种服务模型中，用户不管理或控制底层的硬件基础设施，但拥有对操作系统、存储空间和应用软件的完全控制，也可以对一些网络服务进行有限控制（例如主机防火墙等）。目前典型的 IaaS 服务有亚马逊 AWS、Rackspace、Dropbox 等。

2．平台作为服务（Platform as a Service，PaaS）

在 PaaS 模式下，用户可以直接在云基础设施之上部署用户自主开发或采购的应用，但这些应用需严格遵循云基础设施服务商制定的标准并使用其支持的编程语言或工具开发。在这种服务模型中，用户不管理或控制底层的云基础设施，包括操作系统、服务器、存储、网络等，但可以控制自己部署的应用以及应用的某个环境配置。目前典型的 PaaS 服务有 Google GAE、Salesforce Force.com、Microsot Azure、Sina SAE 等。

3．软件作为服务（Software as a Service，SaaS）

在 SaaS 模式下，用户将直接使用部署在云基础设施上的应用软件，可以使用各种客户端设备通过"瘦"客户界面（例如浏览器）等来访问应用（例如基于浏览器的邮件）。在这种服务模型中，用户不管理或控制底层的云基础设施，包括操作系统、服务器、存储、网络等，也不自行配置和部署应用软件，目前典型的 SaaS 服务有 Google Mail、Google Docs、Salesforce CRM 等。

云计算技术中最为关键的支撑技术之一就是虚拟化技术。虚拟化技术能够实现计算资源划分和聚合，服务透明封装及虚拟机（Virtual Machine，VM）动态迁移等，能够满足云计算按需使用、弹性扩展的需求。虚拟化技术大大提高了硬件使用率，它可以将一台服务器分割成多个虚拟机，以最大化的效率共享硬件、软件许可证以及管理资源。对用户和应用程序来讲，每一个虚拟机的运行和管理都与一台独立主机完全相同，因为每一个虚拟机均可独立进行重启并拥有自己的 root 访问权限、用户、IP 地址、内存、过程、文件、应用程序、系统函数库以及配置文件。每个虚拟机都可分配独立公网 IP 地址、独立操作系统、独立超大空间、独立内存、独立CPU 资源、独立执行程序和独立系统配置等，从而显著提高计算机的工作效率。虚拟化技术可以为基于云计算技术的企业和托管的服务提供商创建一种虚拟的、自动化的、灵活高效的 IT 基础设施。

1.7 标准化组织

1．ISO

国际标准化组织（International Organization for Standardization，ISO）是一个全球性的非政府组织，是国际标准化领域中一个十分重要的组织。ISO 的任务是促进全球范围内的标准化及其有关活动的开展，以利于国际间产品与服务的交流以及在知识、科学、技术和经济活动中发展国际间的相互合作。它显示了强大的生命力，吸引了越来越多的国家参与其活动。

ISO 制定了网络通信的标准，即开放系统互连 OSI。

2．ITU

国际电信联盟（International Telecommunication Union，ITU）是世界各国政府的电信主管部门之间协调电信事务方面的一个国际组织。

ITU 的宗旨是维持和扩大国际合作，以改进和合理地使用电信资源；促进技术设施的发展及其有效地运用，以提高电信业务的效率，扩大技术设施的用途，并尽量使公众得以普遍利用；协调各国行动，以达到上述的目的。

在通信领域，最著名的国际电信联盟电信标准化部门（ITU-T）标准有 V 系列标准，例如V.32、V.33、V.42 标准对使用电话线传输数据作了明确的说明；还有 X 系列标准，例如 X.25、X.400、X.500 为公用数字网上传输数据的标准；ITU-T 的标准还包括了电子邮件、目录服务、综合业务数字网 ISDN 以及宽带 ISDN 等方面的内容。

3. ANSI

美国国家标准学会（American National Standards Institute，ANSI）致力于国际标准化事业和实现消费品方面的标准化。

4. TIA

美国通信工业协会（Telecommunications Industry Association，TIA）是一个全方位的服务性国家贸易组织。其成员包括为美国和世界各地提供通信和信息技术产品、系统和专业技术服务的 900 余家大小公司，本协会成员有能力制造供应现代通信网中应用的所有产品。此外，TIA 还有一个分支机构——多媒体通信协会（MMTA）。TIA 还与美国电子工业协会（EIA）有着广泛而密切的联系。

5. IEEE

电气和电子工程师协会（Institute of Electrical and Electronics Engineers，IEEE）由 1963 年美国电气工程师学会（AIEE）和美国无线电工程师学会（IRE）合并而成，是美国规模最大的专业学会。

IEEE 最大的成果是制定了局域网和城域网的标准，这个标准被称为 802 项目或 802 系列标准。

6. EIA

美国电子工业协会（Electronic Industries Association，EIA）广泛代表了设计生产电子元件、部件、通信系统和设备的制造商以及工业界、政府和用户的利益，在提高美国制造商的竞争力方面起到了重要的作用。

在信息领域，EIA 在定义数据通信设备的物理接口和电气特性等方面做了巨大的贡献，尤其是数字设备之间串行通信的接口标准，例如 EIA RS-232、EIA RS-449 和 EIA RS-530。

7. IEC

国际电工委员会（International Electro technical Commission，IEC）的宗旨是促进电工、电子领域中标准化及有关方面问题的国际合作，以增进相互了解。为实现这一目的，已开始出版了包括国际标准在内的各种出版物，并希望各国家委员会在其本国条件许可的情况下使用这些国际标准。IEC 的工作领域包括了电力、电子、电信和原子能方面的电工技术。现已制定国际电工标准 3 000 多个。

8. ETSI

欧洲电信标准化协会（European Telecommunications Standards Institute，ETSI）是由欧共体委员会 1988 年批准建立的一个非赢利性的电信标准化组织，总部设在法国南部的尼斯。该协会的宗旨是为实现统一的欧洲电信大市场，及时制定高质量的电信标准，以促进电信基础结构的综合，确保网络和业务的协调，确保适应未来电信业务的接口，以达到终端设备的统一，为开放和建立新的电信业务提供技术基础，并为世界电信标准的制定做出贡献。

ETSI 作为一个被 CEN（欧洲标准化协会）和 CEPT（欧洲邮电主管部门会议）认可的电信标准协会，其制定的推荐性标准常被欧共体作为欧洲法规的技术基础而采用，并被要求执行。ETSI 的标准化领域主要是电信业，但还涉及与其他组织合作的信息及广播技术领域。

练习题

1. 填空题

（1）计算机网络按网络的覆盖范围可分为_____、城域网和_____。

（2）从计算机网络组成的角度看，计算机网络从逻辑功能上可分为_____子网和_____子网。

（3）计算机网络的拓扑结构有_____、树型、_____、环型和网状型。

（4）云计算的3种服务模式分别是_____、_____和_____。

2. 简答题

（1）计算机网络的发展经过哪几个阶段？每个阶段各有什么特点？

（2）什么是计算机网络？计算机网络的主要功能是什么？

（3）计算机网络分为哪些子网？各个子网都包括哪些设备，各有什么特点？

（4）计算机网络的拓扑结构有哪些？它们各有什么优缺点？

（5）计算机网络的计算模式有哪些？各有什么特点？

（6）与计算机网络相关的标准化组织有哪些？

PART 2

第 2 章
计算机网络体系结构

- 网络体系结构及协议的概念；
- 开放系统互连（OSI）参考模型及其 7 层功能；
- TCP/IP 协议的体系结构。

计算机网络是一个涉及计算机技术、通信技术等多个领域的复杂的系统。现代计算机网络已经渗透到工业、商业、政府、军事等领域以及我们生活中的各个方面，如此庞大而又复杂的系统要有效而且可靠地运行，网络中的各个部分就必须遵守一整套合理而严谨的结构化管理规则。计算机网络就是按照高度结构化设计方法采用功能分层原理来实现的，这也是计算机网络体系结构研究的内容。

2.1 网络体系结构及协议的概念

体系结构是研究系统各部分组成及相互关系的技术科学。计算机网络体系结构采用分层配对结构，定义和描述了一组用于计算机及其通信设施之间互连的标准和规范的集合。遵循这组规范可以方便地实现计算机设备之间的通信。所谓网络体系就是为了完成计算机间的通信合作，把每台计算机互连的功能划分成有明确定义的层次，并规定了同层次进程通信的协议及相邻层之间的接口及服务，将这些同层进程通信的协议以及相邻层的接口统称为网络体系结构。

为了降低计算机网络的复杂程度，按照结构化设计方法，计算机网络将其功能划分为若干个层次（Layer），较高层次建立在较低层次的基础上，并为其更高层次提供必要的服务功能。网络中的每一层都起到隔离作用，使得低层功能具体实现方法的变更不会影响到高一层所执行的功能。下面介绍在网络体系结构中所涉及的几个概念。

1. 协议（Protocol）

协议是用来描述进程之间信息交换过程的一个术语。在网络中包含多种计算机系统，它们的硬件和软件系统各异，要使得它们之间能够相互通信，就必须有一套通信管理机制使通信双方能正确地接收信息，并能理解对方所传输信息的含义。也就是说，当用户应用程序、文件传输信息包、数据库管理系统和电子邮件等互相通信时，它们必须事先约定一种规则（如交换信息的代码、格式以及如何交换等）。这种规则就称为协议，准确地说，协议就是为实现网络中的数据交换而建立的规则标准或约定。

网络协议由语法、语义和交换规则 3 部分组成，即协议的 3 要素。

语法：确定协议元素的格式，即规定数据与控制信息的结构和格式。

语义：确定协议元素的类型，即规定通信双方要发出何种控制信息、完成何种动作以及做出何种应答。

交换规则：规定事件实现顺序的详细说明，即确定通信状态的变化和过程，如通信双方的应答关系。

2. 实体（Entity）

在网络分层体系结构中，每一层都由一些实体组成，这些实体抽象地表示了通信时的软件元素（如进程或子程序）或硬件元素（如智能 I/O 芯片等）。实体是通信时能发送和接收信息的任何软硬件设施。

3. 接口（Interface）

分层结构中各相邻层之间要有一个接口，它定义了较低层向较高层提供的原始操作和服务。相邻层通过它们之间的接口交换信息，高层并不需要知道低层是如何实现的，仅需要知道该层通过层间的接口所提供的服务，这样使得两层之间保持了功能的独立性。

对于网络结构化层次模型，其特点是每一层都建立在前一层的基础上，较低层只是为较高一层提供服务。这样，每一层在实现自身功能时，都直接使用了较低一层提供的服务，而间接地使用了更低层提供的服务，并向较高一层提供更完善的服务，同时屏蔽了具体实现这些功能的细节。

层次结构是描述体系结构的基本方法，而体系结构总是带有分层的特征，用分层研究方法定义的计算机网络各层的功能、各层协议和接口的集合称为计算机网络体系结构。

2.2 开放系统互连参考模型（OSI/RM）

2.2.1 ISO/OSI 参考模型

计算机网络中实现通信就必须依靠网络通信协议。在 20 世纪 70 年代，各大计算机生产厂家（如 IBM、DEC 等）的产品都有自己的网络通信协议，这样，不同厂家生产的计算机系统就难以连网。为了实现不同厂家生产的计算机系统之间以及不同网络之间的数据通信，国际标准化组织 ISO 对当时的各类计算机网络体系结构进行了研究，并于 1981 年正式公布了一个网络体系结构模型作为国际标准，称为开放系统互连参考模型，即 OSI/RM（Reference Model of Open System Interconnection/Reference Model），也称为 ISO/OSI。这里的"开放"表示任何两个遵守 OSI/RM 的系统都可以进行互连，当一个系统能按 OSI/RM 与另一个系统进行通信时，就称该系统为开放系统。

OSI/RM 只给出了一些原则性的说明，它并不是一个具体的网络。它将整个网络的功能划分成 7 个层次，而且在两个通信实体之间的通信必须遵循这 7 层结构，如图 2-1 所示。OSI/RM 最高层为应用层，面向用户提供应用服务；最低层为物理层，连接通信媒体实现数据传输。层与层之间的联系是通过各层之间的接口来进行的，上层通过接口向下层提出服务请求，而下层通过接口向上层提供服务。两个用户计算机通过网络进行通信时，除物理层之外，其余各对等层之间均不存在直接的通信关系，而是通过各对等层的协议来进行通信，比如，两个对等的网络层使用网络层协议通信。只有两个物理层之间才通过媒体进行真正的数据通信。

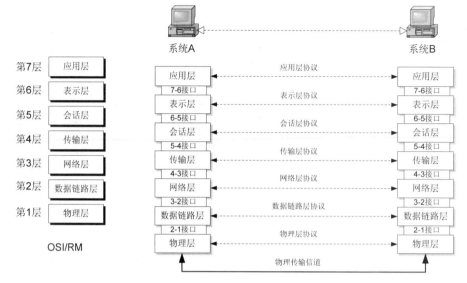

图 2-1 OSI 参考模型以及两个通信实体之间的通信分层结构

在实际中，当两个通信实体通过一个通信子网进行通信时，必然会经过一些中间节点，一般来说，通信子网中的节点只涉及低 3 层的结构，因此，两个通信实体之间的层次结构如图 2-2 所示。

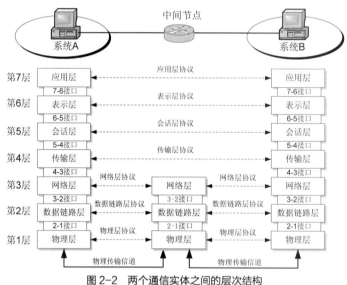

图 2-2 两个通信实体之间的层次结构

2.2.1.1 OSI 各层的功能概述

第 1 层：物理层（Physical Layer），在物理信道上传输原始的数据比特（bit）流，提供为建立、维护和拆除物理链路连接所需的各种传输介质、通信接口特性等。

第 2 层：数据链路层（Data Link Layer），在物理层提供比特流服务的基础上，建立相邻节点之间的数据链路，通过差错控制提供数据帧在信道上无差错地传输，并进行数据流量控制。

第 3 层：网络层（Network Layer），为传输层的数据传输提供建立、维护和终止网络连接的手段，把上层来的数据组织成数据包（Packet）在节点之间进行交换传送，并且负责路由控制和拥塞控制。

第4层：传输层（Transport Layer），为上层提供端到端（最终用户到最终用户）的透明的、可靠的数据传输服务。所谓透明的传输是指在通信过程中传输层对上层屏蔽了通信传输系统的具体细节。

第5层：会话层（Session Layer），为表示层提供建立、维护和结束会话连接的功能，并提供会话管理服务。

第6层：表示层（Presentation Layer），为应用层提供信息表示方式的服务，如数据格式的变换、文本压缩和加密技术等。

第7层：应用层（Application Layer），为网络用户或应用程序提供各种服务，如文件传输、电子邮件（E-mail）、分布式数据库以及网络管理等。

从各层的网络功能角度看，可以将 OSI/RM 的 7 层分为第 1、2 层解决有关网络信道问题；第 3、4 层解决传输服务问题；第 5、6、7 层处理对应用进程的访问问题。

从控制角度看，OSI/RM 中的第 1、2、3 层可以看作是传输控制层，负责通信子网的工作，解决网络中的通信问题；第 5、6、7 层为应用控制层，负责有关资源子网的工作，解决应用进程的通信问题；第 4 层为通信子网和资源子网的接口，起到连接传输和应用的作用。

2.2.1.2　OSI/RM 的信息流动

在 OSI/RM 中，系统 A 的用户向系统 B 的用户传送数据时，信息实际流动的情况如图 2-3 所示。系统 A 的应用进程传输给系统 B 应用进程的数据是经过发送端的各层从上到下传递到物理信道，然后再传输到接收端的最低层，经过从下到上各层传递，最后到达系统 B 的应用进程。在数据传输的过程中，随着数据块在各层中的依次传递，其长度有所变化。系统 A 发送到系统 B 的数据先进入应用层，加上该层的有关控制信息报文头 AH，然后作为整个数据块传送到表示层，在表示层再加上控制信息 PH 传递到会话层，这样，在以下的每一层都加上控制信息 SH、TH、NH、DH 传递到物理层，其中，在数据链路层还要在整个数据帧的尾部加上用于差错检测的控制信息 DT，这样，整个数据帧在物理层就作为比特流通过物理信道传送到接收端。在接收端按照上述的相反过程，逐层去掉发送端相应层加上的控制信息，这样看起来好像是对方相应层直接发送来的信息，但实际上相应层之间的通信是虚通信。这个过程就像邮政信件的传递，加信封、加邮袋、上邮车等，在各个邮递环节加封、传递，收件时再层层去掉封装。

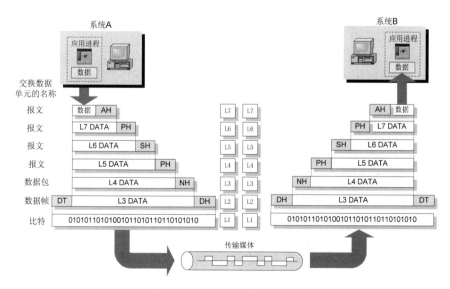

图 2-3　OSI/RM 中的信息流动

2.2.2 物理层

物理层是 OSI/RM 的最低层，如图 2-4 所示。它直接与物理信道相连，起到数据链路层和传输媒体之间的逻辑接口作用，提供建立、维护和释放物理连接的方法，并可实现在物理信道上进行比特流传输的功能。

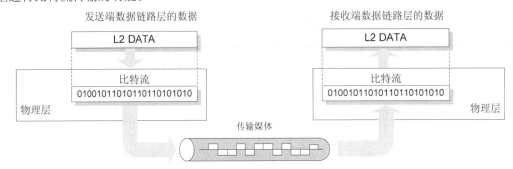

图 2-4　物理层与数据链路层的关系

物理层涉及的内容包括以下几个方面。

1．通信接口与传输媒体的物理特性

除了不同的传输介质自身的物理特性外，物理层还对通信设备和传输媒体之间使用的接口作了详细的规定，主要体现在 4 个方面。

（1）机械特性

机械特性规定了物理连接时所需接插件的规格尺寸、针脚数量和排列情况等，如 EIA RS-232C 标准规定的 D 型 25 针接口，ITU-T X.21 标准规定的 15 针接口等。

（2）电气特性

电气特性规定了在物理信道上传输比特流时信号电平的大小、数据的编码方式、阻抗匹配、传输速率和距离限制等。比如，在使用 RS-232C 接口且传输距离不大于 15 m 时，最大速率为 19.2 kbit/s。

（3）功能特性

功能特性定义了各个信号线的确切含义，即各个信号线的功能。比如 RS-232C 接口中的发送数据线和接收数据线等。

（4）规程特性

规程特性定义了利用信号线进行比特流传输的一组操作规程，是指在物理连接的建立、维护和交换信息时数据通信设备之间交换数据的顺序。比如，第 2 章第 8 节介绍的 RS-232C 接口的工作流程就属于规程特性的规定范畴。

2．物理层的数据交换单元为二进制比特

为了传输比特流，可能需要对数据链路层的数据进行调制或编码，使之成为模拟信号、数字信号或光信号，以实现在不同的传输介质上传输。

3．比特的同步

物理层规定了通信的双方必须在时钟上保持同步的方法，比如异步传输和同步传输等。

4．线路的连接

物理层还考虑了通信设备之间的连接方式，比如，在点对点的连接中，两个设备之间采用了专用链路连接，而在多点连接中，所有的设备共享一个链路。

5. 物理拓扑结构

物理拓扑定义了设备之间连接的结构关系，如星型拓扑、环型拓扑和网状拓扑等。

6. 传输方式

物理层也定义了两个通信设备之间的传输方式，如单工、半双工和全双工。

 注 意　　　数据通信技术在保障计算机网络的功能实现方面起到至关重要的作用。本书将在第 3 章介绍数据通信的知识，其中涉及物理层的标准规范，如数据的传输方式、数据的同步技术、数据的编码和调制技术、通信接口和标准等。

2.2.3　数据链路层

数据链路层是 OSI/RM 的第 2 层，它通过物理层提供的比特流服务，在相邻节点之间建立链路，传送以帧（Frame）为单位的数据信息，并且对传输中可能出现的差错进行检错和纠错，向网络层提供无差错的透明传输。数据链路层的有关协议和软件是计算机网络中基本的部分，在任何网络中数据链路层都是必不可少的层次，相对高层而言，它所有的服务协议都比较成熟。数据链路层与网络层的关系如图 2-5 所示。

数据链路层涉及的具体内容有以下几点。

1. 成帧

数据链路层要将网络层的数据分成可以管理和控制的数据单元，称其为帧。因此，数据链路层的数据传输是以帧为数据单位的。

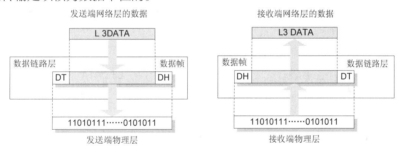

图 2-5　数据链路层与网络层的关系

2. 物理地址寻址

数据帧在不同的网络中传输时，需要标识出发送数据帧和接收数据帧的节点。因此，数据链路层要在数据帧中的头部加入一个控制信息（DH），其中包含了源节点和目的节点的地址，这个地址也被称为物理地址。例如，在图 2-6 所示的网络中，节点 1 的物理地址为 A，若节点 1 要给节点 4 发送数据，那么在数据帧的头部要包含节点 1 和节点 4 的物理地址，在帧的尾部还有差错控制信息（DT）。

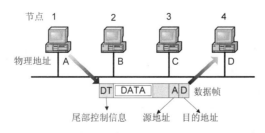

图 2-6　数据链路层的物理地址

3. 流量控制

数据链路层对发送数据帧的速率必须进行控制,如果发送的数据帧太多,就会使目的节点来不及处理而造成数据丢失。

4. 差错控制

为了保证物理层传输数据的可靠性,数据链路层需要在数据帧中使用一些控制方法,检测出错或重复的数据帧,并对错误的帧进行纠错或重发。数据帧中的尾部控制信息(DT)就是用来进行差错控制的。

5. 接入控制

当两个或者更多的节点共享通信链路时,由数据链路层确定在某一时间内该由哪一个节点发送数据,接入控制技术也称为媒体访问控制技术。在后面章节讨论局域网时,媒体访问控制技术是决定局域网特性的关键技术。

2.2.4 网络层

计算机网络分为资源子网和通信子网。网络层就是通信子网的最高层,它在数据链路层提供服务的基础上向资源子网提供服务。网络层与传输层的关系如图 2-7 所示。

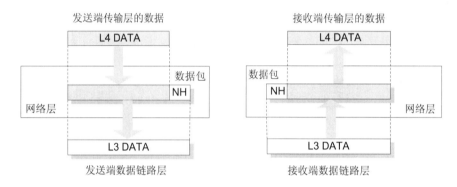

图 2-7 网络层与传输层的关系

网络层的作用是实现分别位于不同网络的源节点与目的节点之间的数据包传输,它和数据链路层的作用不同,数据链路层只是负责同一个网络中的相邻两节点之间链路管理及帧的传输等问题。因此,当两个节点连接在同一个网络中时,可能并不需要网络层,只有当两个节点分布在不同的网络中时,通常才会涉及网络层的功能,从而保证了数据包从源节点到目的节点的正确传输。而且,网络层要负责确定在网络中采用何种技术,从源节点出发选择一条通路通过中间的节点将数据包最终送达目的节点。

网络层涉及的概念有以下几个。

1. 逻辑地址寻址

数据链路层的物理地址只是解决了在同一个网络内部的寻址问题,如果一个数据包从一个网络跨越到另外一个网络时,就需要使用网络层的逻辑地址。当传输层传递给网络层一个数据包时,网络层就在这个数据包的头部加入控制信息,其中就包含了源节点和目的节点的逻辑地址。

2. 路由功能

在网络层中如何将数据包从源节点传送到目的节点,其中选择一条合适的传输路径是至关重要的,尤其是从源节点到目的节点的通路存在多条路径时,就存在选择最佳路由的问题。路由选择就是根据一定的原则和算法在传输通路中选出一条通向目的节点的最佳路由。

3. 流量控制

在数据链路层中介绍过流量控制，在网络层中同样也存在流量控制问题。只不过在数据链路层中的流量控制是在两个相邻节点之间进行的，而在网络层中是完成数据包从源节点到目的节点过程中的流量控制。

4. 拥塞控制

在通信子网内，由于出现过量的数据包而引起网络性能下降的现象称为拥塞。为了避免拥塞现象出现，要采用能防止拥塞的一系列方法对子网进行拥塞控制。

拥塞控制主要解决的问题是如何获取网络中发生拥塞的信息，从而利用这些信息进行控制，以避免由于拥塞而出现数据包的丢失以及严重拥塞而产生网络死锁的现象。

2.2.5 其他各层的简介

2.2.5.1 传输层

传输层是资源子网与通信子网的接口和桥梁，它完成了资源子网中两节点间的直接逻辑通信，实现了通信子网端到端的可靠传输。传输层下面的物理层、数据链路层和网络层均属于通信子网，可完成有关的通信处理，向传输层提供网络服务；传输层上面的会话层、表示层和应用层完成面向数据处理的功能，并为用户提供与网络之间的接口。因此，传输层在 7 层网络模型中起到承上启下的作用，是整个网络体系结构中的关键部分。

由于通信子网向传输层提供通信服务的可靠性有差异，所以无论通信子网提供的服务可靠性如何，经传输层处理后都应向上层提交可靠的、透明的数据传输。为此，传输层协议要复杂得多，以适应通信子网中存在的各种问题。也就是说，如果通信子网的功能完善、可靠性高，则传输层的任务就比较简单；若通信子网提供的质量很差，则传输层的任务就复杂，以填补会话层所要求的服务质量和网络层所能提供的服务质量之间的差别。

传输层在网络层提供服务的基础上为高层提供两种基本的服务：面向连接的服务和面向无连接的服务。面向连接的服务要求高层的应用在进行通信之前，先要建立一个逻辑的连接，并在此连接的基础上进行通信，通信完毕后要拆除逻辑连接，而且通信过程中还进行流量控制、差错控制和顺序控制。因此，面向连接提供的是可靠的服务，而面向无连接是一种不太可靠的服务，由于它不需要高层应用建立逻辑的连接，因此，它不能保证传输的信息按发送顺序提交给用户。不过，在某些场合是必须依靠这种服务的，比如说网络中的广播数据。

2.2.5.2 会话层

会话层是利用传输层提供的端到端的服务向表示层或会话用户提供会话服务。在 ISO/OSI 环境中，所谓一次会话，就是指两个用户进程之间为完成一次完整的通信而进行的过程，包括建立、维护和结束会话连接。会话协议的主要目的就是提供一个面向用户的连接服务，并为会话活动提供有效的组织和同步所必需的手段，为数据传送提供控制和管理。

2.2.5.3 表示层

表示层处理的是 OSI 系统之间用户信息的表示问题。表示层不像 OSI/RM 的低 5 层那样只关心将信息可靠地从一端传输到另外一端，它主要涉及被传输信息的内容和表示形式，如文字、图形、声音的表示。另外，数据压缩、数据加密等工作都是由表示层负责处理的。

表示层服务的典型例子是数据的编码问题，大多数的用户程序中所用到的人名、日期、数据等可以用字符串（如使用 ASCII 码或其他的字符集）、整型（例如用有符号数或无符号数）等各种数据类型来表示。由于各个不同的终端系统可能有不同的数据表示方法，如机器的字长不同、数据类型的格式以及所采用的字符编码集不同，同样的一个字符串或一个数据在不同的端系统上会表现为不同的内部形式，因此，这些不同的内部数据表示不可能在开放系统中交换。为了解决这一问题，表示层通过抽象的方法来定义一种数据类型或数据结构，并通过使用这种抽象的数据结构在各端系统之间实现数据类型和编码的转换。

2.2.5.4 应用层

应用层是 OSI/RM 的最高层，它是计算机网络与最终用户间的接口，它包含了系统管理员管理网络服务所涉及的所有问题和基本功能。它在 OSI/RM 下面 6 层提供的数据传输和数据表示等各种服务的基础上，为网络用户或应用程序提供完成特定网络服务功能所需的各种应用协议。

常用的网络服务包括文件服务、电子邮件（E-mail）服务、打印服务、集成通信服务、目录服务、网络管理服务、安全服务、多协议路由与路由互连服务、分布式数据库服务以及虚拟终端服务等。网络服务由相应的应用协议来实现，不同的网络操作系统提供的网络服务在功能、用户界面、实现技术、硬件平台支持以及开发应用软件所需的应用程序接口 API 等方面均存在较大差异，而采纳应用协议也各具特色，因此需要应用协议的标准化。

2.3 TCP/IP 的体系结构

2.3.1 TCP/IP 的概述

TCP/IP（Transmission Control Protocol/Internet Protocol）是指传输控制协议/网际协议。它起源于美国 ARPAnet 网，由它的两个主要协议即 TCP 协议和 IP 协议而得名。TCP/IP 是 Internet 上所有网络和主机之间进行交流所使用的共同"语言"，是 Internet 上使用的一组完整的标准网络连接协议。通常所说的 TCP/IP 协议实际上包含了大量的协议和应用，且由多个独立定义的协议组合在一起，因此，更确切地说，应该称其为 TCP/IP 协议集。

OSI 参考模型研究的初衷是希望为网络体系结构与协议的发展提供一种国际标准，但由于 Internet 在全世界的飞速发展，使得 TCP/IP 协议得到了广泛的应用，虽然 TCP/IP 不是 ISO 标准，但广泛的使用也使 TCP/IP 成为一种"实际上的标准"，并形成了 TCP/IP 参考模型。不过，ISO 的 OSI 参考模型的制定也参考了 TCP/IP 协议集及其分层体系结构的思想。而 TCP/IP 在不断发展的过程中也吸收了 OSI 标准中的概念及特征。

TCP/IP 协议具有以下几个特点。

- 开放的协议标准，可以免费使用，并且独立于特定的计算机硬件与操作系统。
- 独立于特定的网络硬件，可以运行在局域网、广域网中，更适用于互联网中。
- 统一的网络地址分配方案，使得整个 TCP/IP 设备在网中都具有唯一的地址。
- 标准化的高层协议，可以提供多种可靠的用户服务。

2.3.2 TCP/IP 的层次结构

TCP/IP 共有 4 个层次，它们分别是网络接口层、网际层、传输层和应用层。TCP/IP 的层次结构与 OSI 层次结构的对照关系如图 2-8 所示。

1. 网络接口层

TCP/IP 模型的最低层是网络接口层，也被称为网络访问层，它包括了能使用 TCP/IP 与物理网络进行通信的协议，且对应着 OSI 的物理层和数据链路层。TCP/IP 标准并没有定义具体的网络接口协议，而是旨在提供灵活性，以适应各种网络类型，如 LAN、MAN 和 WAN。这也说明了 TCP/IP 协议可以运行在任何网络之上。

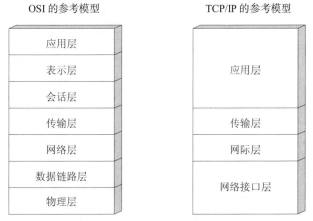

图 2-8 OSI 模型与 TCP/IP 模型的对照

2. 网际层

网际层是在 Internet 标准中正式定义的第一层。网际层所执行的主要功能是处理来自传输层的分组，将分组形成数据包（IP 数据包），并为该数据包进行路径选择，最终将数据包从源主机发送到目的主机。在网际层中，最常用的协议是网际协议 IP，其他一些协议用来协助 IP 的操作。

3. 传输层

TCP/IP 的传输层也被称为主机至主机层，与 OSI 的传输层类似，它主要负责主机到主机之间的端对端通信，该层使用了两种协议来支持两种数据的传送方法，它们是 TCP 协议和 UDP 协议。

4. 应用层

在 TCP/IP 模型中，应用程序接口是最高层，它与 OSI 模型中的高 3 层的任务相同，都是用于提供网络服务，比如文件传输、远程登录、域名服务和简单网络管理等。

2.3.3 TCP/IP 协议集

在 TCP/IP 的层次结构中包括了 4 个层次，但实际上只有 3 个层次包含了实际的协议。TCP/IP 中各层的协议如图 2-9 所示。

1. 网际层的协议

（1）网际协议（Internet Protocol，IP）

IP 协议的任务是对数据包进行相应的寻址和路由，并从一个网络转发到另一个网络。IP 协议在每个发送的数据包前加入一个控制信息，其中包含了源主机的 IP 地址（IP 地址相当于 OSI 模型中网络层的逻辑地址）、目的主机的 IP 地址和其他一些信息。IP 协议的另一项工作是分割和重编在传输层被分割的数据包。由于数据包要从一个网络转发到另一个网络，当两个网络所支持传输的数据包的大小不相同时，IP 协议就要在发送端将数据包分割，然后在分割的每一段前再加入控制信息进行传输。当接收端接收到数据包后，IP 协议将所有的片段重新组合形成原始的数据。

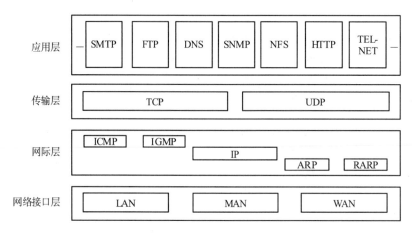

图 2-9　TCP/IP 协议集

IP 是一个无连接的协议。无连接是指主机之间不建立用于可靠通信的端到端的连接，源主机只是简单地将 IP 数据包发送出去，而 IP 数据包可能会丢失、重复、延迟时间大或者次序会混乱。因此，要实现数据包的可靠传输，就必须依靠高层的协议或应用程序，如传输层的 TCP 协议。

IP 协议提供一种全网统一的地址，并在统一管理下进行地址分配，通过这种逻辑地址实现网际层的寻址，从而避免了网络接口层不同链路节点物理地址的差异。从 IP 的实现上，它由 32 bit 组成，并采用点分十进制的表示方法，比如 10.10.10.1，192.168.1.1 等，其中包括网络位和主机位，前者标识出该地址所属的网络，后者标识网络中具体的主机。IP 地址又可以分为 3 个基本的类，即 A 类、B 类和 C 类。A 类地址的范围为 1.0.0.1~126.255.255.254，B 类地址的范围为 128.0.0.1~191.255.255.254，C 类地址的范围为 192.0.0.1~223.255.255.254。关于 IP 地址概念详见本书 6.3 章节。

（2）网际控制报文协议（Internet Control Message Protocol，ICMP）

网际控制报文协议 ICMP 为 IP 协议提供差错报告。由于 IP 是无连接的，且不进行差错检验，当网络上发生错误时它不能检测错误。向发送 IP 数据包的主机汇报错误就是 ICMP 的责任。例如，如果某台设备不能将一个 IP 数据包转发到另一个网络，它就向发送数据包的源主机发送一个消息，并通过 ICMP 解释这个错误。ICMP 能够报告的一些普通错误类型有：目标无法到达、阻塞、回波请求和回波应答等。

（3）网际主机组管理协议（Internet Group Management Protocol，IGMP）

IP 协议只是负责网络中点到点的数据包传输，而点到多点的数据包传输则要依靠网际主机组管理协议 IGMP 来完成。它主要负责报告主机组之间的关系，以便相关的设备（路由器）可支持多播发送。

（4）地址解析协议（Address Resolution Protocol，ARP）和反向地址解析协议 RARP

计算机网络中各主机之间要进行通信时，必须要知道彼此的物理地址（OSI 模型中数据链路层的地址）。因此，在 TCP/IP 的网际层有 ARP 和 RARP 协议，它们的作用是将源主机和目的主机的 IP 地址与它们的物理地址相匹配。

2．传输层协议

（1）传输控制协议（Transmission Control Protocol，TCP）

TCP 协议是传输层的一种面向连接的通信协议，它可提供可靠的数据传送。对于大量数据的传输，通常都要求有可靠的传送。

TCP 协议将源主机应用层的数据分成多个分段，然后将每个分段传送到网际层，网际层将数据封装为 IP 数据包，并发送到目的主机。目的主机的网际层将 IP 数据包中的分段传送给传输层，再由传输层对这些分段进行重组，还原成原始数据，并传送给应用层。另外，TCP 协议还要完成流量控制和差错检验的任务，以保证可靠的数据传输。

（2）用户数据报协议（User Datagram Protocol，UDP）

UDP 协议是一种面向无连接的协议，因此，它不能提供可靠的数据传输，而且 UDP 不进行差错检验，必须由应用层的应用程序来实现可靠性机制和差错控制，以保证端到端数据传输的正确性。虽然 UDP 与 TCP 相比显得非常不可靠，但在一些特定的环境下还是非常有优势的。例如，要发送的信息较短，不值得在主机之间建立一次连接。另外，面向连接的通信通常只能在两个主机之间进行，若要实现多个主机之间的一对多或多对多的数据传输，即广播或多播，就需要使用 UDP 协议。

3. 应用层协议

在 TCP/IP 模型中，应用层包括了所有的高层协议，而且总是不断有新的协议加入，应用层的协议主要有以下几种。

- 远程终端协议 TELNET：本地主机作为仿真终端登录到远程主机上运行应用程序。
- 文件传输协议 FTP：实现主机之间的文件传送。
- 简单邮件传输协议 SMTP：实现主机之间电子邮件的传送。
- 域名服务 DNS：用于实现主机名与 IP 地址之间的映射。
- 动态主机配置协议 DHCP：实现对主机的地址分配和配置工作。
- 路由信息协议 RIP：用于网络设备之间交换路由信息。
- 超文本传输协议 HTTP：用于 Internet 中的客户机与 WWW 服务器之间的数据传输。
- 网络文件系统 NFS：实现主机之间的文件系统的共享。
- 引导协议 BOOTP：用于无盘主机或工作站的启动。
- 简单网络管理协议 SNMP：实现网络的管理。

与 OSI 模型的应用层相同，TCP/IP 应用层中的各种协议都是为网络用户或应用程序提供特定的网络服务功能来设计和使用的。在以后章节的内容中会陆续涉及各种不同的高层应用和其所依赖的相关协议，因此，本章节对这些协议不做详细的说明。

练习题

1. 填空题

（1）在 TCP/IP 参考模型的传输层上，＿＿＿＿＿＿协议实现的是不可靠、无连接的数据报服务，而＿＿＿＿＿＿协议一个基于连接的通信协议，提供可靠的数据传输。

（2）在计算机网络中，将网络的层次结构模型和各层协议的集合称为计算机网络的＿＿＿＿＿＿。其中，实际应用最广泛的是＿＿＿＿＿＿协议，由它组成了 Internet 的一整套协议。

2. 选择题

（1）国际标准化组织 ISO 提出的不基于特定机型、操作系统或公司的网络体系结构 OSI 模型中，第一层和第三层分别为＿＿＿＿＿＿。

A. 物理层和网络层　　　　　　　　B. 数据链路层和传输层

C. 网络层和表示层　　　　　　　　D. 会话层和应用层

（2）在下面给出的协议中，_____属于 TCP/IP 的应用层协议。

A. TCP 和 FTP　　　　　　　　　B. IP 和 UDP

C. RARP 和 DNS　　　　　　　　D. FTP 和 SMTP

（3）在下面对数据链路层的功能特性描述中，不正确的是_____。

A. 通过交换与路由，找到数据通过网络的最有效的路径

B. 数据链路层的主要任务是提供一种可靠的通过物理介质传输数据的方法

C. 将数据分解成帧，并按顺序传输帧，并处理接收端发回的确认帧

D. 以太网数据链路层分为 LLC 和 MAC 子层，在 MAC 子层使用 CSMA/CD 的协议

（4）网络层、数据链路层和物理层传输的数据单位分别是_____。

A. 报文、帧、比特　　　　　　　　B. 包、报文、比特

C. 包、帧、比特　　　　　　　　　D. 数据块、分组、比特

（5）在 OSI 参考模型中能实现路由选择、拥塞控制与互连功能的层是_____。

A. 传输层　　　　B. 应用层　　　　C. 网络层　　　　D. 物理层

3．简答题

（1）什么是网络体系结构？

（2）网络协议的三要素是什么？

（3）OSI/RM 共分为哪几层？简要说明各层的功能。

（4）请详细说明物理层、数据链路层和网络层的功能。

（5）TCP/IP 协议模型分为几层？各层的功能是什么？每层又包含什么协议？

PART 3

第 3 章
数据通信的基础知识

本章提要

- 数据通信的基本概念;
- 数据传输方式;
- 数据传输的同步技术;
- 数据编码技术;
- 多路复用技术;
- 数据交换技术;
- 传输介质;
- 差错控制技术。

通信技术的发展和计算机技术的应用有着密切的联系。数据通信就是以信息处理技术和计算机技术为基础的通信方式,它为计算机网络的应用和发展提供了技术支持和可靠的通信环境。

3.1 基本概念

3.1.1 信息、数据和信号

通信的目的是为了交换信息。信息的载体可以包含语音、音乐、图形图像、文字和数据等多种媒体。计算机终端产生的信息一般是字母、数字和符号的组合。为了传送这些信息,首先要将每一个字母、数字或括号用二进制代码表示。目前常用的二进制代码有国际 5 号码(IA5)、扩充的二、十进制交换码 EBCDIC 码和 ASCII 码等。

美国信息交换标准代码(ASCII 码)目前已被 ISO 与 ITU-T 采纳,并发展为国际通用的信息交换用标准代码。ASCII 码用 7 位二进制数来表示一个字母、数字或符号。例如,字母 A 的 ASCII 码是 1000001;数字 1 的 ASCII 码是 0110001;通信控制字符(SYN)的 ASCII 码是 0010110。任何文字,比如一段新闻信息,都可以用一串二进制 ASCII 码来表示。对于数据通信过程,只需要保证被传输的二进制码在传输过程中不出现错误,而不需要理解被传输的二进制代码所表示的信息内容。被传输的二进制代码称为数据(Data)。

信号是数据在传输过程中的表示形式。在通信系统中,数据以模拟信号或数字信号的形式由一端传输到另一端。模拟信号和数字信号如图 3-1 所示。模拟信号是一种波形连续变换的电信号,它的取值可以是无限个,比如话音信号;而数字信号是一种离散信号,它的取值是有限的。在数据通信系统中，传输模拟信号的系统称为模拟通信系统，而传输数字信号的系统称为数字通信系统。

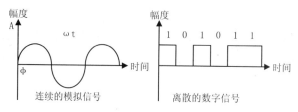

图 3-1　模拟信号和数字信号

3.1.2　数据通信系统的基本结构

数据通信系统的基本结构可以用一个简单的通信模型来表示。产生和发送信息的一端叫信源，接收信息的一端叫信宿。信源与信宿通过通信线路进行通信。在数据通信系统中，也将通信线路称为信道，如图 3-2（a）所示。

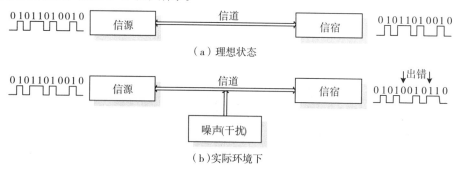

图 3-2　通信系统的简单模型

在理想状态下，数据从信源发出到信宿接收，不会出现问题，但实际的情况并非如此。对于实际的数据通信系统，由于信道中存在干扰噪声，传送到信道上的信号在到达信宿之前可能会受干扰而出错，如图 3-2（b）所示。因此，为了保证在信源和信宿之间能够实现正确的信息传输与交换，除了使用一些克服干扰以及差错的检测和控制的方法外，还要借助于其他各种通信技术来解决这个问题，如调制、编码、复用等，而对于不同的通信系统，所涉及的技术也有所不同。

3.1.2.1　模拟通信系统

普通的电话、广播、电视等都属于模拟通信系统，模拟通信系统的结构模型如图 3-3 所示。模拟通信系统通常由信源、调制器、信道、解调器、信宿以及噪声源组成。信源所产生的原始模拟信号一般都要经过调制后再通过信道传输。到达信宿后，再通过解调器将信号解调出来。

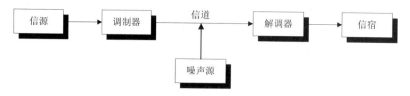

图 3-3　模拟通信系统的结构模型

3.1.2.2　数字通信系统

计算机通信、数字电话以及数字电视都属于数字通信系统，数字通信系统的结构模型如图3-4所示。数字通信系统由信源、信源编码器、信道编码器、调制器、信道、解调器、信道译码器、信源译码器、信宿、噪声源组成。在发送端和接收端还有时钟同步系统。

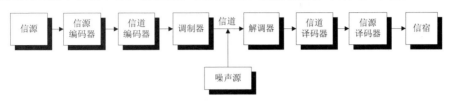

图3-4　数字通信系统的结构模型

在数字通信系统中，如果信源发出的是模拟信号，就要经过信源编码器对模拟信号进调制编码，将其变换为数字信号。如果信源发出的是数字信号，也要对其进行数字编码。信源编码器有两个主要作用：一个是实现数/模转换；另一个是降低信号的误码率。而信源译码则是信源编码的逆过程。

由于信道通常会遭受信道上各种噪声的干扰，有可能导致接收端接收信号产生错误。为了能够自动地检测出错误或纠正错误，可采用检错编码或纠错编码，这就是信道编码。信道译码则是信道编码的逆变换。

从信道编码器输出的数字信号还是属于基带信号。除某些近距离的数字通信可以采用基带传输外，其余的通常为了与采用的信道相匹配，要将基带信号经过调制变换成频带信号再传输，这就是调制器所要完成的工作。而解调则是调制的逆过程。

时钟同步也是数字通信系统的一个不可或缺的部分。由于数字通信系统传输的是数字信号，所以发送端和接收端必须有各自的发送和接收时钟。而为了保证接收端正确地接收数据，接收端的接收时钟必须与发送端的发送时钟保持同步。

通过模拟通信系统和数字通信系统的结构模型，不难看出，在一个数据通信系统中，必然会涉及多种通信技术，其中包括调制技术、编码技术、同步技术、差错编码技术等。

注意　　在以上介绍的内容中，涉及很多概念，比如编码、调制、同步、基带信号等，这些内容将会陆续在以后的各节中进行介绍，不过，建议读者阅读完本章内容后，再重读以上的内容，看看能否对数据通信的基本内容进行概括总结。

3.1.3　通信信道的分类

信道是信号传输的通道，包括传输媒体和通信设备。传输媒体可以是有形媒体，如电缆、光纤等，也可以是无形媒体，如传输电磁波的空间。信道可以按不同的方法分类。

1．有线信道与无线信道

信道按所使用的传输介质分类，可以分为有线信道与无线信道两类。

（1）有线信道：使用有形的媒体作为传输介质的信道称之为有线信道，它包括电话线、双绞线、同轴电缆和光缆等。

（2）无线信道：以电磁波在空间传播方式传送信息的信道称之为无线信道，它包括无线电、微波、红外线和卫星通信信道等。

2. 模拟信道与数字信道

按传输信号的类型分类，信道可以分为模拟信道与数字信道两类。

（1）模拟信道：能传输模拟信号的信道称为模拟信道。模拟信号的电平随时间连续变化，语音信号是典型的模拟信号。如果利用模拟信道传送数字信号，则必须经过数字与模拟信号之间的变换（A/D 变换器）。调制解调器就是用于完成这种变换的。

（2）数字信道：能传输离散数字信号的信道称为数字信道。离散的数字信号在计算机中是指由"0"和"1"的二进制代码组成的数字序列。当利用数字信道传输数字信号时不需要进行变换，而通常需要进行数字编码。

3. 专用信道和公用信道

信道按使用方式可以分为专用信道和公用信道两类。

（1）专用信道：专用信道是一种连接于用户设备之间的固定电路，它可以由用户自己架设或向电信部门租用。采用专用电路时有两种连接方式，一种是点对点连接，另一种是多点连接。专用电路一般用于短距离与数据传输量比较大的网络需求情况。

（2）公用信道：也称公共交换信道，它是一种通过交换机转接、为大量用户提供服务的信道。采用公共交换信道时，用户与用户之间的通信需要通过交换机到交换机之间的电路转接，其路径不是固定的。例如，公共电话交换网就属于公共交换信道。

对于不同信道，其特性和使用方法有所不同。数据传送从本质上说都属于两台计算机通过一条通信信道相互通信的问题。数据在计算机中是以离散的二进制数字信号来表示的，但在数据通信过程中，是传输数字信号还是传输模拟信号，则主要取决于选用的通信信道所允许的传输信号类型。

3.1.4 数据通信的技术指标

3.1.4.1 数据通信速率（传输速率）

传输速率是指数据在信道中传输的速度。它分为两种，即码元速率和信息速率。

码元速率 R_B：每秒中传送的码元数，单位为波特/秒（Baud/s），又称为波特率。在数字通信系统中，由于数字信号是用离散值表示的，因此，每一个离散值就是一个码元。

信息速率 R_b：每秒中传送的信息量，单位为比特/秒（bit/s），又称为比特率。对于一个用二进制表示的信号（2 级电平），每个码元包含 1 个比特信息，其信息速率与码元速率相等；对于一个用四进制表示的信号（4 级电平），每个码元包含了两个比特信息，因此，它的信息速率应该是码元速率的两倍，如图 3-5 所示。

一般来说，对于采用 M 进制信号传输信号时，信息速率和码元速率之间的关系如下。

$$R_b = R_B \log_2 M$$

3.1.4.2 误码率和误比特率

误码率是指码元在传输过程中，错误码元占总传输码元的概率。在二进制传输中，误码率也称误比特率。

$$误码率 P_e = \frac{传输出错的码元数}{传输的总码元数}$$

$$误比特率 P_b = \frac{传输出错的比特数}{传输的总比特数}$$

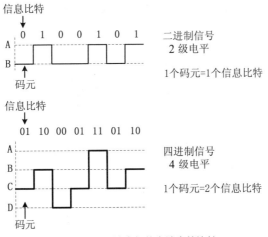

图 3-5 码元速率与信息速率的比较

在理解误码率定义时应注意：对于一个实际的数据传输系统，不能笼统地要求误码率越低越好，要根据实际传输要求提出误码率指标；在数据传输速率确定后，误码率越低，数据传输系统设备越复杂，造价越高。

在实际的数据传输系统中，电话线路在 300～2 400 bit/s 传输速率时平均误码率在 10^{-2}～10^{-6}，在 4 800～9 600 bit/s 传输速率时平均误码率在 10^{-2}～10^{-4}。而计算机通信的平均误码率要求低于 10^{-9}。因此，普通通信信道如不采取差错控制技术是不能满足计算机通信要求的。

3.1.4.3　信道带宽与信道容量

信道带宽是指信道中传输的信号在不失真的情况下所占用的频率范围，通常称为信道的通频带，单位用赫兹（Hz）表示。信道带宽是由信道的物理特性所决定的，例如，电话线路的频率范围在 300～3 400 Hz，则它的带宽范围也在 300～3 400 Hz。

信道容量是衡量一个信道传输数字信号的重要参数。信道容量是指单位时间内信道上所能传输的最大比特数，用比特每秒（bit/s）表示。当传输速率超过信道的最大信号速率时就会产生失真。

通常，信道容量和信道带宽具有正比的关系，带宽越大，容量越高，所以要提高信号的传输率，信道就要有足够的带宽。从理论上看，增加信道带宽是可以增加信道容量的，但在实际上，信道带宽的无限增加并不能使信道容量无限增加，其原因是在一些实际情况下，信道中存在噪声或干扰，制约了带宽的增加。

注意　关于无噪声信道和有噪声信道的最大传输速率与信道带宽的关系，有两个重要的准则，即奈奎斯特定理和香农定理，感兴趣的读者可以参考相关书籍。

3.2　数据的传输

3.2.1　串/并行通信

并行通信是指数据以成组的方式在多个并行信道上同时进行传输，如图 3-6 所示。常用的方式是将构成 1 个字符代码的几位二进制比特分别通过几个并行的信道同时传输，比如，并行传输中一次传送 8 个比特。并行通信的优点是速度快，但发端与收端之间有若干条线路，费用高，仅适合于近距离和高速率的通信。并行通信在计算机内部总线以及并行口通信中已经得到广泛应用。

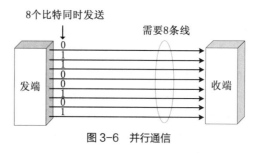

图 3-6　并行通信

串行通信是指数据以串行方式在一条信道上传输，如图 3-7 所示。由于计算机内部都采用并行通信，因此，数据在发送之前，要将计算机中的字符进行并/串变换，在接收端再通过串/并变换，还原成计算机的字符结构，这样才能实现串行通信。串行通信的优点是收、发双方只需要一条传输信道，易于实现，成本低，但速度比较低。串行通信通过计算机的串行口得到广泛的应用，而且在远程通信中一般采用串行通信方式。

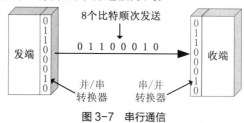

图 3-7　串行通信

3.2.2　信道的通信方式

数据通信通常需要双向通信，能否实现双向通信是信道的一个重要特征。按照信号传送方向与时间的关系，信道的通信方式可以分为 3 种：单工、半双工和全双工。

1．单工通信

单工方式指通信信道是单向信道，数据信号仅沿一个方向传输，发送方只能发送不能接收，而接收方只能接收而不能发送，任何时候都不能改变信号传送方向，如图 3-8 所示。例如，无线电广播和电视都属于单工通信。

图 3-8　单工通信

2．半双工通信

半双工通信是指信号可以沿两个方向传送，但同一时刻一个信道只允许单方向传送，即两个方向的传输只能交替进行，而不能同时进行。当改变传输方向时，要通过开关装置进行切换，如图 3-9 所示。半双工信道适合于会话式通信。例如，公安系统使用的"对讲机"和军队使用的"步话机"。半双工方式在计算机网络系统中适用于终端与终端之间的会话式通信。

图 3-9　半双工通信

3. 全双工通信

全双工通信是指数据可以同时沿相反的两个方向进行双向传输，如图 3-10 所示。例如，电话机通话。

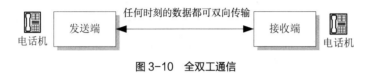

图 3-10　全双工通信

3.2.3　信号的传输方式

1. 基带传输

就数字信号而言，它是一个离散的矩形波，"0"代表低电平，"1"代表高电平。这种矩形波固有的频带称为基带，矩形波信号称为基带信号。因此，基带实际上就是数字信号所占用的基本频带。基带传输是在信道中直接传输数字信号，且传输媒体的整个带宽都被基带信号占用，双向地传输信息。

一般来说，要将信源的数字信号经过编码，变换为可以传输的数字基带信号。在发送端，编码器对信号进行编码，接收端由译码器进行解码，恢复发送端发送的信号。基带传输是一种最简单、最基本的传输方式。

基带传输系统安装简单、成本低，主要用于总线拓扑结构的局域网，在 2.5 km 的范围内，可以达到 10 Mbit/s 的传输速率。

2. 频带传输

在实现远距离通信时，经常要借助于电话线路，此时需利用频带传输方式。所谓频带传输是指将数字信号调制成音频信号后再进行发送和传输，到达接收端时再把音频信号解调成原来的数字信号。可见，在采用频带传输方式时，要求发送端和接收端都要安装调制器和解调器。利用频带传输，不仅解决了利用电话系统传输数字信号的问题，而且可以实现多路复用，以提高传输信道的利用率。

3. 宽带传输

宽带传输常采用 75 Ω 的电视同轴电缆（CATV）或光纤作为传输媒体，带宽为 300 MHz。使用时通常将整个带宽划分为若干个子频带，分别用这些子频带来传送音频信号、视频信号以及数字信号。宽带同轴电缆原是用来传输电视信号的，当用它来传输数字信号时，需要利用电缆调制解调器（Cable Modem）把数字信号变换成频率为几十兆赫兹到几百兆赫兹的模拟信号。

因此，可利用宽带传输系统来实现声音、文字和图像的一体化传输，这也就是通常所说的"三网合一"，即语音网、数据网和电视网合一。另外，使用 Cable Modem 上网就是基于宽带传输系统实现的。

宽带传输的优点是传输距离远，可达几十千米，且同时提供了多个信道。但它的技术较复杂，其传输系统的成本也相对较高。

3.3 数据传输的同步方式

在数据通信系统中，当发送端与接收端采用串行通信时，通信双方交换数据，需要有高度的协同动作，彼此间传输数据的速率、每个比特的持续时间和间隔都必须相同，这就是同步问题。同步就是要接收方按照发送方发送的每个码元/比特起止时刻和速率来接收数据，否则，收发之间会产生误差，即使是很小的误差，随着时间增加的逐步累积，也会造成传输的数据出错。

因此，实现收发之间的同步技术是数据传输中的关键技术之一。通常使用的同步技术有两种：异步方式和同步方式。

1. 异步方式

在异步传输方式中，每传送 1 个字符（7 或 8 位）都要在每个字符码前加 1 个起始位，以表示字符代码的开始；在字符代码和校验码后面加 1 或两个停止位，表示字符结束。接收方根据起始位和停止位来判断一个新字符的开始和结束，从而起到通信双方的同步作用，如图 3-11 所示。

异步方式的实现比较容易，但每传输一个字符都需要多使用 2~3 位，所以适合于低速通信。

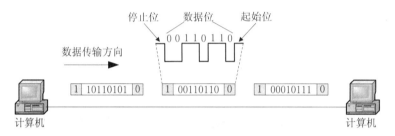

图 3-11 异步通信方式

2. 同步方式

通常，同步传输方式的信息格式是一组字符或一个二进制位组成的数据块（帧）。对这些数据，不需要附加起始位和停止位，而是在发送一组字符或数据块之前先发送一个同步字符 SYN（以 01101000 表示）或一个同步字节（01111110），用于接收方进行同步检测，从而使收发双方进入同步状态。在同步字符或字节之后，可以连续发送任意多个字符或数据块，发送数据完毕后，再使用同步字符或字节来标识整个发送过程的结束，如图 3-12 所示。

图 3-12 同步通信方式

在同步传送时，由于发送方和接收方将整个字符组作为一个单位传送，且附加位又非常少，从而提高了数据传输的效率。所以这种方法一般用在高速传输数据的系统中，比如计算机之间的数据通信。

另外，在同步通信中，要求收发双方之间的时钟严格的同步，而使用同步字符或同步字节，只是用于同步接收数据帧，只有保证了接收端接收的每一个比特都与发送端保持一致，接收方才能正确地接收数据，这就要使用位同步的方法。对于位同步，可以使用一个额外的专用信道发送同步时钟来保持双方同步，也可以使用编码技术将时钟编码到数据中，在接收端接收数据的同时就获取到同步时钟，两种方法相比，后者的效率最高，使用得最为广泛。

3.4 数据的编码和调制技术

在计算机中，数据是以离散的二进制"0"、"1"比特序列方式来表示的。计算机数据在传输过程中的数据编码类型主要取决于它采用的通信信道所支持的数据通信类型。网络中的通信信道分为模拟信道和数字信道，而依赖于信道传输的数据也分为模拟数据与数字数据。因此，数据的编码方法包括数字数据的编码与调制和模拟数据的编码与调制，如图 3-13 所示。

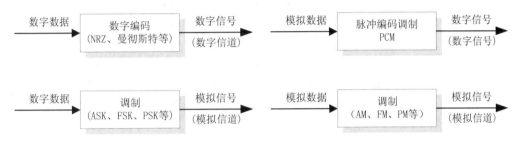

图 3-13 数据的编码和调制技术

3.4.1 数字数据的调制

典型的模拟通信信道是电话通信信道。它是当前世界上覆盖面最广、应用最普遍的通信信道之一。传统的电话通信信道是为传输语音信号设计的，用于传输音频 300 ~ 3 400 Hz 的模拟信号，不能直接传输数字数据。为了利用模拟语音通信的电话交换网实现计算机的数字数据的传输，必须首先将数字信号转换成模拟信号，也就是要对数字数据进行调制。

发送端将数字数据信号变换成模拟数据信号的过程称为调制（Modulation），调制设备就称为调制器（Modulator）；接收端将模拟数据信号还原成数字数据信号的过程称为解调（Demodulation），解调设备就称为解调器（Demodulator）。若进行数据通信的发送端和接收端以双工方式进行通信时，就需要一个同时具备调制和解调功能的设备，称为调制解调器（Modem），这一过程如图 3-14 所示。

图 3-14 计算机通过 Modem 进行通信

由于模拟信号是具有一定频率的连续的载波波形，可以用 Acos（$2\pi ft+\phi$）表示，其中 A 表示波形的幅度，f 代表波形的频率，ϕ 代表波形的相位。因此，根据这 3 个不同参数的变化，就可以表示特定的数字信号 0 或 1，实现调制的过程。

对数字数据调制的基本方法有 3 种：幅移键控、频移键控和相移键控。在图 3-15 中，显示了对数字数据"010110"进行不同调制方法的波形。

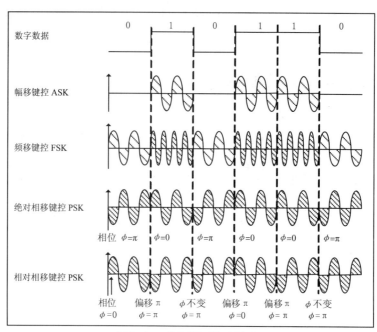

图 3-15　数字数据的调制方法

1. 幅移键控（Amplitude Shift Keying，ASK）

ASK 是通过改变载波信号的幅度值来表示数字信号"1"、"0"的，以载波幅度 A_1 表示数字信号"1"，用载波幅度 A_2 表示数字信号"0"（通常 A_1 取 1，A_2 取 0），而载波信号的参数 f 和 ϕ 恒定。

2. 频移键控（Frequency Shift Keying，FSK）

FSK 是通过改变载波信号频率的方法来表示数字信号"1"、"0"的，用 f_1 表示数字信号"1"，用 f_2 表示数字信号"0"，而载波信号的 A 和 ϕ 不变。

3. 相移键控（Phase Shift Keying，PSK）

PSK 是通过改变载波信号的相位值来表示数字信号"1"、"0"的，而载波信号的 A 和 f 不变。PSK 包括两种类型。

（1）绝对调相

绝对调相使用相位的绝对值，ϕ 为 0 表示数字信号"1"，ϕ 为 π 表示数字信号"0"。

（2）相对调相

相对调相使用相位的相对偏移值，当数字数据为 0 时，相位不变化，而数字数据为 1 时，相位要偏移 π。

4. 多相调制和混合调相

ASK、FSK 和 PSK 都是最基本的调制技术，实现容易，技术简单，抗干扰能力差，且调制速率不高，为了提高数据传输速率，也可以采用多相调制的方法。

例如，将待发送的数字信号按两个比特一组的方式组合，因为两个比特可以有 4 种组合方式，即"00、01、10、11"4 个码元，所以用 4 个不同的相位值就可以表示出这 4 组组合。在调相信号传输过程中，相位每改变一次，则传送两个二进制比特，这种调制方法就称为四相相移键控。同理，如果将待发送数据每 3 个比特组成一个码元组，则对 3 个比特的组合可以用 8 种不同的相位值来表示，这就是八相相移键控。

如果传送的数字信号是00101101，采用四相相移键控的调制方法时，调制后的信号波形如图 3-16 所示。从图中可以看出，载波信号的相位每变化一次，则实际传送数据的两个比特，相对简单的调制技术来说，速率提高了一倍，由此看出传输效率提高了。

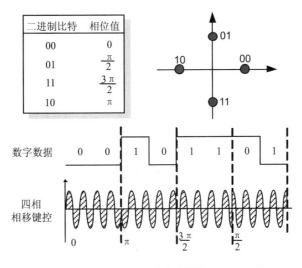

图 3-16 四相相移键控

为了达到更高的信息传输速率，必须采用技术上更为复杂的多元制的振幅相位混合调制技术，比如正交振幅调制（Quadrature Amplitude Modulation，QAM），它不但使用相位，而且还使用幅度，如图 3-17 所示，其中 8-QAM 使用了幅度与相位的 8 种组合，由于使用 3 个比特可以表示 8 种组合，因此，每一种组合代表一个码元，每个码元 3 个比特。同理，16-QAM 的幅度和相位有 16 种组合，每个组合代表一个码元，每个码元 4 个比特。

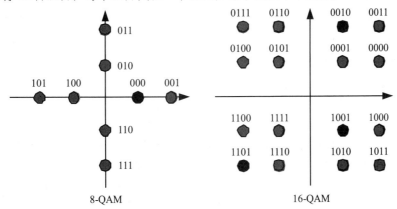

图 3-17 8-QAM 和 16-QAM

3.4.2 数字数据的编码

利用数字通信信道直接传输数字数据信号的方法称作数字信号的基带传输，而数字数据在传输之前需要进行数字编码。

数字基带传输中数据信号的编码方式主要有 3 种，它们是不归零码、曼彻斯特编码和差分曼彻斯特编码，图 3-18 显示了 3 种编码的波形。

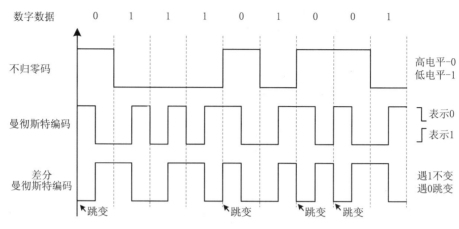

图 3-18　数字数据信号的编码方法

1. 不归零编码（Non-Return to Zero，NRZ）

NRZ 编码可以用负电平表示逻辑"1"，用正电平表示逻辑"0"，反之亦然。NRZ 编码的缺点是发送和接收方不能保持同步，需采用其他方法保持收发同步。

2. 曼彻斯特编码（Manchester）

曼彻斯特编码是目前应用最广泛的编码方法之一，其特点是每一位二进制信号的中间都有跳变，若从低电平跳变到高电平，就表示数字信号"1"；若从高电平跳变到低电平，就表示数字信号"0"。

曼彻斯特编码的优点是每一个比特中间的跳变可以作为接收端的时钟信号，以保持接收端和发送端之间的同步。

3. 差分曼彻斯特编码（Difference Manchester）

差分曼彻斯特编码是对曼彻斯特编码的改进。其特点是每一位二进制信号的跳变依然提供收发端之间的同步，但每位二进制数据的取值，要根据其开始边界是否发生跳变来决定，若一个比特开始处存在跳变则表示"0"，无跳变则表示"1"。

3.4.3　模拟数据的调制

在模拟数据通信系统中，信源的信息经过转换形成电信号，比如，人说话的声音经过电话转变为模拟的电信号，这也是模拟数据的基带信号。一般来说，模拟数据的基带信号具有比较低的频率，不宜直接在信道中传输，需要对信号进行调制，将信号搬移到适合信道传输的频率范围内，接收端将接收的已调信号再搬回到原来信号的频率范围内，恢复成原来的消息，比如无线电广播。

模拟数据的基本调制技术主要包括调幅 AM、调频 FM 和调相 PM。对于该部分的内容，本书不做详细的说明，感兴趣的读者请参阅相关书籍。

3.4.4　模拟数据的编码

脉冲编码调制（Pulse Code Modulation，PCM）是模拟数据数字化的主要方法。由于数字信号传输失真小、误码率低、数据传输速率高，因此，在网络中除计算机直接产生的数字信号外，语音、图像信息必须数字化才能经计算机处理。

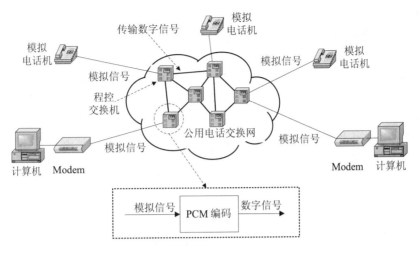

图 3-19 PCM 编码的典型应用

　　PCM 技术的典型应用是语音数字化。语音可以用模拟信号的形式通过电话线路传输，但是在网络中将语音与计算机产生的数字、文字、图形、图像同时传输，就必须首先将语音信号数字化。在发送端通过 PCM 编码器变换为数字化语音数据，通过通信信道传送到接收方，接收方再通过 PCM 解码器还原成模拟语音信号。数字化语音数据传输速率高、失真小，可以存储在计算机中，进行必要的处理。因此，在网络与通信的发展中语音数字化成为重要的部分。

　　图 3-19 显示了 PCM 编码的典型应用，当进行常规的电话通信或者两台计算机之间通过 Modem 通信时，需要经过程控交换机进行传输（接续），该设备的一个功能就是对模拟信号进行 PCM 脉冲编码调制。

　　脉冲编码调制的工作过程包括 3 部分：抽样、量化和编码。在图 3-20 中，显示了脉冲编码调制的 3 个过程以及相对应的波形信号。

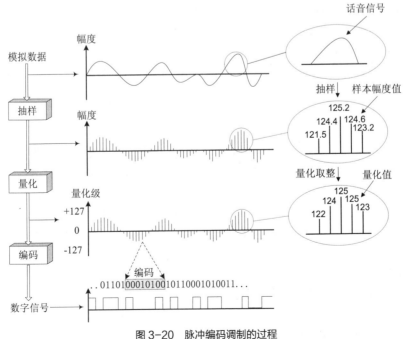

图 3-20 脉冲编码调制的过程

1. 抽样

模拟信号是电平连续变化的信号。每隔一定的时间间隔，采集模拟信号的瞬时电平值作为样本表示模拟数据在某一区间随时间变化的值。抽样频率以奈奎斯特抽样定理为依据，如果以等于或高于通信信道带宽两倍的速率定时对信号进行抽样，就可以恢复原模拟信号的所有信息。

对于电话通信系统，因为电话线路的传输带宽不超过 4 000 Hz，所以抽样频率为 8 000 次/s。

2. 量化

量化是将取样样本幅度按量化级决定取值的过程。经过量化后的样本幅度为离散的量化级值，根据量化之前规定好的量化级，将抽样所得样本的幅值与量化级的幅值比较，取整定级。

量化级可以分为 8 级、16 级或者更多的量化级，这取决于系统的精确度要求。

3. 编码

编码是用相应位数的二进制代码表示量化后的采样样本的量级。如果有 16 个量化级，就需要使用 4 个比特进行编码。经过编码后，每个样本都用相应的编码脉冲表示。

PCM 用于数字化语音系统，它将声音分为 128 个量化级，采用 7 位二进制编码表示，再使用 1 个比特进行差错控制，采样速率为 8 000 次 bit/s，因此，一路话音的数据传输速率为 $8 \times 8\,000$ bit/s = 64 kbit/s。

3.5 数据交换技术

交换又称转接，数据交换技术在交换通信网中实现数据传输是必不可少的。数据通过通信子网的交换方式可以分为电路交换和存储转发交换两大类。常用的交换技术有电路交换、报文交换和分组交换（包交换）3 种。

3.5.1 电路交换

电路交换（Circuit Switching），也称为线路交换，它是一种直接的交换方式，为一对需要进行通信的节点之间提供一条临时的专用通道，即提供一条专用的传输通道，既可以是物理通道又可以是逻辑通道（使用时分或频分复用技术）。这条通道是由节点内部电路对节点间传输路径经过适当选择、连接而完成的，是一条由多个节点和多条节点间传输路径组成的链路。

目前，公用电话交换网广泛使用的交换方式是电路交换，经由电路交换的通信包括 3 个阶段，如图 3-21 所示。

1. 电路建立

通过源节点请求完成交换网中相应节点的连接过程，这个过程建立起一条由源节点到目的节点的传输通道。首先，源节点 A 发出呼叫请求信号，与源节点连接的交换节点 1 收到这个呼叫，就根据呼叫信号中的相关信息寻找通向目的节点 B 的下一个交换节点 2；然后按照同样的方式，交换节点 2 再寻找下一个节点，最终达到节点 6；节点 6 将呼叫请求信息发给目的节点 B，若目的节点 B 接受呼叫，则通过已建立的物理线路，并向源节点发回呼叫应答信号。这样，从源节点到目的节点之间就建立了一条电路。

2. 数据传输

电路建立完成后，就可以在这条临时的专用电路上传输数据，通常为全双工传输。

3. 电路拆除

在完成数据传输后，源节点发出释放请求信息，请求终止通信。若目的节点接受释放请求，则发回释放应答信息。在电路拆除阶段，各节点相应地拆除该电路的对应连接，释放由该电路占用的节点和信道资源。

电路交换具有下列特点。

- 呼叫建立时间长且存在呼损。电路建立阶段，在两节点之间建立一条专用通路需要花费一段时间，这段时间称为呼叫建立时间。在电路建立过程中由于交换网繁忙等原因而使建立失败，对于交换网则要拆除已建立的部分电路，用户需要挂断重拨，这称为呼损。
- 电路连通后提供给用户的是"透明通路"，即交换网对用户信息的编码方法、信息格式以及传输控制程序等都不加以限制，但对通信双方而言，必须做到双方的收发速度、编码方法、信息格式和传输控制等一致才能完成通信。
- 一旦电路建立后，数据以固定的速率传输，除通过传输链路时的传输延迟以外，没有别的延迟，且在每个节点的延迟是可以忽略的，适用于实时大批量连续的数据传输。
- 电路信道利用率低。电路建立，进行数据传输，直至通信链路拆除为止，信道是专用的，再加上通信建立时间、拆除时间和呼损，其利用率较低。

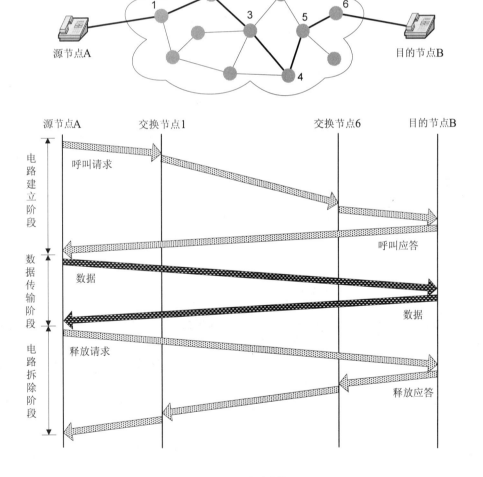

图 3-21　电路交换

3.5.2　存储转发交换

存储转发交换（Store and Forward Switching）方式又可以分为报文存储转发交换与报文分组存储转发交换方式，报文分组存储转发交换方式又可以分为数据报与虚电路方式。

3.5.2.1　报文交换（Message Switching）

对较为连续的数据流（如话音），电路交换是一种易于使用的技术。对于数字数据通信，广泛使用的是报文交换技术。在报文交换网中，网络节点通常为一台专用计算机，备有足够的外存，以便在报文进入时进行缓冲存储。节点接收一个报文之后，报文暂时存放在节点的存储设备之中，等输出电路空闲时，再根据报文中所指的目的地址转发到下一个合适的节点，如此往复，直到报文到达目标数据终端为止。

在报文交换中，每一个报文由传输的数据和报头组成，报头中有源地址和目标地址。节点根据报头中的目标地址为报文进行路径选择，并且对收发的报文进行相应的处理，例如，差错检查和纠错、调节输入/输出速度进行数据速率转换、进行流量控制，甚至可以进行编码方式的转换等，所以，报文交换是在两个节点间的链路上逐段传输的，不需要在两个主机间建立多个节点组成的电路通道。

与电路交换方式相比，报文交换方式不要求交换网为通信双方预先建立一条专用的数据通路，因此就不存在建立电路和拆除电路的过程。

报文交换的特点如下。

- 源节点和目标节点在通信时不需要建立一条专用的通路。
- 与电路交换相比，报文交换没有建立电路和拆除电路所需的等待和时延。
- 电路利用率高，节点间可根据电路情况选择不同的速度传输，能高效地传输数据。
- 要求节点具备足够的报文数据存放能力，一般节点由微机或小型机担当。
- 数据传输的可靠性高，每个节点在存储转发中都进行差错控制，即检错和纠错。

由于采用了对完整报文的存储/转发，而节点存储/转发的时延较大，不适用于交互式通信，如电话通信。由于每个节点都要把报文完整地接收、存储、检错、纠错、转发，产生了节点延迟，并且报文交换对报文长度没有限制，报文可以很长，这样就有可能使报文长时间占用某两节点之间的链路，不利于实时交互通信。分组交换即所谓的包交换正是针对报文交换的缺点而提出的一种改进方式。

3.5.2.2　分组交换（Packet Switching）

分组交换属于"存储/转发"交换方式，但它不像报文交换那样以报文为单位进行交换、传输，而是以更短的、标准的"报文分组"（Packet）为单位进行交换传输。分组是一组包含数据和呼叫控制信号的二进制数，把它作为一个整体加以转接，这些数据、呼叫控制信号以及可能附加的差错控制信息都是按规定的格式排列的。假如 A 站有一份比较长的报文要发送给 C 站，则它首先将报文按规定长度划分成若干分组，每个分组附加上地址及纠错等其他信息，然后将这些分组顺序发送到交换网的节点 C。

交换网可采用两种方式：数据报分组交换或虚电路分组交换。

1. 数据报分组交换

交换网把进网的任一分组都当作单独的"小报文"来处理，而不管它是属于哪个报文的分组，就像报文交换中把一份报文进行单独处理一样。这种分组交换方式简称为数据报传输方式，作为基本传输单位的"小报文"被称为数据报（Data gram）。数据报的工作方式如图 3-22 所示。

数据报的特点如下。

● 同一报文的不同分组可以由不同的传输路径通过通信子网。

● 同一报文的不同分组到达目的节点时可能出现乱序、重复或丢失现象。

● 每一个报文在传输过程中都必须带有源节点地址和目的节点地址。

● 使用数据报方式时，数据报文传输延迟较大，适用于突发性通信，但不适用于长报文、会话式通信。

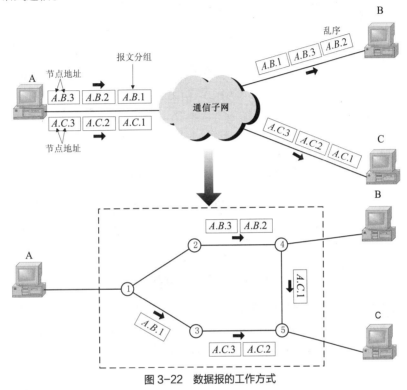

图 3-22　数据报的工作方式

2. 虚电路分组交换

虚电路就是两个用户的终端设备在开始互相发送和接收数据之前需要通过通信网络建立逻辑上的连接，用户不需要在发送和接收数据时清除连接。

所有分组都必须沿着事先建立的虚电路传输，且存在一个虚呼叫建立阶段和拆除阶段（清除阶段），这是与电路交换的实质上的区别。如图 3-23 所示。

虚电路的特点如下。

● 类似于电路交换，虚电路在每次报文分组发送之前必须在源节点与目的节点之间建立一条逻辑连接，也包括虚电路建立、数据传输和虚电路拆除 3 个阶段。但与电路交换相比，虚电路并不意味着通信节点间存在像电路交换方式那样的专用电路，而是选定了特定路径进行传输，报文分组所途经的所有节点都对这些分组进行存储/转发，而电路交换无此功能。

● 一次通信的所有报文分组都从这条逻辑连接的虚电路上通过，因此，报文分组不必带目的地址、源地址等辅助信息，只需要携带虚电路标识号。报文分组到达目的节点不会出现丢失、重复与乱序的现象。

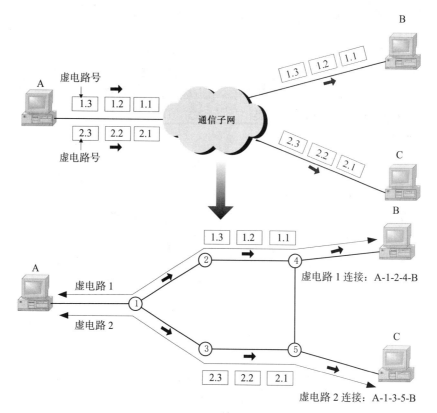

图 3-23　虚电路的工作方式

- 报文分组通过每个虚电路上的节点时，节点只需要做差错检测，而不需要做路径选择。
- 通信子网中的每个节点可以和任何节点建立多条虚电路连接。

由于虚电路方式具有分组交换与线路交换两种方式的优点，因此在计算机网络中得到了广泛的应用。

3.5.3　高速交换技术

传统的交换技术不能满足多媒体业务的应用，提高交换速度的方案有帧中继和 ATM 等。目前广域网采用的交换技术是 ATM（异步传输模式），它是电路交换与分组交换技术的结合，能最大限度地发挥电路交换与分组交换技术的优点，具有从实时的话音信号到高清晰度电视图像等各种高速综合业务的传输能力。

3.6　信道复用技术

信道复用的目的是让不同的计算机连接到相同的信道上，以共享信道资源。在长途通信中，一些高容量的同轴电缆、地面微波、卫星设施以及光缆可传输的频率带宽很宽，为了高效合理地利用资源，通常采用多路复用技术，使多路数据信号共同使用一条电路进行传输，即利用一个物理信道同时传输多个信号，如图 3-24 所示。

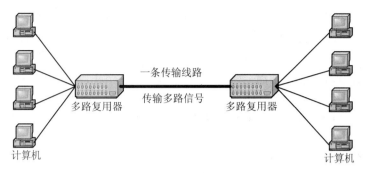

图 3-24　信道的复用

计算机网络中的信道连接方式一般有点到点和共享信通道或信道复用两种。复用技术采用多路复用器将来自多个输入线路的数据组合调制成一路复用数据，并将此数据信号送上高容量的数据链路；多路解复器接收复用的数据流，依照信道分离（分配）还原为多路数据，并将它们送到适当的输出电路上。

目前主要有以下 4 种信道复用方式：频分复用（Frequency Division Multiplexing，FDM）、时分复用（Time Division Multiplexing，TDM）、波分复用（Wave-length Division Multiplexing，WDM）和码分复用。

3.6.1　频分多路复用

频分多路复用 FDM 是把信道的可用频带分成多个互不交叠的频段，每个信号占其中一个频段。接收时用适当的滤波器分离出不同信号，分别进行解调接收，如图 3-25 所示。频分多路复用的典型例子有许多，例如，无线电广播和无线电视将多个电台或电视台的多组节目对应的声音、图像信号分别载在不同频率的无线电波上，同时在同一无线空间中传播，接收者根据需要接收特定的某种频率的信号收听或收看。有线电视也是基于同一原理。

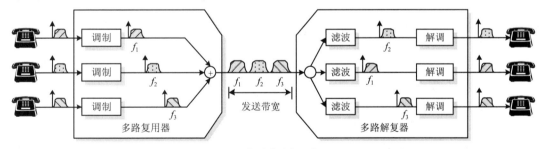

图 3-25　频分多路复用的原理图

总之，频分多路复用是把电路或空间的频带资源分成多个频段（带），并将其分别分配给多个用户，每个用户终端的数据通过分配给它的子通路（频段）传输，其主要用于电话和电缆电视（CATV）系统。在 FDM 频分复用中，各个频段（带）都有一定的带宽，称为逻辑信道（有时简称为信道）。为了防止由于相邻信道信号频率覆盖造成的干扰，在相邻两个信号的频率段之间设立一定的"保护"带，但保护带对应的频谱不能被使用，以保证各个频带互相隔离不会交叠。

3.6.2　时分多路复用

时分多路复用（TDM）是按传输信号的时间进行分割的，它使不同的信号在不同时间内传送，即将整个传输时间分为许多时间间隔（Slot time，又称为时隙），每个时间片被一路信号占用。TDM 就是通过在时间上交叉发送每一路信号的一部分来实现一条电路传送多路信号的，电路上的每一短暂时刻只有一路信号存在；而频分多路复用是同时传送若干路不同频率的信号。因为数字信号是有限个离散值，所以时分多路复用技术广泛应用于包括计算机网络在内的数字通信系统，而模拟通信系统的传输一般采用频分多路复用。TDM 又分为同步时分复用（Synchronous Time Division Multiplexing，STDM）和异步时分复用（Asynchronous Time Division Multiplexing，ATDM）。

1. 同步时分复用

同步时分复用（STDM）采用固定时间片分配方式，即将传输信号的时间按特定长度连续地划分成特定时间段（一个周期），再将每一时间段划分成等长度的多个时隙，每个时隙以固定的方式分配给各路数字信号，各路数字信号在每一时间段都顺序分配到一个时隙，如图 3-26 所示，其中，一个周期的数据帧是指所有输入设备某个时隙发送数据的总和，比如第一周期，4 个终端分别占用一个时隙发送 *A*、*B*、*C*、*D*，则 *ABCD* 就是一帧。

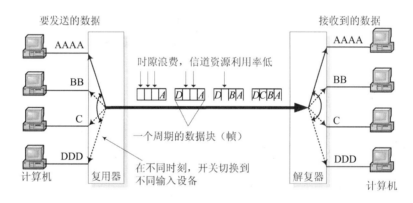

图 3-26　同步时分多路复用的原理图

由于在同步时分复用方式中，时隙预先分配且固定不变，无论时隙拥有者是否传输数据都占有一定时隙，这就形成了时隙浪费，其时隙的利用率很低，为了克服 STDM 的缺点，引入了异步时分复用（ATDM）技术。

2. 异步时分复用

异步时分复用技术又被称为统计时分复用技术（Statistical Time Division Multiplexing），它能动态地按需分配时隙，以避免每个时间段中出现空闲时隙。

ATDM 就是只有当某一路用户有数据要发送时才把时隙分配给它；当用户暂停发送数据时，则不给它分配时隙。电路的空闲时隙可用于其他用户的数据传输，如图 3-27 所示，复用器轮流扫描每一个输入端，先扫描第 1 个终端，将其数据 *A*1 添加到帧里，然后扫描第 2 个终端、第 3 个终端，并分别添加数据 *B*2 和 *C*3，此时，第一个完整的数据帧形成。此后，接着扫描第 4 个终端、第 1 个终端和第 2 个终端，将数据 *D*4、*A*1 和 *B*2 形成帧，如此往复。在扫描的过程中，若某个终端没有数据，则接着扫描下一个终端，因此，在所有的数据帧中，除最后一个帧外，其他所有帧均不会出现空闲的时隙，这就提高了资源的利用率，也提高了传输速率。

另外，在 ATDM 中，每个用户可以通过多占用时隙来获得更高的传输速率，而且传输速率可以高于平均速率，最高速率可达到电路总的传输能力，即用户占有所有的时隙。例如，电路总的传输能力为 28.8 kbit/s，3 个用户公用此电路，在 STDM 方式中，每个用户的最高速率为

9 600 bit/s，而在 ATDM 方式中，每个用户的最高速率可达 28.8 kbit/s。

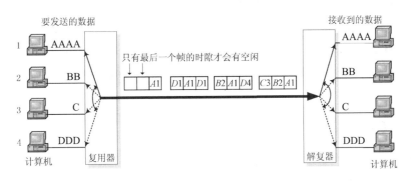

图 3-27　异步时分多路复用的原理图

3.6.3　波分多路复用

波分多路复用 WDM 主要用于全光纤网组成的通信系统。波分复用就是光的频分复用。人们借用传统的载波电话的频分复用的概念，可以做到使用一根光纤来同时传输与多个频率都很接近的光载波信号，这样就使光纤的传输能力成倍地提高了。由于光载波的频率很高，而习惯上是用波长而不用频率来表示所使用的光载波，因而称其为波分复用。最初，只能在一根光纤上复用两路光载波信号，但随着技术的发展，在一根光纤上复用的路数越来越多。现在已能做到在一根光纤上复用 80 路或更多路数的光载波信号，这种复用方式就是密集波分复用（Dense Wavelength Division Multiplexing，DWDM）。

图 3-28 显示的是一种在光纤上获得 WDM 的简单方法，两根光纤连接到一个棱镜上，每根的能量处于不同的波段，两束光通过棱镜合成到一根共享光纤上，待传输到目的地后，再将它们通过同样方法解开。

图 3-28　波分多路复用

3.6.4　码分多路复用

码分多路复用又称为码分多址（Coding Division Multiplexing Access，CDMA）。它也是一种共享信道的方法，每个用户可在同一时间使用同样的频带进行通信，但使用的是基于码型的分割信道的方法，即每个用户分配一个地址码，各个码型互不重叠，通信各方之间不会相互干扰，且抗干扰能力强。

码分复用技术主要用于无线通信系统，特别是移动通信系统。它不仅可以提高通信的语音质量和数据传输的可靠性以及减少干扰对通信的影响，而且增大了通信系统的容量。笔记本电脑或个人数字助理（Personal Data Assistant，PDA）以及掌上电脑（Handed Personal Computer，HPC）等移动性计算机的联网通信大量使用了这种技术。另外，国际电信联盟 ITU 还提出了宽带码分多址 WCDMA。

3.7 传输媒体的类型与特点

为了使网络中的计算机能够互相传送信息，必须使用传输媒体。目前常用的计算机网络传输媒体可以分为有线和无线两大类。常用的有线媒体有：双绞线、同轴电缆、光纤等。如果不使用有线媒体，则可以利用电磁波空间直接发送和接收信号，利用无线电波、微波或红外线作为无线媒体。

3.7.1 双绞线

双绞线是由一对或多对绝缘铜导线组成的，为了减少信号传输中串扰及电磁干扰（EMI）影响的程度，通常将这些绝缘铜导线按一定的密度互相缠绕在一起。双绞线是模拟和数字数据通信最普通的传输媒体，它的主要应用范围是电话系统中的模拟语音传输，其中最适合于较短距离的信息传输，当超过几千米时信号因衰减可能会产生畸变，这时就要使用中继器（Repeater）来放大信号和再生波形。双绞线的价格在传输媒体中是最便宜的，并且安装简单，所以得到广泛的使用。在局域网中一般也采用双绞线作为传输媒体。双绞线可分为非屏蔽双绞线（Unshielded Twisted Pair，UTP）和屏蔽双绞线（Shielded Twisted Pair，STP）。

因此，双绞线既可以用于音频传输也可以用于数据传输。按双绞线的性能，目前广泛应用的有 5 个不同的等级，级别越高性能越好。另外，由于 UTP 的成本低于 STP，所以 UTP 得到更为广泛的使用。下面仅对 UTP 作一些简要介绍，UTP 可以分为 6 类。

1 类 UTP：主要用于电话连接，通常不用于数据传输。

2 类 UTP：通常用在程控交换机和告警系统。ISDN 和 T1/E1 数据传输也可以采用 2 类电缆，2 类线的最高带宽为 1 MHz。

3 类 UTP：又称为声音级电缆，是一类广泛安装的双绞线。此类 UTP 的阻抗为 100 Ω，最高带宽为 16 MHz，适合于 10 Mbit/s 双绞线以太网和 4 Mbit/s 令牌环网的安装，同时也能运行 16 Mbit/s 的令牌环网。

4 类 UTP：最大带宽为 20 MHz，其他特性与 3 类 UTP 完全一样，能更稳定地运行 16 Mbit/s 令牌环网。

5 类 UTP：又称为数据级电缆，质量最好。它的带宽为 100 MHz，能够运行 100 Mbit/s 以太网和 FDDI，此类 UTP 的阻抗为 100 Ω，目前已广泛应用。

6 类 UTP：一种新型的电缆，最大带宽可以达到 1 000 MHz，适用于低成本的高速以太网的骨干线路。

3.7.2 同轴电缆

同轴电缆（Coaxial Cable）是由绕同一轴线的两个导体所组成的，即内导体（铜芯导线）和外导体（屏蔽层），外导体的作用是屏蔽电磁干扰和辐射，两导体之间用绝缘材料隔离，如图 3-29 所示。同轴电缆具有较高的带宽和极好的抗干扰特性。

同轴电缆的规格是指电缆粗细程度的度量，按射频级测量单位（RG）来度量，RG 越高，铜芯导线越细，而 RG 越低，铜芯导线越粗。同轴电缆的品种很多，从较低质量的廉价电缆到高质量的同轴电缆，它们的质量差别很大。常用的同轴电缆的型号和应用如下。

- 阻抗为 50 Ω 的粗缆 RG-8 或 RG-11，用于粗缆以太网。
- 阻抗为 50 Ω 的细缆 RG-58A/U 或 C/U，用于细缆以太网。

● 阻抗为 75 Ω的电缆 RG-59，用于有线电视 CATV。

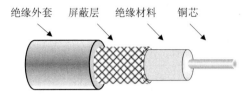

绝缘外套　屏蔽层　绝缘材料　铜芯

图 3-29　同轴电缆的结构

特性阻抗为 50 Ω的同轴电缆主要用于传输数字信号，此种同轴电缆叫做基带同轴电缆，其数据传输率一般为 10 Mbit/s。其中，粗缆的抗干扰性能最好，可作为网络的干线，但它的价格高，安装比较复杂；而细缆比粗缆柔软，并且价格低、安装比较容易，在局域网中使用较为广泛。

阻抗为 75 Ω的 CATV 同轴电缆主要用于传输模拟信号，此种同轴电缆又称为宽带同轴电缆。在局域网中可通过电缆 Modem 将数字信号变换成模拟信号在 CATV 电缆中传输。对于带宽为 400 MHz 的 CATV 电缆，典型的数据传输率为 100 ~150 Mbit/s。在宽带同轴电缆中使用频分多路复用技术 FDM 可以实现数字、声音和视频信号的多媒体传输业务。

3.7.3　光纤

光导纤维（Fiber Optics）是一种由石英玻璃纤维或塑料制成的且直径很细、能传导光信号的媒体。光纤由一束玻璃芯组成，它的外面包了一层折射率较低的反光材料，称为覆层。由于覆层的作用，在玻璃芯中传输的光信号几乎不会从覆层中折射出去。这样，当光束进入光纤中的芯线后，可以减少光通过光缆时的损耗，并且在芯线边缘产生全反射，使光束曲折前进。

光缆中的光源可以是发光二极管 LED 或注入式激光二极管 ILD，当光通过这些器件时发出光脉冲，光脉冲通过玻璃芯从而传递信息。在光缆的两端都要有一个装置来完成光信号和电信号的转换。

根据使用的光源和传输模式，光纤可分为多模光纤和单模光纤两种。多模光纤采用发光二极管产生可见光作为光源，其定向性较差。当光纤芯线的直径比光波波长大很多时，由于光束进入芯线中的角度不同，而传播路径也不同，这时，光束是以多种模式在芯线内不断反射而向前传播，如图 3-30（a）所示。多模光纤的传输距离一般在 2 km 以内。

单模光纤采用注入式激光二极管作为光源，激光的定向性较强。单模光纤的芯线直径一般为几个光波的波长，当激光束进入玻璃芯中的角度差别很小时，能以单一的模式无反射地沿轴向传播，如图 3-30（b）所示。

玻璃芯的直径大于光波波长　　　　玻璃芯的直径接近光波波长

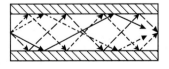
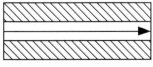

（a）多模光纤　　　　　　　　（b）单模光纤

图 3-30　光纤的传输原理

光纤的规格通常用玻璃芯与覆层的直径比值来表示，如表 3-1 所示，其中 8.3/125 的光纤只用于单模光纤。单模光纤的传输率较高，但比多模光纤更难制造，价格也更高。光纤的优点是信号的损耗小、频带宽、传输率高，从 100 Mbit/s 到 10 Gbit/s，甚至更高，且不受外界电磁干扰。另外，由于它本身没有电磁辐射，所以它传输的信号不易被窃听，保密性能好，但是它的成本高并且连接技术比较复杂。光纤主要用于长距离的数据传输和网络的主干线。

表 3-1　　　　　　　　　　　　　　　光纤的规格

光 纤 类 型	玻璃芯（μm）	覆层（μm）
62.5/125	62.5	125
50/125	50.0	125
100/140	100.0	140
8.3/125	8.3	125

3.7.4　无线电传输

　　根据距离的远近和对通信速率的要求，可以选用不同的有线介质，但是，若通信线路要通过一些高山、岛屿或河流时，铺设线路就非常困难，而且成本非常高，这时候就可以考虑使用无线电波在自由空间的传播来实现多种通信。

　　由于信息技术的发展，在最近十几年无线电通信发展得特别快，人们不仅可以在运动中进行移动电话通信，而且还能进行计算机数据通信，这都离不开无线信道的数据传输。无线传输所使用的频段很广，人们现在已经利用了无线电、微波、红外线以及可见光这几个波段进行通信，紫外线和更高的波段目前还不能用于通信。

　　无线电微波通信在数据通信中占有重要地位。微波的频率范围为 300 MHz ～ 300 GHz，但主要是使用 2 ～ 40 GHz 的频率范围。微波在空间主要是直线传播。由于微波会穿透电离层而进入宇宙空间，因此它不像短波通信那样可以经电离层反射传播到地面上很远的地方。微波通信有两种主要的方式：地面微波接力通信和卫星通信。

3.7.4.1　地面微波接力通信

　　由于微波在空间是直线传播的，而地球表面是个曲面，因此其传播距离受到限制，一般只有 50 km 左右。但若采用 100 m 高的天线塔，则传播距离可增大到 100 km。为实现远距离通信必须在一条无线电通信信道的两个终端之间建立若干个中继站。中继站把前一站送来的信号经过放大后再发送到下一站，故称为"接力"，如图 3-31 所示。大多数长途电话业务使用 4 ～ 6 GHz 的频率范围。目前，各国大量使用的微波设备信道容量多为 960 路、1 200 路、1 800 路和 2 700 路，而我国多为 960 路。

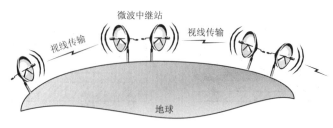

图 3-31　地面微波接力通信

微波接力通信可传输电话、电报、图像、数据等信息，其主要特点是以下几点。

● 微波波段频率很高，其频段范围也很宽，因此，其通信信道的容量很大。

● 微波通信受外界干扰影响比较小，传输质量较高。

● 与相同容量和长度的电缆载波通信比较，微波接力通信建设投资少、见效快。

微波接力通信也存在如下的一些缺点。

● 相邻站之间必须直视，不能有障碍物，因此，它也被称为"视距通信"。有时一个天线
发射出的信号也会分成几条略有差别的路径到达接收天线，因而造成失真。

● 微波的传播有时也会受到恶劣气候的影响。

● 与电缆通信系统相比较，微波通信的隐蔽性和保密性较差。

● 对大量中继站的使用和维护要耗费一定的人力和物力。

3.7.4.2 卫星通信

常用的卫星通信方法是在地球站之间利用位于 3.6×10^4 km 高空的人造同步地球卫星作为中继器的一种微波接力通信，如图 3-32 所示。通信卫星就是在太空的无人值守的微波通信的中继站，因此，卫星通信的主要优缺点和地面微波通信的优缺点差不多。

卫星通信的最大特点是通信距离远，且通信费用与通信距离无关。同步卫星发射出的电磁波能辐射到地球上的通信覆盖区的跨度达 1.8 万多千米。从技术角度上讲，只要在地球赤道上空的同步轨道上等距离地放置 3 颗相隔 120 度的卫星，就能基本上实现全球的通信。

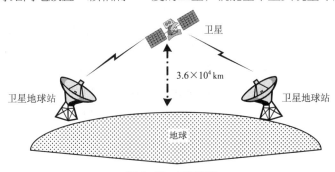

图 3-32　卫星通信

和微波接力通信相似，卫星通信的频带很宽，通信容量很大，信号所受到的干扰影响也较小，且通信比较稳定。为了避免产生干扰，卫星之间相隔不能小于 2 度，因此，整个赤道上空只能放置 180 颗同步卫星。一个典型的卫星通常拥有 12～20 个转发器，每个转发器的频带宽度为 36 MHz 或 72 MHz。

在卫星通信领域中，甚小孔径地球站（Very Small Aperture Terminal，VSAT）已被大量使用。这种小站的天线直径往往小于 1 m，因而每一个小站的价格都比较便宜。在 VSAT 卫星通信网中，需要有一个比较大的中心站来管理整个卫星通信网。对于某些 VSAT 系统，所有小站之间的数据通信都要经过中心站进行存储转发。对于能够进行电话通信的 VSAT 系统，小站之间的通信在呼叫建立阶段要通过中心站。但在连接建立之后，两个小站之间的通信就可以直接通过卫星进行，而不必再经过中心站。

卫星通信具有较大的传播时延，从一个地球站经卫星到另一地球站的传播时延约为 0.27 s，这和其他的通信有较大差别。例如，地面微波接力通信链路的传播时延约为 3 μs/km，对于同轴电缆链路，由于电磁波在电缆中传播比在空气中慢，因此，传播时延一般为 5 μs/km。

卫星通信非常适合于广播通信，因为它的覆盖面很广。但从安全方面考虑，卫星通信系统

的保密性是较差的。

由于通信卫星和卫星地球站的成本都较高，而且卫星的使用寿命一般只有 7~8 年，所以卫星通信的价格也是非常贵的。

在表 3-2 中，从费用、速度、衰减、电磁干扰和安全性方面对几种传输媒体进行了比较。

表 3-2　　　　　　　　　　　　　传输媒体的比较

传输媒体	费　　用	速　　度	衰　　减	电磁干扰	安 全 性
UTP	低	1 Mbit/s ~1000Mbit/s	高	高	低
同轴电缆	中等	1 Mbit/s~1 Gbit/s	中等	中等	低
光纤	高	10 Mbit/s~10 Gbit/s	低	低	高
无线电	中等	1 Mbit/s ~10 Mbit/s	低~高	高	低
微波接力	高	1 Mbit/s~10 Gbit/s	变化	高	中等
卫星	高	1 Mbit/s~10 Gbit/s	变化	高	中等

3.8　通信接口及设备

在实际的数据通信中，通信设备之间使用相应的接口进行连接。为了实现正确的连接，每个接口都要遵守相同的标准，而被广泛使用的通信设备接口标准有 EIA RS-232C、EIA RS-499 以及 ITU-T 建议的 X.21 等标准。EIA 是美国电子工业协会（Electronic Industries Association）的英文缩写，（Recommended Standard, RS）表示推荐标准，232、499 等为标识号码，而后缀（如 RS-232C 中的 C）表示该推荐标准被修改过的次数。另外，ITU-T 也有一些相应的标准。例如，与 EIA RS-232C 兼容的 ITU-T V.24 建议，与 EIA RS-422 兼容的 ITU-T V.10 建议等。

3.8.1　EIA RS-232C 接口

在串行通信中，EIA RS-232C（又称为串口）是应用最为广泛的标准，它是 EIA 在 1969 年公布的数据通信标准，其后为了改变 RS-232C 的局限性，提供更高的传输距离和数据速率，又增加了新的功能，如环路测试功能，在 1977 年颁布了 RS-499。由于 RS-499 标准太复杂，EIA 于 1987 年颁布了与 RS-232C 兼容的改进版 RS-232D。尽管如此，RS-232C 仍然是通常用来作为数据通信中的最主要的标准，图 3-33 显示了使用 RS-232C 接口实现数据通信的示意图，其中，用来发送和接收数据的计算机或终端系统称为数据终端设备（DTE），如计算机；用来实现信息的收集、处理和变换的设备称为数据通信设备（DCE），如调制解调器。

图 3-33　使用 RS-232C 接口的数据通信

3.8.1.1　RS-232C 接口的特性

RS-232C 使用 9 针或 25 针的 D 型连接器 DB-9 或 DB-25，如图 3-34 所示。目前，绝大多数计算机使用的是 9 针的 D 型连接器。RS-232D 规定使用 25 针的 D 型连接器。RS-232C

采用的信号电平 $-5 \sim -15$ V 代表逻辑 "1"，$+5 \sim +15$ V 代表逻辑 "0"。在传输距离不大于 15m 时，最大速率为 19.2 kbit/s。

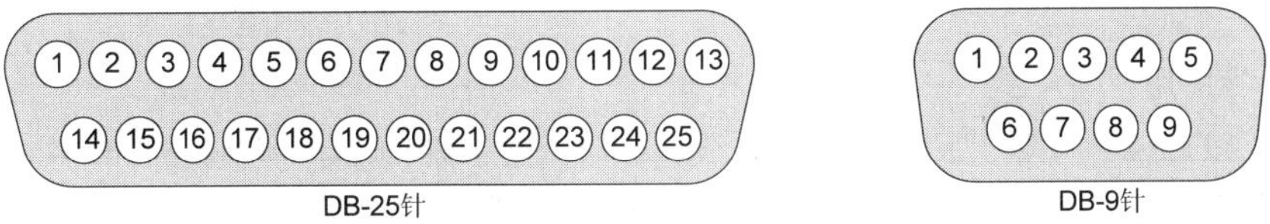

图 3-34　DB-25 针和 DB-9 针的 RS-232C 接口

RS-232C 接口中几乎每个针脚都有明确的功能定义，但在实际应用时，并不是所有的针脚都使用，表 3-3 显示了 25 针接口的功能定义，表 3-4 显示了 9 针和 25 针的对应关系。

表 3-3　　　　　　　　　　　　　　RS-232C 接口的功能定义

针　脚　号	信　号　名　称	说　　　明
1	保护地（SHG）	屏蔽地线
7	信号地（SIG）	公共地线
2	发送数据（TxD）	DTE 将数据传送给 DCE
3	接收数据（RxD）	DTE 从 DCE 接收数据
4	请求发送（RTS）	DTE 到 DCE 表示发送数据准备就绪
5	允许发送（CTS）	DCE 到 DTE 表示准备接收要发送的数据
6	数据传输设备就绪（DSR）	通知 DTE，DCE 已连到线路上准备发送
20	数据终端就绪（DTR）	DTE 就绪，通知 DCE 连接到传输线路
22	振铃指示（RI）	DCE 收到呼叫信号向 DTE 发 RI 信号
8	接收线载波检测（DCD）	DCE 向 DTE 表示收到远端来的载波信号
21	信号质量检测	DCE 向 DTE 报告误码率的高低
23	数据信号速率选择器	DTE 与 DCE 间选择数据速率
24	发送器码元信号定时（TC）	DTE 提供给 DCE 的定时信号
15	发送器码元信号定时（TC）	DCE 发出，作为发送数据时钟
17	接收器码元信号定时（RC）	DCE 提供的接收时钟

表 3-4　　　　　　　　　　　　　　DB-9 和 DB-25 的对应关系

DB-9	信　号　名　称	DB-25
1	载波检测（CD）	8
2	发送数据（TD）	2
3	接收数据（RD）	3
4	数据终端准备（DTR）	20
5	信号地（SIG）	7
6	数据传输设备准备（DSR）	6
7	请求发送（RTS）	4
8	允许发送（CTS）	5
9	振铃指示（RI）	22

3.8.1.2 RS-232C 接口的应用

1. 异步应用

当两个 DTE（计算机）设备通过电话线进行异步通信并使用调制解调器作为数据通信设备时，计算机与调制解调器之间的接口连接如图 3-35 所示，图中使用的是 DB-9 针的 RS-232C 接口。

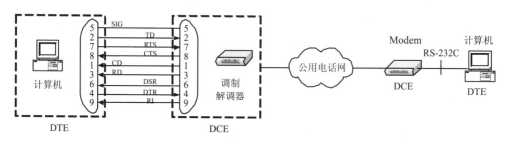

图 3-35　采用 RS-232C 接口的 DTE 与 DCE 之间的异步通信

2. 同步应用

两个 DTE 设备也可以通过 RS-232C 进行同步通信，但需要使用 DB-25 针接口的第 17 和第 24 针脚提供外同步的时钟信号，以实现数据的收发。由于 9 针的 RS-232C 接口不能提供时钟信号，因而不能进行同步通信。

3. 空 Modem 连接

当近距离的两个 DTE 之间进行通信时，可以不使用 Modem，而是采用空 Modem 连接方式，图 3-36 显示的是两个 DTE 之间分别采用两个 25 针和两个 9 针 RS-232C 接口的空 Modem 连接方式。

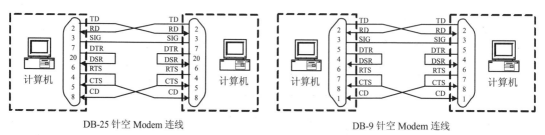

图 3-36　空 Modem 连接图

在实际应用中，DTE 与 DCE 之间和 DTE 与 DTE 之间可以使用最简单的连接方式，如图 3-37 所示，从图中可以看出，对于 DTE 与 DCE 相连时，DTE 和 DCE 对应的针脚直连，且只需要使用发送 TD、接收 RD 和信号地 SIG；对于 DTE 与 DTE 相连时，相对的发送和接收针脚需要交叉相连，因此，有时也把空 Modem 线称为串口交叉线。

注意　当计算机采用拨号方式连接到 Internet 时，计算机与调制解调器之间的连接通常采用异步传输方式。另外，当两台计算机相距较近时，使用空 Modem 的连接方式，并通过串口（或并口）连接两台计算机，以实现资源共享的目的。

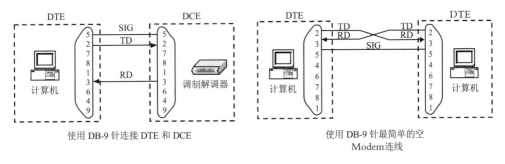

图 3-37　RS-232C 接口的简单连线方式

3.8.1.3　RS-232C 接口的工作流程

RS-232C 接口的工作流程是指按照各个针脚的状态有序地实现数据传输。下面以图 3-38 所示为例，说明 RS-232C 接口的工作过程，该图是两个 DTE 之间采用租用线路实现全双工同步数据传输的全过程。

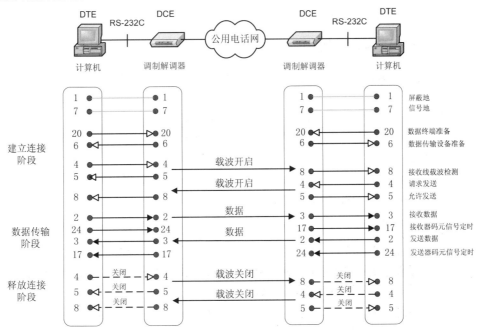

图 3-38　通过 RS-232C 接口实现同步全双工通信的过程

1. 建立连接阶段

当本地计算机有数据要发送时，发送数据终端准备（DTR，针脚 20）信号通知本地 Modem 计算机已处于通信就绪状态。若本地 Modem 响应此信号，则发送数据传输设备准备（DSR，针脚 6）信号回答终端 Modem 已准备好通信。

本地计算机发送请求发送信号（RTS，针脚 4）通知本地 Modem 准备发送数据。本地 Modem 检测到 RTS 信号后，通过电话线发一个载波信号给远程 Modem，通知远程 Modem 准备接收数据，同时向本地计算机返回一个允许发送信号（CTS，针脚 5），告诉本地计算机可以发送数据了。远程 Modem 检测到载波后，发送载波检测信号（DCD，针脚 8）通知远程计算机准备接收数据。远程的计算机和 Modem 执行相同的操作。

2. 数据传输阶段

当计算机检测到允许发送信号 CTS 以及远程 Modem 发送的载波检测信号，则通过发送数据线（TxD，针脚 2）发送数据，并通过接收数据线（RxD，针脚 3）接收远程计算机发来的数据。其中，第 24 针和第 17 针脚分别用来提供双方发送和接收数据的同步时钟信号，例如，本地计算机在发送数据的同时，也将时钟发给对方，而远程计算机则通过此时钟接收数据。

3. 释放连接阶段

本地计算机数据发送完毕后，关闭请求发送线（RTS），并通知本地 Modem 发送结束。本地 Modem 检测 RTS 关闭后，停止向电话线发送载波，同时关闭允许发送线（CTS）以应答计算机。当远程 Modem 检测不到载波后，则向远程计算机发送关闭载波检测信号。最终，本地和远程计算机释放链路，恢复到原始状态。

> 通常使用电话线进行通信时，都需要先拨号，但在这个例子中却没有提到拨号，这是因为，对于公用电话网，不但可以申请拨号线路即每次连接时必须先拨号，而且可以使用租用线路或专线，此时，通信的双方可以在任何时候进行通信，而无需拨号连接。

3.8.2 EIA RS–449 接口

由于 RS-232C 标准采用的信号电平高，为非平衡式发送和接收方式，而且其接口电路由于有公共地线，当信号线穿过电气干扰环境时，发送的信号将会受到影响，若干扰影响有足够大，发送的"0"会变成"1"，"1"会变成"0"，所以存在数据传输速率低、传输距离短和串扰信号较大等缺点。为了改善 RS-232C 的性能、提高抗干扰能力以及增加传输距离，EIA 推荐了和 RS-232C 完全兼容的 RS-449 接口标准。

RS-449 标准规定的接口特性为，采用 37 针和 9 针连接器，其中 37 针连接器包含了与 RS-449 相关的所有信号。RS-449 有两个子标准，即平衡式的 RS-422A 标准和非平衡式的 RS-423A 标准。

> 在非平衡式接口中，每一个信号线均使用一条导线连接，而平衡式接口有两条发送数据线（TD）、两条接收数据线（RD）……所有的信号线均需要两条导线连接。使用平衡式接口可以很好地抑制干扰信号，当传输距离为 100 m 时，传输速率可以达到 1 Mbit/s。

3.8.3 ITU–T X.21 接口

X.21 是 ITU-T 推荐的数字接口，是用于在公用数据网上进行同步操作的 DTE 和 DCE 之间的通用接口。X 系列的 X.21bis 可以将 X.21 转换为适合于模拟信道的接口，起到从模拟信道过渡到数字信道的作用。

3.8.4 调制解调器

3.8.4.1 调制解调器的组成

Modem 是为数字信号在具有有限带宽的模拟信道上进行远距离传输而设计的，是一种数据通信设备 DCE。其主要功能是进行信号的调制和解调，在 DTE 和模拟传输线路之间起到数字信号与模拟信号之间的转换作用。另外，计算机可以通过 Modem 的传真和语音功能实现发送传真以及提供电话录音留言和全双工的免持听筒服务等功能。

Modem 一般由基带处理、调制解调、信号放大和滤波、均衡等几部分组成，如图 3-39 所示。基带处理是在调制之前对信号进行的一些处理，消除码间干扰和适应不同调制方式的需要。调制是将数字信号与音频载波组合，产生适合于电话线路上传输的音频调制信号，在接收端经过解调，从音频调制信号中还原出原来的数字信号。信号放大的作用是提升调制信号电平，以便在电话线路上传输，另外还要对音频调制信号进行滤波，限制送往电话线路的频率，使其符合电信标准规定的范围（300～3 400 Hz）。在接收端，Modem 的滤波作用是保留有用频谱并过滤由于噪声引入的外来频率。均衡的作用是用于消除因信道特性不理想而造成的失真。取样判决器用于正确恢复出原来的数据信号。

图 3-39　Modem 的组成

3.8.4.2　调制解调器的分类

1. 按通信设备分类

按通信设备分类可分为拨号 Modem 和专线 Modem。拨号 Modem 主要用于公用电话网上传输数据，它具有在性能指标较低的环境中进行有效操作的特殊性能。多数拨号 Modem 具备自动拨号、自动应答和自动拆线等功能。专线 Modem 主要用在专用线路或租用线路上，它不必带有自动应答和自动拆线功能。专线 Modem 的数据传输率比拨号 Modem 要高。

2. 按调制方式分类

一般 Modem 产品的调制方式有频移键控、差分相移键控、正交幅度调制、无载波幅相调制和离散多音频调制等。

3. 按数据传输方式分类

可分为同步 Modem 和异步 Modem。同步 Modem 能够按同步方式进行数据传输，它的速率较高，一般用在主机到主机的通信上。同步 Modem 需要同步电路，故设备复杂、造价昂贵。异步 Modem 是指能随机地以突发方式进行数据传输的 Modem，它所传输的数据以字符为单位，用起始位和停止位表示一个字符的起止。异步 Modem 主要用于终端到主机或其他低速通信的场合，故它的电路简单、造价低廉。目前市场上的许多 Modem 都支持两种数据传输方式。

4. 按通信方式分类

可分为单工、半双工和全双工 Modem。单工 Modem 只能接收或发送数据。半双工 Modem 可收可发，但不能同时接收和发送数据。全双工 Modem 则可同时接收和发送数据。在这 3 类 Modem 中，只支持单工方式的 Modem 很少，而大多数 Modem 都支持半双工和全双工方式。全双工工作方式比半双工工作方式的优越之处在于，它不需要线路换向时间，响应速度快、延迟小。目前市场上的许多 Modem 既支持半双工传输又支持全双工传输。

5. 按 Modem 与计算机的连接方式分类

按 Modem 的外形以及和计算机的连接方式可以分为外置式和内置式 Modem。外置式 Modem 是一独立的设备，其本身带有电源、按键及状态指示等，它通过 RS-232C 串行口与计算机相连。而随着 USB（通用串行总线）接口的广泛使用，目前大部分的 Modem 也采用了 USB 接口。内置式 Modem 是一个插在计算机扩充槽内的卡。通常外置式 Modem 的功能要比内置式 Modem 强，并且价格也相对较高。

6. 按 Modem 的应用分类

Modem 的应用非常广泛，通常在有信号变换的场合都需要使用 Modem，例如在 PSTN 里使用的电话 Modem，基于有线电视电缆的 Cable Modem 和基于 ADSL 技术的 ADSL Modem 等。此外，在其他应用领域，还有卫星 Modem，GSM Modem、GPRS Modem 和 CDMA Modem 等。

3.8.4.3 调制解调器的标准

Modem 的标准主要是按 ITU-TV 系列建议的 Modem 标准，该标准规定了从低速到高速以及宽带 Modem 的线路形式、通信方式、调制方式、通信速率等多方面的内容。表 3-5 显示了 ITU-T 建议的 Modem 的信号速率和调制方式。

表 3-5   Modem 标准

ITU-T 建议	信号速率（bit/s）	调 制 方 式
V.21	300	FSK
V.22	1 200	4–PSK
V.22bis	2 400/1 200	16–QAM/4–DPSK
V.23	1 200	FSK
V.26	2 400	4–PSK
V.27	4 800	8–PSK
V.29	9 600	16–QAM
V.32	9 600	32–QAM
V.32bis	14 400	64–QAM
V.33	14 400	128–QAM
V.34	28 800 ~ 33 600	4 096–QAM
V.90	33 600 ~ 56 000	

3.8.4.4 调制解调器的压缩和差错技术标准

另外，为了提高 Modem 的传输速度和有效数据传输率，目前许多 Modem 都采用数据压缩和差错控制技术。数据压缩指的是发送端的 Modem 在发送数据以前先将数据进行压缩，而接收端的 Modem 收到数据后再把数据还原，从而提高了 Modem 的有效传输速率。通常使用的压缩技术有两种，ITU-T 规范和 Microcom 网络协议（Microcom Networking Protocol，MNP）。ITU-T 规范的 V.42bis 标准使用的是 Huffman（霍夫曼）编码技术，它将传输数据中频繁出现的字符用 4 位表示，很少出现的字符用 11 位表示，从而达到压缩目的。Huffman 压缩技术非常适合于压缩文本数据文件。MNP 是一组独立的差错控制和数据压缩标准，它有几种压缩编码方式。MNP5 利用回车、换行和空格等非打印字符在内的一串重复字符容易识别这一特点，在一行中发现有 3 个以上相同字符时则发送该字符及重复个数，从而达到压缩目的。对于图表文件，使用这种协议达到的压缩比很高。MNP 7 可以根据字符对的频率进行字符编码，从而进一步提高压缩能力。

MNP5 可以实现 2：1 的压缩比，MNP7 的压缩比可以达到 3：1，然而对于高速 Modem，线路中的瞬间噪声可使 Modem 产生多位错误，因此必须采用差错控制技术，制定相应的标准。常用的差错控制标准有 ITU-T 和 MNP 标准，其中使用最广泛的标准是 MNP。前面提到的 MNP5 和 MNP7 定义了数据压缩技术，MNP1~MNP4 以及 MNP10 用于描述差错控制技术。使用 MNP4 差错控制标准的 Modem 已得到广泛应用，并且成为 2 400 bit/s 调制解调器的工业标准。MNP10 级是功能非常齐全的差错控制协议，可用于像蜂窝电话这样的噪声环境。ITU-T 的差错控制标准是 V.42，V.42 把 MNP4 作为选项。如果某个 Modem 应答时不支持 V.42 标准，则可用 MNP4 方式，从而做到兼容。使用 ITU-T V.42 和 MNP4 协议的 Modem 可以协商传输速率。如果通信线路在某个速率条件下连续出错次数超过一个设定值，则通信双方的 Modem 将降低速度，直到可以正常传输数据为止。

3.9 差错控制技术

3.9.1 差错的产生

根据数据通信系统的模型，当数据从信源发出经过通信信道传输时，由于信道总存在着一定的噪声，数据到达信宿端后，接收的信号实际上是数据信号和噪声信号的叠加。接收端在取样时钟作用下接收数据，并根据阈值电平判断信号电平。如果噪声对信号的影响非常大时，就会造成数据的传输错误，如图 3-40 所示。

通信信道中的噪声分为热噪声和冲击噪声。

● 热噪声是由传输媒体的电子热运动产生的，其特点是时刻存在、幅度小，但干扰强度与频率无关，但频谱很宽，属于随机噪声，由它引起的差错属于一种随机差错。

● 冲击噪声是由外界电磁干扰引起的，与热噪声相比，冲击噪声的幅度较大，是引起差错的主要原因，它的持续时间与数据传输中每个比特的发送时间相比可能较长，因而冲击噪声引起的相邻多个数据位出错呈突发性，由它引起的传输差错称为突发差错。

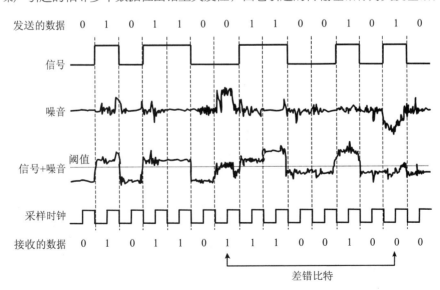

图 3-40 差错产生的过程

在通信过程中出现的传输差错是由随机差错和突发差错共同构成的，而造成差错可能出现的原因包括以下几点。

- 在数据通信中，信号在物理信道上的线路本身的电气特性随机产生的信号幅度、频率、相位的畸形和衰减。
- 电气信号在线路上产生反射噪声的回波效应。
- 相邻线路之间的串线干扰。
- 大气中的闪电、电源开关的跳火、自然界磁场的变化以及电源的波动等外界因素。

3.9.2　差错的控制

在数据通信的过程中，为了保证将数据的传输差错控制在允许的范围内，就必须采用差错控制方法。

3.9.2.1　差错编码

目前，差错控制常采用冗余编码方案来检测和纠正信息传输中产生的错误。冗余编码思想就是：把要发送的有效数据在发送时按照所使用的某种差错编码规则加上控制码（冗余码），当信息到达接收端后，再按照相应的校验规则检验收到的信息是否正确。

差错检测编码有奇偶校验码、水平垂直奇偶校验码、CRC循环冗余码等。差错纠错编码有汉明码和卷积码等。下面仅对奇偶校验码和CRC循环冗余码的使用做简单介绍。

1. 奇偶校验码

采用奇偶校验码时，在每个字符的数据位（字符代码）传输之前，先检测并计算出数据位中"1"的个数（奇数或偶数），并根据使用的是奇校验还是偶校验来确定奇偶校验位，然后将其附加在数据位之后进行传输。当接收端接收到数据后，重新计算数据位中包含"1"的个数，再通过奇偶校验位就可以判断出数据是否出错。使用奇偶校验码发送和接收数据的过程如图3-41所示。

奇偶校验码比较简单，被广泛地应用于异步通信中。另外，奇偶校验码只能检测单个比特出错的情况，而当两个或两个以上的比特出错时，它就无能为力了。

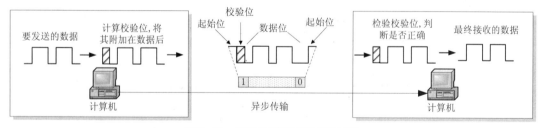

图3-41　使用奇偶校验码的工作过程

2. 循环冗余码CRC

循环冗余码是一种较为复杂的校验方法，它先将要发送的信息数据与一个通信双方共同约定的数据进行除法运算，并根据余数得出一个校验码，然后将这个校验码附加在信息数据帧之后发送出去。接收端在接收数据后，将包括校验码在内的数据帧再与约定的数据进行除法运算，若余数为"0"，则表示接收的数据正确，若余数不为"0"，则表明数据在传输的过程中出错。使用CRC的过程如图3-42所示。

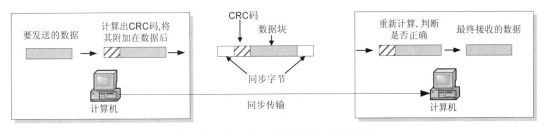

图 3-42　使用 CRC 校验码的数据传输过程

3.9.2.2　差错控制技术

通常采用下面的差错控制技术。

1.　前向差错控制

前向差错控制也称为前向纠错 FEC。接收端通过所接收到的数据中的差错编码进行检测，判断数据是否出错。若使用了差错纠错编码，当判断数据存在差错后，还可以确定差错的具体位置，并自动加以纠正。当然，差错纠错编码也只能解决部分出错的数据，对于不能纠正的错误，就只能使用 ARQ 的方法予以解决。

2.　自动反馈重发 ARQ

接收端检测到接收信息有错后，通过反馈信道要求发送端重发原信息，直到接收端认可为止，从而达到纠正错误的目的。自动反馈重发包括停止等待 ARQ 和连续 ARQ 方式，而连续 ARQ 又包括选择 ARQ 和 Go-Back-N 方式。图 3-43 显示了它们的工作原理。

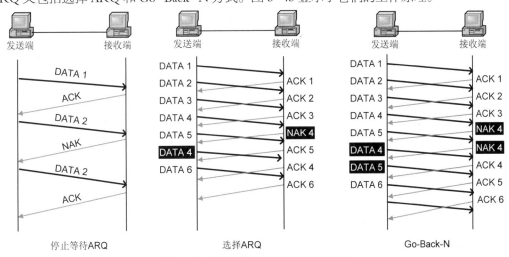

图 3-43　自动反馈重发 ARQ 的 3 种方式

（1）停止等待 ARQ

在停止等待 ARQ 方式中，发送端在发送完一个数据帧后，要等待接收端返回的应答信息，当应答为确认信息（ACK）时，发送端才可以继续发送下一个数据帧；当应答为不确认帧（NAK）时，发送端需要重发这个数据帧。停止等待 ARQ 协议非常简单，且由于是一种半双工的协议，因此系统的通信效率低。

（2）选择 ARQ 和 Go-Back-N

与停止等待 ARQ 不同，在选择 ARQ 和 Go-Back-N 方式中，发送端一次可以发送多个数据帧，与此同时，还可以接收对方来的应答信息，它们是一种全双工的协议，效率高，应用非常广泛。

下面以一个实例说明选择 ARQ 和 Go-Back-N 方式的不同。

对于选择 ARQ 方式，假设发送端发出了 6 个数据帧，对于前 3 个数据帧，接收端都正确接受，并分别返回 ACK 信息，对于第 4 个数据帧，出现错误，接收端返回了对第 4 个数据帧的不确认信息，此时，发送端只需要重新发送第 4 个数据帧即可。

对于 Go-Back-N 方式，同样假设发送端发出了 6 个数据帧，但接收端返回了对其中第 4 个数据帧的不确认信息，由于收到该 NAK 信息时，发送端已经发出了数据帧 5，因此，发送端需要重新发送从第 4 个数据帧开始的所有数据帧，即第 4、第 5 个数据帧。

采用选择 ARQ 方式时，由于接收到的数据帧有可能是乱序的，因此，接收端必须提供足够的缓存先将每个数据帧保存下来，然后对数据帧重新排序，但由于该方式仅重发出错的数据帧，因此，信道利用率高，对于 Go-Back-N 方式，由于接收到的数据帧是按顺序排列的，因而接收端不需要太多的缓存，但由于发送端要将出错数据之后的已发送数据帧重新发送，致使信道利用率相对较低。

练习题

1．填空题

（1）调制解调器的作用是实现_____信号和_____信号之间的变换。

（2）在数据通信过程中，接收端要通过差错控制检查数据是否出错，而采用反馈重发纠错的方法有_____方式和连续 ARQ 方式，连续 ARQ 方式又包括选择方式和_____方式。

（3）脉冲编码调制的过程简单地说可分为 3 个过程，它们是_____、_____和编码。

（4）在数字通信信道上，直接传送基带信号的方法称为_____。

（5）通信信道按传输信号的类型可划分为_____信道和_____信道。

（6）数字数据在数字信道上传输前需进行_____，以便在数据中加入时钟信号。

（7）数字数据的基本调制技术包括幅移键控、_____和相移键控。

2．选择题

（1）通过改变载波信号的相位值来表示数字信号 1、0 的编码方式是_____。

A．ASK B．FSK C．PSK D．NRZ

（2）在网络中，将语音与计算机产生的数字、文字、图形与图像同时传输，将语音信号数字化的技术是_____。

A．差分 Manchester 编码 B．PCM 技术

C．Manchester 编码 D．FSK 方法

（3）下面关于卫星通信的说法，错误的是_____。

A．卫星通信通信距离大，覆盖的范围广

B．使用卫星通信易于实现广播通信和多址通信

C．卫星通信的好处在于不受气候的影响，误码率很低

D．通信费用高、延时较大是卫星通信的不足之处

（4）电缆屏蔽的好处是_____。

A．减少信号衰减 B．减少电磁干扰辐射

C．减少物理损坏 D．减少电缆的阻抗

（5）在下列多路复用技术中，_____具有动态分配时隙的功能。

A. 同步时分多路复用 　　　　　　B. 异步时分多路复用

C. 频分多路复用 　　　　　　　　D. 波分多路复用

（6）下面有关虚电路和数据报的特性，正确的是_____。

A. 虚电路和数据报分别为面向无连接和面向连接的服务

B. 数据报在网络中沿同一条路径传输，并且按发出顺序到达

C. 虚电路在建立连接之后，分组中只需要携带连接标识

D. 虚电路中的分组到达顺序可能与发出顺序不同

（7）在数字通信中，使收发双方在时间基准上保持一致的技术是_____。

A. 交换技术 　　B. 同步技术 　　C. 编码技术 　　D. 传输技术

（8）在同一时刻，通信双方可以同时发送数据的信道通信方式为_____。

A. 半双工通信 　　B. 单工通信 　　C. 数据报 　　D. 全双工通信

（9）对于脉冲编码调制来说，如果要对频率为 600 Hz 的语音信号进行采样，若传送 PCM 信号的信道带宽是 3 kHz，那么采样频率应该取_____，就足够可以重构原语音信号的所有信息。

A. 1.2 kHz 　　　B. 6 kHz 　　　C. 9 kHz 　　　D. 300 Hz

3. **简答题**

（1）数据通信系统的基本结构是什么？模拟通信系统和数字通信系统有何不同？

（2）在基带传输中，数字数据信号的编码方式主要有哪几种（只写出名称）？试用这几种编码方式对数据"01001011"进行编码。

（3）简述存储转发交换方式与线路交换方式的区别。

（4）在电路交换的通信系统中，其通信过程包括哪 3 个阶段？

（5）简述脉冲编码调制（PCM）的工作过程。

（6）比较并说明电路交换与存储转发交换有何不同。

（7）请列举出几种信道复用技术，并说出它们各自的技术特点。

（8）比较说明双绞线、同轴电缆和光纤各自的特点。

（9）RS-232C 接口具有哪些特性？简述使用 RS-232C 接口进行通信的工作过程。

（10）使用 RS-232C 接口进行串行通信时，在什么情况下可以用空 Modem 连接方法？请说明空 Modem 的连接方法。

第4章
计算机局域网络

本章提要

- 局域网的特性、标准以及决定局域网的关键技术；
- 以太网的产生、种类和发展；
- 各种高速网络的种类及技术特点；
- 网络交换的概念以及交换式以太网；
- 虚拟局域网的概念、特点和划分方法；
- 局域网的连接设备及应用。

局域网（LAN）是计算机网络的一种，它既具有一般计算机网络的特点，又有自己的特征。局域网是在一个较小的范围，比如一个办公室、一幢楼或一个校园，利用通信线路将众多计算机及外设连接起来，以达到数据通信和资源共享的目的。局域网的研究始于 20 世纪 70 年代，以太网（Ethernet）是其典型代表。现在，世界上每天都有成千上万个局域网在运行，其数量远远超过了广域网。

4.1 局域网概述

4.1.1 局域网的特点

局域网的主要特点有以下几个方面。

1. 较小的地域范围

用于办公室、机关、工厂、学校等内部联网，其范围没有严格的定义，但一般认为距离为 0.1～25 km。

2. 高传输速率和低误码率

目前局域网传输速率一般为 10～100 Mbit/s，最高可以达到 1 000 Mbit/s，其误码率一般在 10^{-8}～10^{-11}。

3. 面向的用户比较集中

局域网一般为一个单位所建，在单位或部门内部控制管理和使用，服务于本单位的用户，其网络易于建立、维护和扩展。

4. 使用多种传输介质

LAN 可以根据不同的性能需要选用价格低廉的双绞线、同轴电缆或价格较贵的光纤，以及无线 LAN。

4.1.2 局域网层次结构及标准化模型

4.1.2.1 局域网的层次结构

20 世纪 80 年代初，局域网的标准化工作迅速发展起来。和广域网相比，局域网的标准化研究工作开展得比较及时，一方面吸取了广域网标准化工作不及时给用户和计算机生产厂家带来困难的教训，另一方面广域网标准化的成果特别是 ISO/OSI 也为局域网标准化工作提供了经验和基础。

国际上开展局域计算机网络标准化研究和制定的机构有美国电气与电子工程师协会 IEEE 802 委员会、欧洲计算机制造厂商协会 ECMA、国际电工委员会 IEC 等，其中 IEEE 802 与 ECMA 主要致力于办公自动化与轻工业局域网的标准化研究，而重工业、工业生产过程分布控制方面的局域网标准化工作主要由 IEC 进行。

IEEE 802 标准遵循 ISO/OSI 参考模型的原则，解决最低两层（即物理层和数据链路层）的功能以及与网络层的接口服务、网际互连有关的高层功能。IEEE 802 LAN 参考模型与 ISO/OSI 参考模型的对应关系如图 4-1 所示。

由于局域网是个通信子网，只涉及有关的通信功能，因此，在 IEEE 802 局域网参考模型中主要涉及 OSI 参考模型物理层和数据链路层的功能。

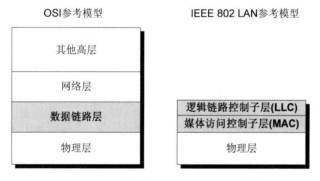

图 4-1　OSI 参考模型与 IEEE 802 LAN 参考模型

1. IEEE 802 LAN 的物理层

IEEE 802 局域网参考模型中的物理层的功能与 OSI 参考模型中的物理层的功能相同：实现比特流的传输与接收以及数据的同步控制等。IEEE 802 还规定了局域网物理层所使用的信号与编码、传输介质、拓扑结构和传输速率等规范。

- 采用基带信号传输。
- 数据的编码采用曼彻斯特编码。
- 传输介质可以是双绞线、同轴电缆和光缆等。
- 拓扑结构可以是总线型、树型、星型和环型。
- 传输速率有 10 Mbit/s、16 Mbit/s、100 Mbit/s、1 000 Mbit/s。

2. IEEE 802 LAN 的数据链路层

LAN 的数据链路层分为两个功能子层，即逻辑链路控制子层（LLC）和介质访问控制子层（MAC）。LLC 和 MAC 共同完成类似 OSI 数据链路层的功能：将数据组成帧，进行传输，并对数据帧进行顺序控制、差错控制和流量控制，使不可靠的物理链路变为可靠的链路。此外，LAN

可以支持多重访问，即实现数据帧的单播、广播和多播。

IEEE 802 模型中之所以要将数据链路层分解为两个子层，主要目的是使数据链路层的功能与硬件有关的部分和与硬件无关的部分分开，比如，IEEE 802 标准制定了几种 MAC 子层的介质访问控制方法（CSMA/CD、令牌环、令牌总线等），对于这些不同的方法都共同使用了 LLC 子层的逻辑链路控制功能。通过分层使得 IEEE 802 标准具有很好的可扩充性，有利于将来使用新的媒体访问控制方法。

注 意

在媒体访问控制子层形成的数据帧中使用了 MAC 地址，这个地址也被称为物理地址。在计算机网络中，当所有的计算机之间进行通信时，必须使用各自的物理地址，而且所有的物理地址都不相同。具体到网络设备中，MAC 地址被固化在网络适配器（网卡）中，所有生产网卡的计算机网络厂商都会根据某种规则使网卡中的 MAC 地址各不相同。

4.1.2.2　IEEE 802 标准系列

IEEE 802 委员会于 1980 年开始研究局域网标准，1985 年公布了 IEEE 802 标准的 5 项标准文本，同年 ANSI 采用作为美国国家标准，ISO 也将其作为局域网的国际标准，对应标准为 ISO 8802，后又扩充了多项标准文本。IEEE 802 标准如图 4-2 所示，它包含以下的部分。

IEEE 802.1：LAN 体系结构、网络管理和网络互连。

IEEE 802.2：逻辑链路控制子层的功能。

IEEE 802.3：CSMA/CD 总线介质访问控制方法及物理层技术规范。

IEEE 802.4：令牌总线访问控制方法及物理层技术规范。

IEEE 802.5：令牌环网访问控制方法及物理层规范。

IEEE 802.6：城域网访问控制方法及物理层技术规范。

IEEE 802.7：宽带技术。

IEEE 802.8：光纤技术。

IEEE 802.9：综合业务数字网（ISDN）技术。

IEEE 802.10：局域网安全技术。

IEEE 802.11：无线局域网。

图 4-2　IEEE 802 标准系列

4.2 局域网的主要技术

决定局域网特征的主要技术有：连接各种设备的拓扑结构、传输介质及介质访问控制方法，这 3 种技术在很大程度上决定了传输数据的类型、网络的响应时间、吞吐量、利用率以及网络应用等各种网络特征。

4.2.1 拓扑结构

4.2.1.1 总线型拓扑结构

总线型拓扑是局域网最主要的拓扑结构之一。总线型拓扑结构如图 4-3 所示，其主要特点如下。

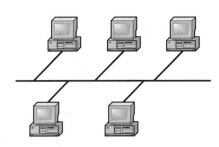

图 4-3 总线型拓扑结构

- 所有的节点都通过网络适配器直接连接到一条作为公共传输介质的总线上，总线可以是同轴电缆、双绞线或者光纤。
- 总线上任何一个节点发出的信息都沿着总线传输，而其他节点都能接收到该信息，但在同一时间内，只允许一个节点发送数据。
- 由于总线作为公共传输介质为多个节点共享，就有可能出现同一时刻有两个或两个以上节点利用总线发送数据的情况，因此会出现，"冲突"，造成传输失败。"冲突"现象如图 4-4 所示，节点 A 发出的数据在到达节点 C 之前，节点 C 也发出了数据，最终造成数据"碰撞"，出现冲突。

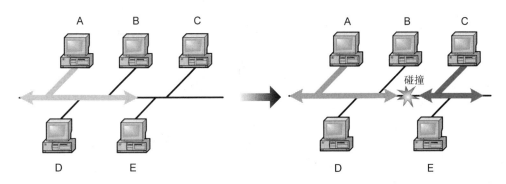

图 4-4 总线型局域网中的"冲突"现象

- 在"共享介质"的总线型拓扑结构的局域网中，必须解决多个节点访问总线的介质访问控制问题。

- 虽然在总线型局域网中会出现冲突，但由于总线型拓扑结构简单、实现容易，且易于扩展，因而被广泛地应用。

4.2.1.2 环型拓扑结构

环型拓扑也是共享介质局域网最基本的拓扑结构之一。环型拓扑结构如图 4-5 所示，其主要特点如下。

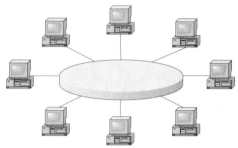

图 4-5 环型拓扑结构

- 在环型拓扑结构的网络中，所有节点均使用相应的网络适配器连接到共享的传输介质上，并通过点到点的连接构成封闭的环路。
- 环路中的数据沿着一个方向绕环逐节点传输。环路的维护和控制一般采用某种分布式控制方法，环中每个节点都具有相应的控制功能。
- 在环型拓扑中，虽然也是多个节点共享一条环通路，但由于使用了某种介质访问控制方法，并确定了环中每个节点在何时发送数据，因而不会出现冲突。
- 对于环型拓扑的局域网，其网络的管理较为复杂，与总线型局域网相比，其可扩展性较差。

4.2.1.3 星型拓扑结构

在星型拓扑结构中存在一个中心节点，每个节点通过点到点线路与中心节点连接，任何两个节点之间的通信都要通过中心节点转接。星型拓扑结构如图 4-6 所示。

在局域网中，由于使用中央设备的不同，局域网的物理拓扑结构（各设备之间使用传输介质的物理连接关系）和逻辑拓扑结构（设备之间的逻辑链路连接关系）也将不同，比如，使用集线器连接所有的计算机时，其结构只能是一种具有星型物理连接的总线型拓扑结构，而只有使用交换机时，才是真正的星型拓扑结构。在以后的章节中会详细介绍关于集线器和交换机的内容。

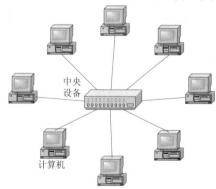

图 4-6 星型拓扑结构

4.2.2　传输介质与传输形式

局域网的传输介质有双绞线、同轴电缆、光纤、电磁波。局域网的传输形式有两种：基带传输与宽带传输。在局域网中，双绞线是最为廉价的传输介质，非屏蔽 5 类双绞线的传输速率为 100 Mbit/s，在局域网上被广泛使用。

同轴电缆是一种较好的传输介质，它既可用于基带系统又可用于宽带系统，并具有吞吐量大、可连接设备多、性能价格比较高、安装和维护较方便等优点。

由于光纤具有 1 000 Mbit/s 的传输速率，抗干扰性强，且误码率较低，传输延迟可忽略不计，在一些局域网的主干网中得到广泛应用。然而，由于光纤和相应的网络配件价格较高，也促使人们不断地开发双绞线的潜力。目前非屏蔽 6 类双绞线的传输速率也可以达到 1 000 Mbit/s。

在某些特殊的应用场合，当不便使用有线的传输介质时，就可以采用无线链路来传输信号。

4.2.3　介质访问控制方法

介质访问控制方法，也就是信道访问控制方法，可以简单地把它理解为如何控制网络节点何时能够发送数据。IEEE 802 规定了局域网中最常用的介质访问控制方法：IEEE 802.3 载波监听多路访问/冲突检测（CSMA/CD）、IEEE 802.5 令牌环（Token Ring）和 IEEE 802.4 令牌总线（Token Bus）。

4.2.3.1　CSMA/CD 介质访问控制

总线型 LAN 中，所有的节点都直接连到同一条物理信道上，并在该信道中发送和接收数据，因此对信道的访问是以多路访问方式进行的。任一节点都可以将数据帧发送到总线上，而所有连接在信道上的节点都能检测到该帧。当目的节点检测到该数据帧的目的地址（MAC 地址）为本节点地址时，就继续接收该帧中包含的数据，同时给源节点返回一个响应。当有两个或更多的节点在同一时间都发送了数据，在信道上就造成了帧的重叠，导致冲突出现。为了克服这种冲突，在总线 LAN 中常采用 CSMA/CD 协议，即带有冲突检测的载波侦听多路访问协议，它是一种随机争用型的介质访问控制方法。

注意　　　　CSMA/CD 协议起源于 ALOHA 协议，是 Xerox 公司吸取了 ALOHA 技术的思想而研制出的一种采用随机访问技术的竞争型媒体访问控制方法，后来成为 IEEE 802 标准之一，即 MAC 的 IEEE 802.3 标准。

CSMA/CD 协议的工作过程为：由于整个系统不是采用集中式控制，且总线上每个节点发送信息要自行控制，所以各节点在发送信息之前，首先要侦听总线上是否有信息在传送，若有，则其他各节点不发送信息，以免破坏传送；若侦听到总线上没有信息传送，则可以发送信息到总线上。当一个节点占用总线发送信息时，要一边发送一边检测总线，看是否有冲突产生。发送节点检测到冲突产生后，就立即停止发送信息，并发送强化冲突信号，然后采用某种算法等待一段时间后再重新侦听线路，准备重新发送该信息。CSMA/CD 协议的工作流程如图 4-7 所示。对 CSMA/CD 协议的工作过程通常可以概括为"先听后发、边听边发、冲突停发、随机重发"。

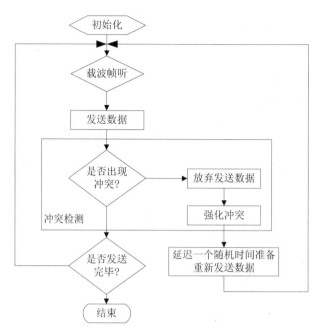

图 4-7　CSMA/CD 的工作过程

　　冲突产生的原因可能是在同一时刻两个节点同时侦听到线路"空闲"，又同时发送信息而产生冲突，使数据传送失效；也可能是一个节点刚刚发送信息，还没有传送到目的节点，而另一个节点此时检测到线路"空闲"，将数据发送到总线上，导致了冲突。

　　如图 4-7 所示，冲突检测的过程为发送节点在发送数据的同时，将其发送信号与总线上接收到的信号进行比较，判断是否有冲突产生。如果总线上同时出现两个或两个以上的发送信号，冲突就被检测出来，与此同时，这些发送信号的节点就会发出强化冲突信号。强化冲突信号的作用是为了更快地通知其他节点、信道出现了冲突，以便让信道尽快空闲下来。

　　在采用 CSMA/CD 协议的总线 LAN 中，各节点通过竞争的方法强占对媒体的访问权利，出现冲突后，必须延迟重发。因此，节点从准备发送数据到成功发送数据的时间是不能确定的，它不适合传输对时延要求较高的实时性数据。其优点是结构简单、网络维护方便、增删节点容易，网络在轻负载（节点数较少）的情况下效率较高。但是随着网络中节点数量的增加传递信息量的增大，即在重负载时，冲突概率增加，总线 LAN 的性能也会明显下降。

4.2.3.2　令牌环（Token Ring）

　　在令牌环介质访问控制方法中，使用了一个沿着环路循环的令牌。网络中的节点只有截获令牌时才能发送数据，没有获取令牌的节点不能发送数据，因此，在使用令牌环的 LAN 中不会产生冲突。

　　当各节点都没有数据发送时，网络中令牌在环上循环传递。若一个节点要发送数据，那么它首先要截获令牌，然后再开始发送数据帧，在数据发送的过程中，由于令牌已经被占用，因此，其他节点不能发送数据帧，必须等待。当发送的数据在环上循环一周后，又回到发送节点，发送节点确认数据传输无误后，为了避免数据帧在环路里循环流动，要将该数据帧收回（从环上移去）。当发送节点的数据发送完毕后，要产生一个新的令牌并发送到环路上，以便让其他节点发送数据。该过程如图 4-8 所示。

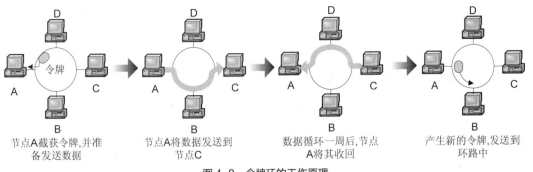

| 节点A截获令牌,并准备发送数据 | 节点A将数据发送到节点C | 数据循环一周后,节点A将其收回 | 产生新的令牌,发送到环路中 |

图 4-8　令牌环的工作原理

对于 Token Ring，由于每个节点不是随机的争用信道，不会出现冲突，因此称它是一种确定型的介质访问控制方法，而且每个节点发送数据的延迟时间可以确定。在轻负载时，由于存在等待令牌的时间，效率较低；而在重负载时，对各节点公平，且效率高。另外，采用令牌环的局域网还可以对各节点设置不同的优先级，具有高优先级的节点可以先发送数据，比如，某个节点需要传输实时性的数据，就可以申请高优先级。由于这种特性，许多用于工业控制的 LAN 多采用令牌环 LAN。

4.2.3.3　令牌总线

令牌总线访问控制是在物理总线上建立一个逻辑环。从物理连接上看，它是总线结构的局域网，但逻辑上，它是环型拓扑结构，如图 4-9 所示。连接到总线上的所有节点组成了一个逻辑环，每个节点被赋予一个顺序的逻辑位置。和令牌环一样，节点只有取得令牌才能发送帧，令牌在逻辑环上依次传递。在正常运行时，当某个节点发完数据后，就要将令牌传送给下一个节点。

从逻辑上看，令牌从一个节点传送到下一个节点，使节点能获取令牌发送数据；从物理上看，节点是将数据广播到总线上，总线上所有的节点都可以监测到数据，并对数据进行识别，但只有目的节点才可以接收并处理数据。令牌总线访问控制也提供了对节点的优先级服务方式。

令牌总线与令牌环有很多相似的特点，比如，适用于重负载的网络中、数据发送的延迟时间确定以及适合实时性的数据传输等。但网络管理较为复杂，网络必须有初始化的功能，以生成一个顺序访问的次序。另外，当网络中的令牌丢失，则会出现多个令牌将新节点加入到环中以及从环中删除不工作的节点等，这些附加功能又大大增加了令牌总线访问控制的复杂性。

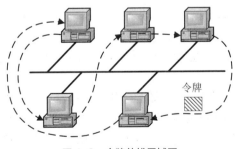

图 4-9　令牌总线局域网

4.3 以太网技术

4.3.1 以太网的产生和发展

以太网是最早的局域网，也是目前最流行的局域网。以太网的核心思想是使用共享的公共传输信道。共享数据传输信道的思想来源于夏威夷大学。20 世纪 60 年代末，该校的 Norman Abramson 及其同事为了在夏威夷的各个岛屿之间能够进行网络通信，研制了一个名为 Aloha 系统的无线电网络。20 世纪 70 年代初，Xerox 公司的工程师 Metcalfe 和同事们开发出了一个实验性网络系统，以便与 Xerox 的 一种具有图形用户界面的个人计算机 Alto 互连起来，他们建立的这个实验网络称为 "Alto Aloha 网络"。1973 年，Metcalfe 把它的名称改为以太网（Ethernet），该网络系统不仅支持 Alto，还支持其他任何一种计算机，而且其网络机制远胜过 Aloha 系统。以太网的 "Ether" 一词描述了系统的基本特征：物理介质（电缆）将信息传送到所有站点。Metcalfe 认为对于能将信号传送到网络上所有计算机的新网络系统来说，以太（Ether）是个不错的名字。因此以太网便诞生了。

1980 年，DEC、Intel 和 Xerox3 家公司公布了以太网蓝皮书，也称为 DIX（3 家公司名字的首字母）版以太网 1.0 规范。在 DIX 开展以太网标准化工作的同时，世界性专业组织 IEEE 组成了一个定义与促进工业 LAN 标准的委员会，并以办公室环境为主要目标，该委员会名叫 802 工程。DIX 集团虽已推出以太网规范，但还不是国际公认的标准，所以在 1981 年 6 月，IEEE 802 工程决定组成 802.3 分委员会，以产生基于 DIX 工作成果的国际公认标准。一年半以后，即 1982 年 12 月 19 日，19 个公司宣布了新的 IEEE 802.3 草稿标准。1983 年该草稿最终以 IEEE 10Base-5 而面世。802.3 与 DIX 以太网 2.0 在技术上是有差别的，不过这种差别比较小。在 10Base-5 出现后不久，使用细同轴电缆的以太网问世，定为 10Base-2，它比 10Base-5 所使用的粗缆技术有很多优点，例如不需要外加收发器和收发器电缆价格便宜，且安装和使用更为方便等。

在 1985 年，由于 Novell 公司推出了专为 PC 机连网用的高性能操作系统 NetWare，以及 10Base-T 的出现，使得以太网的发展再度掀起高潮。10Base-T 是一个能在无屏蔽双绞线上传输数据速率达到 10 Mbit/s 的以太网。由于 10Base-T 的出现，使网络布线技术变得容易，用双绞线将每台计算机连到中央集线器上，在安装、排除故障以及重建结构上具有许多优点，从而使安装费用和整个网络的成本下降。

进入 20 世纪 90 年代以后，越来越多的个人计算机加入到网络之中，导致了网络流量快速增加以及市场上个人计算机的销量越来越大，速度和性能也在迅速提高，这使人们对网络的需求以及对网络的容量、传输数据速度的要求大大提高，从而导致了快速型以太网、交换式以太和吉位以太网的产生。

为了提高局域网的带宽，改善局域网的性能以适应新的应用环境的要求。人们开展了对高速网络技术的研究，提高 Ethernet 数据传输速率，从 10 Mbit/s 到 100 Mbit/s，乃至到 1 Gbit/s 和 10 Gbit/s，这就是快速以太网（Fast Ethernet）、千兆位以太网（Gigabit Ethernet）、万兆位以太网（10 Gigabit Ethernet）；或者将一个大型局域网络划分成多个用网桥或路由器互连的子网。通过网桥和路由器隔离子网之间的通信量以及减少每个子网内部的节点数，使网络性能得到改善，每个子网的介质访问控制仍采用 CSMA/CD 方法。

4.3.2　传统以太网

对于 10 Mbit/s 以太网，IEEE 802.3 有 4 种规范，即粗缆以太网（10 Base-5）、细缆以太网（10 Base-2）、双绞线以太网（10 Base-T）和光纤以太网（10 Base-F），如图 4-10 所示。目前，粗缆以太网和细缆以太网在实际的应用中已被淘汰，而广泛使用的是双绞线以太网。

10Base-T 的具体含义为如下几点。

● 10 表示信号在电缆上的传输速率为 10 Mbit/s。

● Base 表示电缆上的信号是基带信号。

● T 表示双绞线。

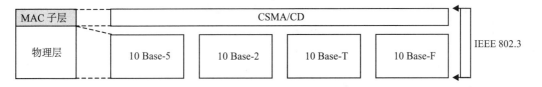

图 4-10　IEEE 802.3 物理层

10 Base-T 可以使用双绞线传输 10 Mbit/s 的基带信号，它提供了 Ethernet 的优越性，无需使用昂贵的同轴电缆。一个基本的 10 Base-T 连接如图 4-11 所示，其中 RJ-45 连接器是一个 8 针的接口，俗称为"RJ-45 头"。图中显示出所有的计算机连接到一个中心集线器（Central Hub）上，从表面上看，这种结构似乎是星型拓扑结构。但实际上，集线器的作用相当于一个多端口的中继器（转发器），数据从集线器的一个端口进入后，集线器会将这些数据从其他所有端口广播出去，这种特性与总线型拓扑结构是一样的，也正是由于这种特点，集线器也被称为共享式集线器。因此，对于使用集线器的 10 Base-T 网络，它实际是一个物理上为星型连接、逻辑上为总线型拓扑的网络。

10 Base-T 网络中的集线器就是一个多端口的中继器，且每个端口通常为 RJ-45 接口，其端口数可以是 8、12、16 或 24 个。有些集线器还带有与同轴电缆相连的接口（AUI 和 BNC）以及与光纤相连的端口。

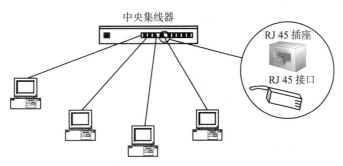

图 4-11　双绞线 Ethernet

10 Base-T 要求采用以集线器为中心的星型连接方式，并且每台计算机通过双绞线连接到集线器，且双绞线的长度不应超过 100 m。使用集线器的组网方法在后面"局域网连接设备与应用"一节中会详细介绍。

4.3.3 快速以太网（Fast Ethernet）

4.3.3.1 快速以太网的概念

随着局域网应用的深入，用户对局域网带宽提出了更高的要求。用户面临两个选择：要么重新设计一种新的局域网体系结构与介质访问控制方法去取代传统的局域网；要么就是保持传统的局域网体系结构与介质控制方法不变，设法提高局域网的传统速率。对于目前已大量存在的 Ethernet 来说，既要保护用户的已有投资，又要增加网络带宽，而快速以太网 Fast Ethernet 就是符合后一种要求的新一代高速局域网。

快速以太网的数据传输速率为 100 Mbit/s。它保留着传统的 10 Mbit/s 速率 Ethernet 的所有特征，即相同的数据格式、相同的介质访问控制方法 CSMA/CD 和相同的组网方法，只是把 Fast Ethernet 每个比特发送时间由 100 ns 降低到 10 ns。在 1995 年 9 月，IEEE 802 委员会正式批准了 Fast Ethernet 标准 802.3 u。802.3 u 标准在 LLC 子层仍然使用 IEEE 802.2 标准，在 MAC 子层使用 CSMA/CD 方法，只是在物理层做了一些调整，定义了新的物理层标准 100 Base-T（这也说明了为什么局域网的数据链路层要分为与硬件无关的 LLC 子层和与硬件相关的 MAC 子层）。100 Base-T 可以支持多种传输介质，目前制定了 4 种有关传输介质的标准：100 Base-TX、100 Base-T4、100 Base-T2 与 100 Base-FX。Fast Ethernet 的协议结构如图 4-12 所示。

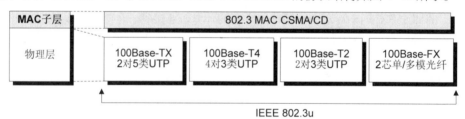

图 4-12　Fast Ethernet 的协议结构

- 100 Base-TX 支持两对 5 类非屏蔽双绞线（UTP）或两对 1 类屏蔽双绞线（STP）。其中 1 对用于发送，另 1 对用于接收，因此，100 Base-TX 可以全双工方式工作，每个节点可以同时以 100 Mbit/s 的速率发送与接收数据。使用 5 类 UTP 的最大距离为 100 m。
- 100 Base-T4 支持 4 对 3 类非屏蔽双绞线 UTP，其中，有 3 对用于数据传输，1 对用于冲突检测。
- 100 Base-T2 支持两对 3 类非屏蔽双绞线 UTP。
- 100 Base-FX 支持两芯的多模或单模光纤。100 Base-FX 主要是用作高速主干网，从节点到集线器 Hub 的距离可以达到 450 m。

4.3.3.2 快速以太网的应用

图 4-13 显示的是采用快速以太网集线器作为中央设备（100 Base-TX 集线器），使用非屏蔽 5 类双绞线以星型连接的方式连接以太网节点（工作站和服务器）以及连接另一个快速以太网集线器和 10 Base-T 的共享集线器的例子。

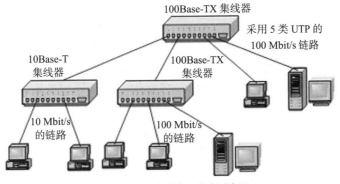

图 4-13　快速以太网的典型应用

4.3.4　千兆位以太网（Gigabit Ethernet）

尽管快速以太网 Fast Ethernet 具有高可靠性、易扩展性、低成本等优点，并且成为高速局域网方案中的首选技术，但在数据仓库、桌面电视会议、3D 图形与高清晰度图像的应用中，人们不得不寻求更高带宽的局域网。千兆位以太网就是在这种背景下产生的。

与快速以太网 Fast Ethernet 相同之处是：千兆位以太网同样保留着传统的 100Base-T 的所有特征，即相同的数据格式、相同的介质访问控制方法 CSMA/CD 和相同的组网方法，而只是把 Ethernet 每个比特的发送时间由 100 ns 降低到 1 ns。这样，人们设想了一种使用 Ethernet 组建企业网的全面解决方案：桌面系统采用速率为 10 Mbit/s 的 Ethernet，部门级系统采用速率为 100 Mbit/s 的 Fast Ethernet，企业级系统采用速率为 1000 Mbit/s 千兆位以太网。由于 10 Mbit/s Ethernet、100 Mbit/s Fast Ethernet 与千兆位以太网有很多相似之处，且很多企业已经大量使用了 10 Mbit/s Ethernet，因此，局域网系统从 10 Mbit/s Ethernet 升级到 100 Mbit/s 的 Fast Ethernet 或 1 000 Mbit/s 的 Gigabit Ethernet 时，网络技术人员不需要重新培训。与之相比，如果局域网系统将现有的 10 Mbit/s Ethernet 互连到作为主干网的 622 Mbit/s ATM 局域网上，一方面由于 Ethernet 与 ATM 工作机理存在着较大的差异，在采用 ATM 局域网仿真时，ATM 网的性能将会下降；另一方面网络技术人员需要重新培训。

正是基于上述原因，Gigabit Ethernet 发展很快，目前已被广泛地应用于大型局域网的主干中。Gigabit Ethernet 标准的工作是从 1995 年开始的，1995 年 11 月，IEEE 802.3 委员会成立了高速网研究组；1996 年 8 月成立了 802.3z 工作组，主要研究使用光纤与短距离屏蔽双绞线的 Gigabit Ethernet 物理层标准；1997 年初成立了 802.3 ab 工作组，主要研究使用长距离光纤与非屏蔽双绞线的 Gigbit Ethernet 物理层标准。Gigabit Ethernet 的协议结构如图 4-14 所示。

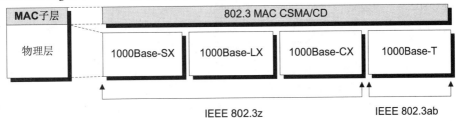

图 4-14　Gigabit Ethernet 的协议结构

在 Gigabit Ethernet 标准中，Gigabit Ethernet 的 MAC 子层仍然采用 CSMA/CD 的方法。Gigabit Ethernet 物理层标准可以支持多种传输介质，目前制定了 4 种有关传输介质的标准：1 000

Base-SX、1 000 Base-LX、1 000 Base-CX、1 000 Base-T。

1. 1 000 Base-SX

1 000 Base-SX 是一种使用短波长激光作为信号源的网络介质技术，配置波长为 770～860 nm（一般为 850 nm）的激光传输器，它不支持单模光纤，只能驱动多模光纤。1 000 Base-SX 所使用的光纤规格有两种：62.5 μm 多模光纤和 50 μm 多模光纤。使用 62.5 μm 多模光纤在全双工方式下的最长传输距离为 275 m，而使用 50 μm 多模光纤在全双工方式下的最长有效距离为 550 m。

2. 1 000 Base-LX

1 000 Base-LX 是一种使用长波长激光作为信号源的网络介质技术，配置波长为 1 270～1 355 nm（一般为 1 300 nm）的激光传输器，它既可以驱动多模光纤，也可以驱动单模光纤。1 000 Base-LX 所使用的光纤规格为：62.5 μm 多模光纤、50 μm 多模光纤、9 μm 单模光纤。其中，使用多模光纤时，在全双工方式下的最长传输距离为 550 m；使用单模光纤时，全双工方式下的最长有效距离可以达到 3 000 m。

3. 1 000 Base-CX

1 000 Base-CX 是使用铜缆作为网络介质的两种千兆以太网技术之一。1 000 Base-CX 使用了一种特殊规格的高质量平衡屏蔽双绞线，最长有效距离为 25 m，使用 9 芯 D 型连接器连接电缆。

> **注意**　1 000Base-CX 适用于交换机之间的短距离连接，尤其适合千兆主干交换机和主服务器之间的短距离连接。

4. 1 000 Base-T

1 000 Base-T 是一种使用 5 类 UTP 作为网络传输介质的千兆以太网技术，最长有效距离与 100 Base-TX 一样可以达到 100 m。用户可以采用这种技术在原有的快速以太网系统中实现从 100 Mbit/s 到 1 000 Mbit/s 的平滑升级。

4.3.5　万兆位以太网（10 Gigabit Ethernet）

4.3.5.1　万兆以太网的产生与标准

自 1998 年 6 月 IEEE 确立千兆位以太网标准以来，网络突破了工作瓶颈。由于用户对带宽要求增加，再加上许多公司的千兆位以太网交换机作为局域网的核心交换机使用，它们可以提供多达 48 个 100 Mbit/s 端口，这些下连端口汇聚起来的流量有时会使千兆位以太网交换机过载。此外，相对于其他城域网技术，以太网由于骨干带宽较低，传输距离较短，也没有在城域网中应用。IEEE 802.3 专门成立了一个工作组研究万兆位以太网，并于 2002 年 7 月通过了万兆位以太网标准 IEEE 802.3 ae，它不但应用于万兆以太局域网，也应用在万兆以太城域网。

万兆以太网技术与千兆以太网类似，仍然保留了以太网帧结构。通过不同的编码方式或波分复用提供 10 Gbit/s 传输速度，因此，10 G 以太网仍是以太网的一种类型。由于它仅支持全双工方式，不存在冲突，也不使用 CSMA/CD 协议，因此传输距离不受碰撞检测的限制而大大提高。10 G 以太网使用点对点链路和结构化布线组建星形物理结构的局域网，并支持 802.3ad 链路汇聚协议，在 MAC/PLS 服务接口上实现 10 Gbit/s 的速度。

IEEE 802.3ae 万兆以太网标准定义两种 PHY（物理层规范），即串行局域网物理层（Serial LAN PHY）和广域网物理层（Serial WAN PHY），如图 4-15 所示。IEEE 802.3 ae 也定义支持特定物理介质相关接口（PMD）的物理层规范，包括多模光纤和单模光纤以及相应传送距离等。

物理层	串行局域网物理层	串行广域网物理层
	64/66B 编解码	64/66B 编解码
		广域网接口（WIS）
	串行/反串行（SerDes）	
物理介质相关接口（PMD）	Serial 850mm 1 310 mm 1 550 mm	

图 4-15　IEEE 802.3ae 万兆以太网物理层规范

1．串行局域网物理层

串行局域网物理层由 64b/66b 编解码（codec）机制和串行/反串行部件（SerDes）组成。编解码机制执行了数据包的分组编码。SerDes 将 16 位的并行数据通路（每路 644 Mbit/s）串行化为一条 10.3 Gbit/s 的数据流，在传送端交由串行光学部件或 PMD 处理。在接收端，SerDes 将一条 10.3 Gbit/s 的串行数据流转化回 16 位的并行数据通路（每路 644 Mbit/s）。

2．串行广域网物理层

串行广域网物理层由广域网接口子层（WIS）、64b/66b 编解码机制以及 SerDes 部件组成。串行广域网 PHY 中的 SerDes 和串行局域网 PHY 唯一的区别在于串行数据流的速度是 9.95 Gbit/s（OC-192），16 位并行数据通路的速度为每路 622 Mbit/s。串行广域网 PHY 使得万兆以太网与现有 SONET/SDH 网络的 OC-192 接口或 DWDM 光传输网的 10 Gbit/s 接口速率完全匹配。

IEEE 802.3ae 的 4 个物理层标准为 10GBASE-R、10GBASE-W、10GBASE-LX4、10GBASE-CX4。10GBASE-R 和 10GBASE-CX4 用于传统的以太网环境，10GBASE-R 采用光纤作为传输介质，10GBASE-CX4 采用同轴铜缆作为传输介质，10GBASE-W 是广域网接口，数据速率为 9.585 Gbit/s。10GBSE-LX4 则使用 WDM 波分复用技术进行数据传输。

4.3.5.2　万兆以太网的应用

万兆以太网技术突破了传统以太网近距离传输的限制，不但可以应用在局域网和园区网外，也能够方便地应用在城域甚至广域范围，来构建高性能的网络核心。

1．企业网和校园网

随着企业及校园网络应用的急剧增长，企业及校园的骨干网承受着不断升级的压力，从当初的快速以太网到千兆网络，很快会过渡到万兆网络，为用户提供诸如多媒体业务、数据流内容等服务。万兆以太网设备具有高带宽、低时延、网络管理简易等特性，非常适用于企业及校园骨干网建设。

2．宽带 IP 城域网

万兆以太网设备可以提供高密度万兆、千兆以太网接口为服务提供商和企业用户提供城域网和广域网的连接。万兆以太网在裸光纤上最远可以传送 40～80 千米，满足城域范围的要求，也可以连接 DWDM 设备实现广域范围的传输。

3．数据中心和 Internet 交换中心

随着 Internet 应用的普及，大量的数据访问需要一个可升级、高性能的内容服务汇聚网络。

数据中心需要汇聚数百计的快速以太网和千兆以太网线路，在用户端，服务器汇聚网络要提供具有第二层交换、第三层路由的高密度 GE/10GE 路由器和交换机。万兆以太网设备可满足汇聚网络的需求并为未来网络升级预留了的空间。

4．超级计算中心

大型企业和研究机构需要强大的计算机系统，正在从传统的大型计算机和超级计算机转向由几十台到几百台小型商用计算机组成的服务器机群，机群内部之间由高性能的以太网连接。机群可以分布在不同的地方，它们之间通过城域网和广域网互相连接形成计算网格。万兆以太网设备提供高密度的端口、线速的交换性能、全面的第二层交换、第三层路由能力，可充分满足超级计算中心服务器机群内部高性能网络互连的要求，也满足同一计算网络中分布在不同地方的服务器机群之间的连接。

4.4　交换式以太网（Switching Ethernet）

对于双绞线以太网，无论是 10 Mbit/s 还是 100 Mbit/s，它们都采用了以共享集线器为中心的星型连接方式，但其实际上是总线型的拓扑结构。网络中的每个节点都采用 CSMA/CD 介质访问控制方法争用总线信道，因此，整个网络的信道始终处于共享的状态。在某一时刻一个节点将数据帧发送到集线器的某个端口，它会将该数据帧从其他所有端口转发（或称广播）出去，如图 4-16 所示。在这种方式下，当网络规模不断扩大时，网络中的冲突就会大大增加，而数据经过多次重发后，延时也相当大，造成网络整体性能下降。在网络节点较多时，以太网的带宽使用效率只有30%～40%。

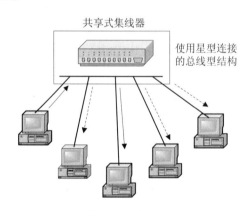

图 4-16　使用共享式集线器的数据传输

为提高网络的性能和通信效率，采用以太网交换机（Ethernet Switch）为核心的交换式网络技术被广泛使用。有些文献上也把交换机称为交换式集线器或交换器。对于使用共享式集线器的用户，在某一时刻只能有一对用户进行通信，而交换机提供了多个通道，它允许多个用户之间同时进行数据传输，如图 4-17 所示，因此，它比传统的共享式集线器提供了更多的带宽。比如，一个带有 12 个端口的以太网交换机可同时支持 12 台计算机在 6 条链路间同时进行通信。

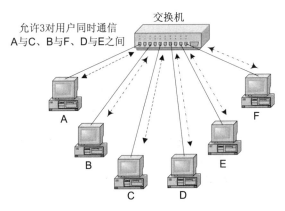

图 4-17　各用户在交换机之间的通信

通常，以太网交换机可以提供多个端口，并且在交换机内部拥有一个共享内存交换矩阵，数据帧直接从一个物理端口被转发到另一个物理端口。若交换机的每个端口的速率为 10 Mbit/s，则称其为 10 Mbit/s 交换机；若每个端口的速率为 10 Mbit/s，则称其为 100 Mbit/s 交换机；若每个端口的速率为 1 000 Mbit/s，则称其为千兆位交换机。交换机的每个端口可以单独与一台计算机连接，也可以与一个共享式的 Ethernet 集线器连接。如果一个 10 Mbit/s 交换机的一个端口只连接一个节点，那么这个节点就可以独占 10 Mbit/s 带宽，这类端口常被称为"专用 10 Mbit/s 端口"。如果一个端口连接一个 10 Mbit/s 的 Ethernet 集线器，那么接在集线器上的所有节点将"共享交换机的 10 Mbit/s 端口"，典型的交换式以太网连接示意图如图 4-18 所示。

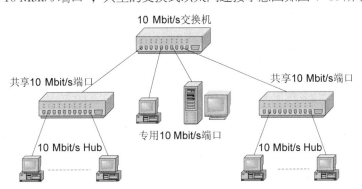

图 4-18　交换式以太网连接示意图

4.4.1　交换式以太网的工作原理

交换机对数据的转发是以网络节点计算机的 MAC 地址为基础的。交换机会监测发送到每个端口的数据帧，通过数据帧中的有关信息（源节点的 MAC 地址、目的节点的 MAC 地址）就会得到与每个端口相连接的节点 MAC 地址，并在交换机的内部建立一个"端口-MAC 地址"映射表。建立映射表后，当某个端口接收到数据帧后，交换机会读取出该帧中的目的节点 MAC 地址，并通过"端口-MAC 地址"的对照关系，迅速地将数据帧转发到相应的端口。由于这种交换机能够识别并分析 LAN 数据链路层 MAC 子层的 MAC 地址，所以它是工作在第二层上的设备，因此，这种交换机也被称为第二层交换机。

以太网交换机对数据帧的转发方式可以分为 3 类：直接交换方式、存储转发方式、改进的直接交换方式。

1. 直接交换方式

交换机对传输的信息帧不进行差错校验，仅识别出数据帧中的目的节点 MAC 地址，并直接通过每个端口的缓存器转发到相应的端口。数据帧的差错检测任务由各节点计算机完成。这种交换方式的优点是速度快、交换延迟时间小；缺点是不具备差错检测能力，且不支持具有不同速率的端口之间的数据帧转发。

2. 存储转发方式

在存储转发方式中，交换机首先完整地接收数据帧，并进行差错检测。若接收的帧是正确的，则根据目的地址确定相应的输出端口，并将数据转发出去。这种交换方式的优点是具有数据帧的差错检测能力，并支持不同速率的端口之间的数据帧转发；缺点是交换延迟时间将会增加。

3. 改进的直接交换方式

改进的直接交换方式是将直接交换方式和存储转发方式两者结合起来，它在接收到帧的前 64 B 之后，判断帧中的帧头数据（地址信息与控制信息）是否正确，如果正确则转发。这种方法对于短的 Ethernet 帧来说，其交换延迟时间与直接交换方式比较接近；而对于长的 Ethernet 帧来说，由于它只对帧头进行了差错检测，因此交换延迟时间将会减少。

4.4.2 交换式以太网的特点

交换式以太网具有以下的一些特点。

- 交换式以太网保留了现有以太网的基础设施，而不必把现有的设备淘汰掉。比如，使用交换机不需要改变网络其他硬件（包括电缆和网络节点计算机中的网卡），只需要将共享式集线器更换为交换机，而替换下来的集线器也可以连接新的节点，然后再连接到交换机上，这样就保护了现有的投资。
- 以太网交换机可以与现有的以太网集线器相结合，实现各类广泛的应用。交换机可以用来将超载的网络分段或者通过交换机的高速端口建立服务器群或者网络的主干，所有这些应用都维持现有的设备不变。
- 以太网交换技术是一种基于以太网的技术，对用户有较好的熟悉度，易学易用。
- 使用以太网交换机可以支持虚拟局域网应用，使网络的管理更加灵活。
- 交换式以太网可以使用各种传输介质，支持 3 类/5 类 UTP、光缆以及同轴电缆，尤其是使用光缆，可以使交换式以太网作为网络的主干。关于交换机的种类和应用在本章最后一节会做详细介绍。

4.4.3 三层交换技术

前面介绍的交换机属于第二层交换机，它主要依靠 MAC 地址来传送帧信息，将每个信息数据帧从正确的端口转发出去。但是，当有一个广播数据包进入某个端口后，交换机同样会将它转发到所有端口，类似于共享式集线器。交换机最早的处理过程由其内部软件来设置，其运行速度较慢，生产成本较高。随着网络专用集成电路的出现，交换机不仅速度加快，而且成本也大大下降。另外，第二层交换机对组建一个大规模的局域网来说还并不完善，还需要使用路由器来完成相应的路由选择功能。实际上，交换和路由选择是互补性的技术，路由器处理时延大、速度慢，用交换机又不能进行路由选择和有效地控制广播，因此，在交换机不断发展的过程中，就有了将第二层交换和第三层路由相结合的设备，即第三层交换机，也被称作"路由交换机"。

4.4.3.1　三层交换技术原理

三层交换技术是在 OSI 模型中的第三层实现了数据包的高速转发，实际上就是二层交换技术与三层转发技术的结合。三层交换技术的原理如图 4-19 所示，假设有两个使用 IP 协议的网络 1 和网络 2（网络 1 和 2 可以是两个虚拟局域网），其中计算机 A、C 在网络 1 中，计算机 B 在网络 2 中。当计算机 A 要发送数据给计算机 B 时，A 把自己的 IP 地址与 B 的 IP 地址比较，判断 B 是否与自己在同一个网络内，由于不在一个网络，A 要向"缺省网关"发出 ARP（地址解析）数据包，而"缺省网关"的 IP 地址其实是三层交换机的三层交换模块。当 A 对"缺省网关"的 IP 地址广播出一个 ARP 请求时，如果三层交换模块在以前的通信过程中已经知道 B 的 MAC 地址，则向 A 回复 B 的 MAC 地址。否则三层交换模块根据路由信息向 B 广播一个 ARP 请求，B 站得到此 ARP 请求后向三层交换模块回复其 MAC 地址，三层交换模块保存此地址并回复给 A，同时将 B 站的 MAC 地址发送到二层交换引擎的 MAC 地址表中。从这以后，当 A 向 B 发送的数据包便全部交给二层交换处理，信息得以高速交换。当 A 和 C 通信时，A 与 C 处于同一个网络中，则按照 MAC-端口表进行转发。A 与 B 的通信，由于仅仅在路由过程中才需要三层处理，绝大部分数据都通过二层交换转发，因此三层交换机的速度很快，接近二层交换机的速度，同时比相同路由器的价格低很多。

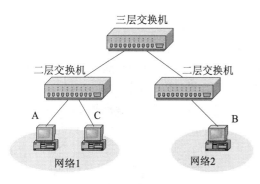 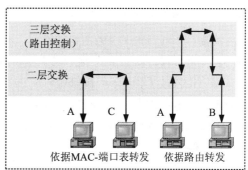

图 4-19　交换式以太网连接示意图

多层交换

除了三层交换外，多层交换技术中还包括第四层交换。第四层交换是一种功能，在传输数据时，除了可以识别并分析第二层的 MAC 地址和第三层的 IP 地址外，还可以判断出该数据的应用服务类型，也就是说，依据第四层的应用端口号（如 TCP/UDP 端口号）对数据包进行查询，获取相应的信息。TCP/UDP 端口号可以告诉交换机所传输数据流的应用服务的类型，比如 WWW 应用、FTP 应用等，然后交换机可以将数据包分类映射到不同的应用主机上，保证了服务质量。

4.4.3.2　三层交换的应用

三层交换的应用目前非常普遍，主要用途是代替传统路由器作为网络的核心。在企业网和校园网中，一般会将第三层交换机用在网络的核心层，用第三层交换机上的千兆端口或百兆端口连接不同的子网或 VLAN。这样网络结构相对简单，节点数相对较少。另外，其不需要较多的控制功能，并且成本较低。提供三层交换的交换机在应用方面具有以下特点。

1．作为骨干交换机

三层交换机一般用于网络的骨干交换机和服务器群交换机，也可作为网络节点交换机。在网络中，同其他以太网交换机配合使用，可以组建整个 10/100/1 000 Mbit/s 以太网交换系统，为整个信息系统提供统一的网络服务。这样的网络系统结构简单，同时还具有可伸缩性和基于策略的 QoS 服务等功能。第三层交换机为网络提供 QoS 服务的内容包括优先级管理、带宽管理、VLAN 交换等。

2．支持 Trunk 协议

在应用中，经常有以太网交换机相互连接或以太网交换机与服务器互联的情况，其中互联用的单根连线往往会成为网络的瓶颈。采用 Trunk 技术能将若干条相同的源交换机与目的交换机的以太网连接线从逻辑上看成一条连接线，不但提高了带宽，也增强了系统的安全性。

4.5　虚拟局域网 VLAN

4.5.1　VLAN 概述

4.5.1.1　VLAN 的概念与特点

在局域网交换技术中，虚拟局域网是一种迅速发展且被广泛应用的技术。这种技术的核心是通过路由和交换设备，在网络的物理拓扑结构基础上建立一个逻辑网络，以使得网络中任意几个局域网网段或（和）节点能够组合成一个逻辑上的局域网。局域网交换设备给用户提供了非常好的网络分段能力、极低的数据转发延迟以及很高的传输带宽。LAN 交换设备能够将整个物理网络逻辑上分成许多虚拟工作组，此种逻辑上划分的虚拟工作组通常就被称为虚拟局域网（VLAN）。也就是说，虚拟网络（Virtual Network）是建立在交换技术基础上的。将网络上的节点按工作性质与需要划分成若干个"逻辑工作组"，一个逻辑工作组就组成一个虚拟网络。

在传统的局域网中，通常一个工作组是在同一个网段上的，每个网段可以是一个逻辑工作组或子网。多个逻辑工作组之间通过互连不同网段的网桥或路由器来交换数据。如果一个逻辑工作组中的某台计算机要转移到另一个逻辑工作组时，就需要将该计算机从一个网段撤出，连接到另一个网段，甚至需要重新布线，因此，逻辑工作组的组成就要受到节点所在网段物理位置的限制。而虚拟网络是建立在局域网交换机或 ATM 交换机之上的，它以软件方式来实现逻辑工作组的划分与管理，逻辑工作组的节点组成不受物理位置的限制。同一逻辑工作组的成员不一定要连接在同一个物理网段上，它们可以连接在同一个局域网交换机上，也可以连接在不同的局域网交换机上，只要这些交换机是互连的。当一个节点从一个逻辑工作组转移到另一个逻辑工作组时，只需要通过软件设定，而不需要改变它在网络中的物理位置。同一个逻辑工作组的节点可以分布在不同的物理网段上，但它们之间的通信就像在同一个物理网段上一样。

虚拟局域网的概念是从传统局域网引申出来的。虚拟局域网在功能和操作上与传统局域网基本相同，它与传统局域网的主要区别在于"虚拟"二字上，即虚拟局域网的组网方法与传统局域网不同。虚拟局域网的一组节点可以位于不同的物理网段上，但是并不受物理位置的束缚，相互间通信就好像它们在同一个局域网中一样。虚拟局域网可以跟踪节点位置的变化，当节点物理位置改变时，无须人工重新配置。因此，虚拟局域网的组网方法十分灵活。图 4-20 显示了典型 VLAN 的物理结构和逻辑结构示意图。

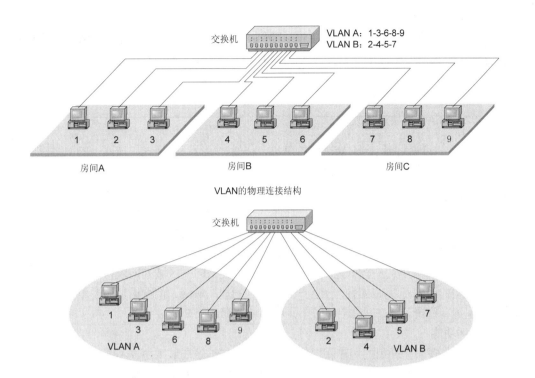

图 4-20　典型 VLAN 的物理结构和逻辑结构示意图

4.5.1.2　VLAN 标准

1996 年 3 月，IEEE 802 委员会发布了 IEEE 802.1 Q VLAN 标准。目前，该标准已得到全世界主要网络厂商的支持。

4.5.2　VLAN 的实现

4.5.2.1　组建 VLAN 的原则

为了实现整个网络采用统一的管理，通常采用 VLAN 的方法。而在组建网络时，应遵循以下的原则和过程。

- 在网络中尽量使用同一厂家的交换机，而且在能用交换机的地方尽量使用交换机。需要注意的是，只要支持 802.1 Q 协议，不同厂家的交换机也可以提供 VLAN 的互通，但是一些早期的设备并不能提供标准的 802.1 Q 数据封装，互联仍然会有问题。
- 使用交换机组建一个范围尽可能大的交换链路，并且让尽可能多的计算机直接连接到交换机上。
- 层次化地将交换机与交换机相连，要避免使用传统的路由器，以保持整个网络的连通性。
- 根据应用的需要，使用软件划分出若干个 VLAN，而每个 VLAN 上的所有计算机不论其所在的物理位置如何，都处在一个逻辑网中。
- VLAN 之间可以互通，也可以不相通。若要实现其中的某些 VLAN 能够互通，则要使用一台中央路由器（或者路由交换机）将这些 VLAN 互连起来，从而形成一个完整的VLAN。

注意 关于组建 VLAN 的原则，其中涉及交换机和路由器的知识，网络初学者理解起来可能会有一定的难度，不过没有关系，等到把全书读完一遍后再回来看看，自然就好理解了。

4.5.2.2 VLAN 网络管理软件

VLAN 网络管理软件是构成 VLAN 的基础，它通过运行在交换式局域网上的网络管理程序来建立、配置、修改或删除整个 VLAN。VLAN 管理软件应具备的主要功能有以下几个方面。

1. 地址过滤能力

限制网络上的特定节点不与其他节点连通，一方面保证网络的安全性，使网络资源只对获许可的用户开放；另一方面起防火墙的作用，防止广播风暴发生。

2. 虚拟连网能力

将交换式局域网分成多个独立的逻辑区域，任何连入同一区域的网段构成逻辑工作组。属于同一工作组的用户可以在物理位置上不属于同一物理局域网，使得用户在逻辑上的组合与具体的物理配置、位置无关，同时简化了节点的增减和移动。

3. 广播功能

在属于同一逻辑工作组的用户间提供广播服务，与传统局域网协议不同的是，虚拟局域网可以限制广播的区域，从而节省网络带宽。这对日益紧张的网络带宽是一个很好的缓解和管理方法。

4. 封装

虚拟局域网建立在不同的物理局域网之上，用封装的方法可以实现使用不同协议的网络间互通，如 IEEE 802.3、IEEE 802.5。

4.5.3 VLAN 的划分方法

交换技术本身就涉及网络的多个层次，因此，虚拟网络也可以在网络的不同层次上实现。不同虚拟局域网组网方法的区别主要表现在对虚拟局域网成员的定义方法上，也就是说，在一个 VLAN 中应包含哪些节点（服务器和客户站）。划分 VLAN 之后，处在同一个 VLAN 中的所有成员（节点）将共享广播数据，而这些广播数据将不会被扩散到其他不在此 VLAN 中的节点。VLAN 划分方法有以下几种。

1. 基于交换机端口的虚拟局域网

早期的虚拟局域网大多数都是根据局域网交换机的端口来定义虚拟局域网成员的。VLAN 从逻辑上可以把同一个交换机的不同端口划分为不同的虚拟子网，各虚拟子网相对独立。同样，VLAN 也可以跨越多个交换机，如图 4-21 所示。图中交换机一的端口 1、交换机二的端口 3 和交换机三的端口 4 组成 VLAN A，交换机一的端口 3、交换机二的端口 2、5 和交换机三的端口 5 组成 VLAN B，交换机一的端口 5、交换机二的端口 4 和交换机三的端口 2 组成 VLAN C，交换机一的端口 2 和交换机三的端口 3 组成 VLAN D。

用交换机端口划分 VLAN 成员是最通用的方法，但纯粹用端口定义虚拟局域网时，不允许不同的虚拟局域网包含相同的物理网段或交换端口。例如，某交换机的 1 端口属于 VLAN1 后，就不能再属于 VLAN 2。

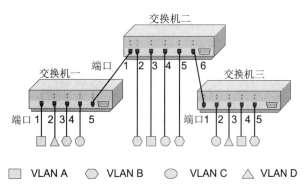

VLAN A　　◇ VLAN B　　○ VLAN C　　△ VLAN D

图 4-21　基于交换机端口的虚拟局域网

基于交换机端口的虚拟局域网无法自动解决节点的移动、增加和变更问题。如果一个节点从一个端口移动到另一个端口，则网络管理者必须对虚拟局域网成员进行重新配置。

采用交换机端口划分 VLAN 是一种简单易用的方法，易于理解和管理。对于连接不同交换机的用户，可以创建用户的逻辑分组。但是，当交换机端口连接的是一个集线器时，由于集线器所支持的是一个共享介质的多用户网络，因此，按交换机端口号的划分方案只能将连接到集线器的所有用户划分到同一个 VLAN 中，如图 4-22 所示，若将交换机二的端口 6 划分到 VLAN A 中，那么通过集线器连接到该端口的所有节点也都属于 VLAN A。（这也说明了为什么在组建网络时能用交换机的地方尽量用交换机。）

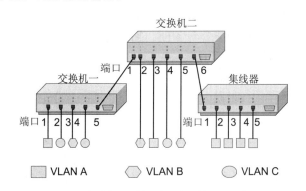

VLAN A　　◇ VLAN B　　○ VLAN C

图 4-22　连接到集线器的所有用户只能属于一个 VLAN

2. 基于 MAC 地址的虚拟局域网

另一种定义虚拟局域网的方法是用节点的 MAC 地址来划分虚拟局域网，如图 4-23 所示。由于 MAC 地址是与硬件相关的地址，所以用 MAC 地址定义的虚拟局域网允许节点移动到网络的其他物理网段。由于它的 MAC 地址不变，所以该节点将自动保持原来的虚拟局域网成员的地位。而且，通过 MAC 地址划分的 VLAN 可以解决基于端口的 VLAN 所不能解决的问题，它可以支持将一个集线器连接区域内的节点划分到不同的 VLAN 中。从这个角度来说，基于 MAC 地址的虚拟局域网可以看作是基于用户的虚拟局域网。

基于 MAC 地址的虚拟局域网的缺点是需要对大量的毫无规律的 MAC 地址进行操作，而且所有的节点在最初都必须被配置到（手工方式）至少一个 VLAN 中，只有在此种手工配置之后，方可实现对 VLAN 成员的自动跟踪。因此，要在一个大型的网络中完成初始的配置显然并不是一件容易的事，而且对于日后的管理也更为繁琐。

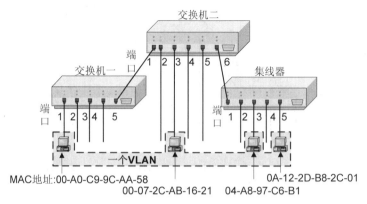

图 4-23　基于 MAC 地址的虚拟局域网

3. 基于网络层地址的虚拟局域网

划分虚拟局域网也可以使用节点的网络层地址来配置虚拟局域网，使用这种方法时，通常要求交换机能够处理网络层的数据，也就是说，要使用第三层交换机（路由交换机）。这种方法具有一定的优点。首先，它允许按照协议类型来组成虚拟局域网，这种方法有利于组成基于服务或应用的虚拟局域网。同时，用户可以随意移动节点而无须重新配置网络地址，这对于使用TCP/IP 协议的用户是特别有利的。另外，一个虚拟局域网可以扩展到多个交换机的端口上，甚至一个端口能对应于多个虚拟局域网。

它与基于 MAC 地址的虚拟局域网相比，检查网络层地址比检查 MAC 地址的延迟要大，从而影响了交换机的交换时间以及整个网络的性能，同时，维护地址表也增加了管理的负担。

4. 基于 IP 组播的虚拟局域网

这种虚拟局域网的建立是动态的，它代表了一组 IP 地址。在虚拟局域网中，利用一种称为代理的设备对虚拟局域网中的成员进行管理。当 IP 广播包要送达多个目的节点时，就动态地建立虚拟局域网代理，这个代理和多个 IP 节点组成 IP 广播组虚拟局域网。网络用广播信息通知各 IP 站，表明网络中存在 IP 广播组，节点如果响应信息，就可以加入 IP 广播组，成为虚拟局域网中的一员，并可与虚拟局域网中的其他成员通信。IP 广播组中的所有节点都属于同一个虚拟局域网，但它们只是特定时间段内特定 IP 广播组的成员，且各个成员都只具有临时性的特点，由 IP 广播组定义 VLAN 的动态特性可以达到很高的灵活性，并且借助于路由器此种 VLAN 可以很容易地扩展到整个 WAN 上。

5. 基于策略的虚拟局域网

基于策略的虚拟局域网可以使用上面提到的任一种划分 VLAN 的方法，并可以把不同方法组合成一种新的策略来划分 VLAN。当一个策略被指定到一个交换机时，该策略就在整个网络上应用，而相应的设备就被添加到不同的 VLAN 中。该方法的核心是采用何种的策略问题。目前，可以采用的策略有：按 MAC 地址、按 IP 地址、按以太网协议类型和按网络的应用等划分。

目前，在网络产品中融合了多种划分 VLAN 的方法，以便根据实际情况寻找最合适的途径。同时，随着管理软件的发展，VLAN 的划分逐渐趋向于动态化。

4.5.4　VLAN 的优点

VLAN 与普通局域网从原理上讲没有什么不同，但从用户使用和网络管理的角度来讲，VLAN 与普通局域网最基本的差异体现在：VLAN 并不局限于某一网络或物理范围，VLAN 用户可以是位于城市内的不同区域，甚至是位于不同的国家。总体来说，VLAN 具有的优点有以下几个方面。

1. 控制网络的广播风暴

控制网络的广播风暴有两种方法：网络分段和采用 VLAN 技术。通过网络分段，可将广播风暴限制在一个网段中，从而避免影响其他网段的性能；采用 VLAN 技术，可将某个交换端口划分到某个 VLAN 中，一个 VLAN 的广播风暴不会影响其他 VLAN 的性能。

2. 确保网络的安全性

共享式局域网之所以很难保证网络的安全性，是因为只要用户连接到一个集线器的端口，就能访问集线器所连接网段上的所有其他用户。VLAN 之所以能确保网络的安全性，是因为 VLAN 能限制个别用户的访问以及控制广播组的大小和位置，甚至能锁定某台设备的 MAC 地址。

3. 简化网络管理

网络管理员能借助于 VLAN 技术轻松地管理整个网络，例如，需要为一个学校内部的行政管理部门建立一个工作组网络，其成员可能分布在学校的各个地方，此时，网络管理员只需设置几条命令就能很快地建立一个 VLAN 网络，并将这些行政管理人员的计算机设置到这个 VLAN 网络中。

4.6 局域网连接设备与应用

4.6.1 网络适配器

网络适配器又称为网络接口卡，简称为网卡。它是构成网络的基本器件。计算机通过其中的网卡与传输介质相连。根据所支持的物理层标准以及计算机接口的不同，它可分成不同的类型。

1. 按所支持的计算机分类

- 标准 Ethernet 网卡。
- 便携式网卡。
- PCMCIA 网卡。

其中，标准 Ethernet 网卡用于台式计算机连网，便携式网卡和 PCMCIA 网卡用于便携式计算机连网。其中，PCMCIA 是个人计算机内存卡国际协会（Personal Computer Memory Card International Association）制定的便携机插卡标准，符合这种标准的网卡和信用卡大小相似，它仅适用于便携机连网。

2. 按所支持的传输速率分类

- 10 Mbit/s 网卡。
- 100 Mbit/s 网卡。
- 10/100 Mbit/s 自适应网卡。
- 1 000 Mbit/s 网卡。
- 10/100/1 000 Mbit/s 自适应网卡。

3. 按所支持的传输介质分类

- 双绞线网卡。
- 光纤网卡。

针对不同的传输介质，网卡提供了相应的接口。适用于非屏蔽双绞线的网卡提供 RJ-45 接口；适用于光纤的网卡提供光纤的 F/O 接口。

4. 按所支持的总线类型分类

- ISA 网卡。
- EISA 网卡。
- MCA 网卡。
- PCI 网卡。

目前，典型的微机总线主要有：16 位的 ISA 总线、32 位的 EISA 总线、IBM 所采用的微通道 MCA 总线及 PCI 总线。因此，相应的网卡也设计成适应不同的总线类型。

4.6.2 集线器

中继器（Repeater）又被称为转发器，它是局域网连接中最简单的设备，其作用是将因传输而衰减的信号进行放大、整形和转发，从而扩展了局域网的距离。集线器也被称为中继集线器或多端口转发器。

集线器（Hub）是局域网中重要的部件之一，它作为网络连线的中央连接点。从基本工作原理来看，集线器是带有多个端口的中继器，因此，与中继器一样，集线器也是一个工作在 OSI 模型中的物理层设备。集线器的多个端口通常连接工作站（计算机）和服务器。在集线器中，数据帧从一个节点被发送到集线器的某个端口上，然后又被转发到集线器的其他所有端口上。虽然每一个节点都使用一条双绞线连接到集线器上，但基于集线器的网络仍属于共享介质的局域网络。

按集线器端口连接介质的不同，集线器可连接双绞线和光纤。使用光纤的集线器一般用于远距离连接和需要高抗干扰性能的场合，大多数的集线器都是以双绞线作为连接介质的。集线器通常带有多个（8 个、12 个、16 个或 24 个）RJ-45 接口（端口），图 4-24 显示的是带有 24 个端口的集线器。

传统集线器每个端口的速率一般为 10 Mbit/s，IEEE 802.3u 标准的颁布和网络技术的不断发展，端口速率为 100 Mbit/s 的集线器也曾被使用，但是目前集线器基本上已经被交换机取代。

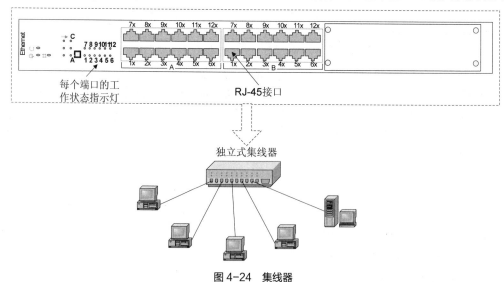

图 4-24　集线器

4.6.3 交换机

4.6.3.1 独立式、堆叠式和模块化交换机

1. 独立式交换机（Standalone Switch）

独立式交换机是最简单的一种交换机，带有多个（8 个、12 个、16 个、24 个或 48 个）RJ-45 接口（端口），图 4-25 显示的是带有 8 个低速端口和 1 个高速上联端口的交换机。独立式交换机价格相对低廉，适用于小型独立的工作小组、部门或办公室。

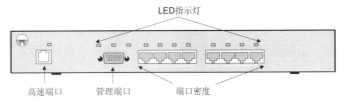

图 4-25　以太网交换机的端口示意图

- 端口密度是指交换机提供的端口数，通常为 8 ~ 24 个端口，端口速率为 10 Mbit/s 或 100 Mbit/s。
- LED 指示灯通常用来指示以太网交换机的信息或交换状态。
- 高速端口用来连到服务器或主干网络上，可以是 100 Mbit/s 或 1 000 Mbit/s 端口，可以连接 100 Mbit/s 的 FDDI、快速以太网络（100 Base-TX）或上连到千兆位交换网络。
- 管理端口用来连接终端或调制解调器以实现网络管理，使用的接口通常为 RS-232C。

注　意　交换机的种类较多，而且功能各异，图中显示的交换机只是一个示意图（如作为网络骨干的千兆位交换机，可能所有的端口都为 1 000 Mbit/s）。

在使用独立式交换机连网时，当计算机的数量超过一个独立交换机的端口数时，通常采用多台交换机进行级联的方法扩充端口数量。有两类实现级联的方法。

- 一个是使用双绞线通过交换机的 RJ-45 端口实现级联，如图 4-26 所示，这种方法非常适用于在 100 m 以内的范围里级联两个交换机的情况。
- 另一个是使用同轴电缆或光纤，通过交换机提供的高速上联端口实现级联。

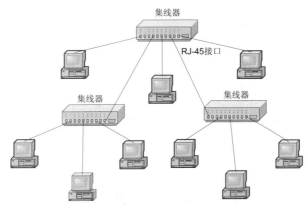

图 4-26　多个交换机通过 RJ-45 端口实现级联

2. 堆叠式交换机（Stackable Switch）

采用 RJ-45 端口的级联方法时，每一个用于级联的 RJ-45 端口很容易成为网络的瓶颈，为此，当需要连接的节点比较多时，就要考虑使用堆叠式交换机。

堆叠式交换机从外观上与独立式交换机没有太大差别，但不同的是，它带有一个堆叠端口（不是 RJ-45 接口），每台堆叠式交换机通过堆叠端口，并使用一条高速链路实现交换机之间的高速数据传输。实际上，这条高速链路是用一根特殊的电缆将两台交换机的内部总线相连接，因此，这种连接在速度上要远远超过交换机的级联连接，图 4-27 显示了 4 台堆叠式交换机通过背板的高速电缆相连实现堆叠。在一个堆叠中，最多可堆叠交换机的数量视不同的厂家而变，通过堆叠交换机，可以提供上百个连接端口，提高了网络的容量。

值得一提的是，由于生产交换机的厂家很多，如 Cisco、Intel、3com 和 Bay 等，而且各厂家的产品又各不相同，基本上只能是同一厂家的产品才能进行堆叠。另外，堆叠的台数越多，成本就越高。

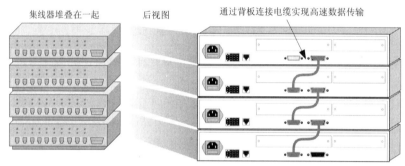

图 4-27　堆叠式交换机背板相连实现堆叠

3. 模块化交换机（Module Switch）

模块化交换机，又称为机架式交换机，它配有一个机架或卡箱，带有多个插槽，每个插槽可插入一块通信卡（模块），每个通信卡的作用就相当于一台独立型交换机。当通信卡插入机架内的卡槽中时，它们就被连接到机架的背板总线上，这样，两个通信卡上的端口之间就可以通过背板的高速总线进行通信，图 4-28 显示了 Bay Network 公司的机架式交换机外观。模块化交换机的规格可为多个插槽，因此，网络的规模可以方便地进行扩充。例如，当插入 10 个通信卡且每一个卡支持 12 个节点时，一个模块化交换机就可以支持 120 个节点的连接。

由于模块化交换机扩充节点非常方便且备有管理模块选件，所以它可以对所有的端口进行管理。另外，模块化集线器中也可插入交换机模块、路由器模块和冗余电源模块、广域网接口模块等，因此，模块化交换机在大型网络中应用很广泛。

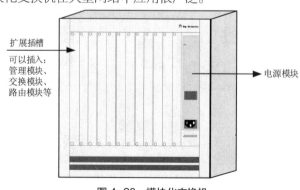

图 4-28　模块化交换机

4.6.3.2　交换机的分类

现有的以太网交换机按其特征可划分为桌面级、工作组级、部门级、骨干级和企业级。

1．桌面交换机

桌面交换机属于低端的交换机，它与其他交换机的不同点在于，它支持的 MAC 地址的数量非常少，通常是每端口支持 1～4 个 MAC 地址。桌面交换机的作用是直接提供到桌面的连接，即将节点计算机直接连接到桌面交换机上。如果要将一个通过集线器连接的工作组与桌面交换机连接，那么连接到集线器上的计算机数目将受到限制。比如，若桌面交换机只支持每端口一个 MAC 地址，那么每个交换机端口只能连接一台计算机。若桌面交换机最多可以支持 4 个 MAC 地址，那么交换机的一个端口最多可支持 4 个节点。

2．工作组交换机

在一个工作组交换机的端口上不但可以连接计算机，而且更多的是连接一个集线器或另一个交换机，也就是说，与某个端口相连的是一个网段，因而工作组交换机又被称为网段交换机。工作组交换机与桌面交换机不同，它必须要支持复杂的算法（比如生成树算法），每个端口支持多个 MAC 地址以及双向学习算法。

工作组交换机或桌面交换机都可以支持每个端口上 10/100 Mbit/s 自适应的操作，每台交换机将监测与每个端口连接的设备的速度并进行自动的速率匹配，非常适合于应用在快速以太网中。

3．部门交换机

部门交换机与工作组交换机不同的是，两种交换机端口的数量和性能级别有所差异。一个部门交换机通常有 8～16 个端口，在所有端口上支持全双工操作，以高速和高可靠的方式传输数据帧，并提供更多的管理功能。因此部门交换机的性能要好于工作组交换机。

4．骨干交换机

骨干交换机具有很高的性能，价格也最贵，它的端口数一般为 12～32 个，其中，至少有一个端口可以用来连接到 ATM 网络。骨干交换机的所有端口完全支持全双工线路和远程监测功能，而且具有强大的管理功能。一些骨干交换机为了提供系统的可靠性，通常采用双冗余电源。

5．企业交换机

企业交换机虽然非常类似于骨干交换机，但最大的不同是，企业交换机还可以支持许多不同类型的网络组件，以支持对多种设备的连接，比如以太网设备、快速以太网设备、FDDI 设备以及广域网的连接设备等。企业交换机通常有非常强大的管理功能，在组建企业级别的网络时非常有用，尤其是对那些需要使用各种最新的网络技术，同时又要保护先前投资的系统。企业交换机的缺点是成本非常高，且不同厂商的交换机之间的互操作性差，因此，一个单位通常只能采用单一厂商的产品。

4.6.3.3　交换机的应用

根据交换机端口速率的不同，以太网交换机又分为 10 Mbit/s 交换机、10/100 Mbit/s 交换机、100 Mbit/s 交换机和 1 000 Mbit/s 的千兆位交换机。本节将以交换机的交换速率为主线进行介绍。需要指出的是，在目前普遍采用的网络设计中，使用交换机划分 VLAN 进行管理，并且网络的核心交换机提供三层交换，以实现全网 VLAN 的快速路由转发。在以下的各种应用中，主干的交换机都可以是三层交换机。

1．10 Mbit/s 交换机

10 Mbit/s 交换机每个端口的速率为 10 Mbit/s，它价格相对便宜，用于连接专用的 10 Mbit/s

以太网节点计算机或 10 Mbit/s 共享式集线器，典型示例如图 4-29 所示。如果一台服务器接到一个专用的 10 Mbit/s 端口，它可以独占这个端口，但是当其他多个端口的计算机同时与服务器通信时，仍然会造成瓶颈。通常，将一个使用 10 Mbit/s 共享集线器的以太网升级为交换式以太网时，最简单的方法就是用 10 Mbit/s 交换机替代 10 Mbit/s 共享集线器。

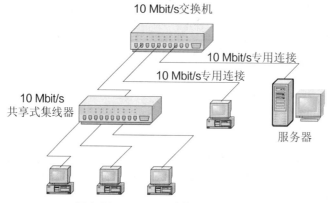

图 4-29　10 Mbit/s 交换机的典型应用

2. 10/100 Mbit/s 自适应交换机

10/100 Mbit/s 自适应交换机可以自动检测端口连接设备的传输速率与工作方式，并自动作出调整，保证 10 Mbit/s 和 100 Mbit/s 的节点可以互相通信。若将网络中各节点接到专用 10 Mbit/s 端口上，而将使用 100 Mbit/s 网卡的服务器接到 100 Mbit/s 端口上，则可以有效地消除采用 10 Mbit/s 端口连接服务器所造成的瓶颈，如图 4-30 所示。

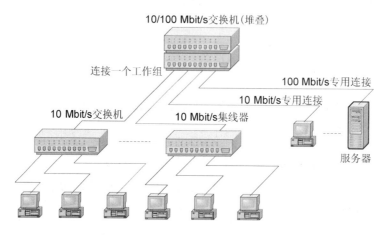

图 4-30　10/100 Mbit/s 交换机的使用

3. 100 Mbit/s 交换机

100 Mbit/s 交换机和 10/100 Mbit/s 自适应交换机统称为快速以太网交换机，它的每个端口速率为 100 Mbit/s，可以提供 100 Mbit/s 的专用连接或工作组的连接。此外，两个 100 Mbit/s 的交换机互连时，若两台交换机相距较近，可使用堆叠方式（前提是交换机必须是可堆叠式交换机）。若两台交换机相距较远，可以各使用其中一个 100 Mbit/s 端口进行级联，但是这种 100 Mbit/s 级联方式必然存在瓶颈，因此，有些交换机上还带有 1 000 Mbit/s 的千兆位端口模块，它不但可以用于连接另一台交换机，而且可以连接到其他高速网络，或者服务器上，为服务器提供更大的带宽，以便能处理更多来自网络节点的访问（服务请求）。这种网络的典型结构如图4-31所示。

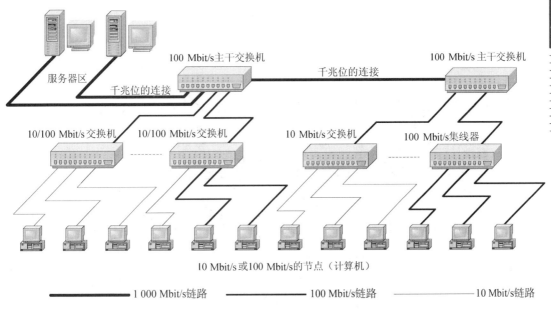

图 4-31 100 Mbit/s 快速以太网交换机应用

注意　由于主干交换机之间采用了千兆位的连接，从而保证了主干链路的畅通。另外，在一个网络中，服务器区也称服务器群，是位于主干网上的一大群高档计算机系统，其通信流量比通常的工作站要多得多，一旦用户数增多，访问服务器的频次增加，在服务器端往往容易发生冲突，从而形成性能瓶颈。因此，当网络中的用户频繁的访问服务器时，则要考虑为服务器群中的每个服务器提供专用的和更高的带宽，以提高网络性能和消除服务器端性能瓶颈，从而满足对服务器区通信流量不断增加的需求。

4. 千兆位交换机

千兆位交换机的每个端口的传输速率为 1 000 Mbit/s，除了可提供高速的交换外，还具有很强的网络管理功能，主要作为网络的骨干交换机，实现多个 100 Mbit/s 交换机的互连，如图 4-32 所示。网络的骨干采用千兆位三层交换机后，不但为每个 100 Mbit/s 交换机连接的工作组带来性能的改善，还可以通过 VLAN 实现网络的管理，并由三层交换提供路由，以实现 VLAN 互通。此外，在网络主干还可以通过链路聚合，将几个千兆端口聚合成一条逻辑通道，获取高性能的链路速率和备份能力。骨干交换机还可以通过路由器连接到外网，比如 Internet。

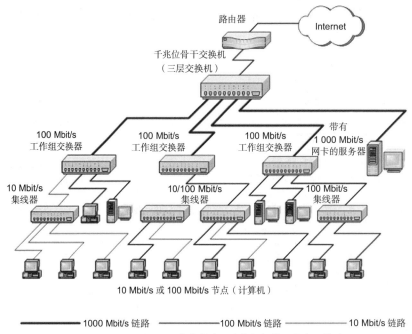

图 4-32　千兆位以太网交换机提供千兆主干链路

　　假设每个 10/100 Mbit/s 工作组交换机连接的是一个 100 Mbit/s 交换机，当用户数增多并且计算机应用不断增加时，往往会引起网络骨干出现瓶颈，从而导致网络性能的下降，因此，使用千兆位交换机取代 100 Mbit/s 交换机，可以为每个工作组带来了更高的带宽，避免了各工作组之间相互争用信道的情况，提高了整个网络的传输性能。

　　此外，交换机的每个端口可以采用不同的工作方式，比如全双工或半双工。使用全双工方式工作时，由于数据的发送和接收同时进行，因此，实际的端口速率增加了一倍，即 10 Mbit/s 全双工端口的速率为 20 Mbit/s，100 Mbit/s 全双工端口的速率为 200 Mbit/s，1 000 Mbit/s 全双工端口的速率可达到 2 000 Mbit/s，交换机的性能大大提高。

练习题

1．填空题

（1）IEEE 802 局域网标准将数据链路层划分为＿＿＿＿＿＿子层和＿＿＿＿＿＿子层。

（2）在令牌环中，为了解决竞争，使用了一个称为＿＿＿＿＿＿＿＿的特殊标记，只有拥有的站才有权利发送数据。令牌环网络的拓扑结构为＿＿＿＿＿＿。

（3）决定局域网特性的主要技术有＿＿＿＿＿＿、传输介质和＿＿＿＿＿＿。

（4）载波监听多路访问/冲突检测的原理可以概括为＿＿＿＿＿、边听边发、＿＿＿＿＿＿、随机重发。

2．选择题

（1）Ethernet Switch 的 100Mbit/s 全双工端口的带宽为＿＿＿＿＿。

A．100 Mbit/s　　　B．10/100 Mbit/s　　　C．200 Mbit/s　　　D．20 Mbit/s

（2）对于采用集线器连接的以太网，其网络逻辑拓扑结构为＿＿＿＿＿。

A．总线结构　　　B．星型结构　　　C．环型结构　　　D．以上都不是

（3）有关 VLAN 的概念，下面说法不正确的是_____。

A. VLAN 是建立在局域网交换机和 ATM 交换机上的，以软件方式实现的逻辑分组

B. 可以使用交换机的端口划分虚拟局域网，且虚网可以跨越多个交换机

C. 使用 IP 地址定义的虚网与使用 MAC 地址定义的虚网相比，前者性能较高

D. VLAN 中的逻辑工作组各节点可以分布在同一物理网段上，也可以分布在不同的物理网段上

（4）在常用的传输介质中，_____的带宽最宽，信号传输衰减最小，抗干扰能力最强。

A. 光纤　　　　　　B. 同轴电缆　　　　　C. 双绞线　　　　　　D. 微波

（5）IEEE 802.3 物理层标准中的 10 BASE-T 标准采用的传输介质为_____。

A. 双绞线　　　　　B. 粗同轴电缆　　　　C. 细同轴电缆　　　　D. 光纤

3. 简答题

（1）IEEE 802 标准规定了哪些层次？

（2）局域网的 3 个关键技术是什么？

（3）局域网的拓扑结构分为几种？每种拓扑结构具有什么特点？

（4）简要说明 IEEE 标准 802.3、802.4 和 802.5 的优缺点。

（5）简述载波侦听多路访问/冲突检测（CSMA/CD）的工作原理。

（6）10Mbit/s 的 Ethernet 的标准有哪些？它们各有何特点？

（7）快速以太网和千兆位以太网的主要特点是什么？它们各有哪些标准？

（8）与共享式以太网相比，为什么说交换式以太网能够提高网络的性能？

（9）什么是虚拟局域网？它有什么特点？

（10）划分 VLAN 的方法有几种？各有什么优缺点？

第 5 章
结构化布线系统

本章提要

- 结构化布线系统的概念；
- 结构化布线系统的 6 个组成部分；
- 常见的水平布线系统；
- 服务器技术；
- 结构化布线系统应注意的事项。

随着计算机和通信技术的飞速发展，网络应用成为人们日益增长的一种需求。在网络的规划和建设中，结构化布线是一个不可缺少的环节，而解决好布线问题也对提高网络系统的可靠性起到很重要的作用。结构化布线作为网络实现的基础，能够满足对数据、话音、图形图像和视频等的传输要求，已成为现今和未来的计算机网络和通信系统的有力支撑环境。

5.1 结构化布线系统概述

5.1.1 结构化布线系统的概念

20 世纪 90 年代以来，支持 10 Base-T 的非屏蔽双绞线 UTP 得到了广泛的应用。采用双绞线作为网络的传输介质的最大优点是连接方便、可靠、扩展灵活。同时，双绞线不仅能用于计算机通信，而且能完成电话通信与控制信息传输。电话通信比计算机通信出现得早，在铺设电话线路方面早就有了各种各样的方法与标准，人们很自然地会想到将电话线路的连接方法应用于网络布线之中，这样就产生了专门用于计算机网络的结构化布线系统。因此，从某种意义上说，结构化布线系统并非什么新的概念，它是将传统的电话、供电等系统所用的方法借鉴到计算机网络布线之中，并使之适应计算机网络与控制信息传输的要求。

结构化布线系统（PDS）是指按标准的、统一的和简单的结构化方式编制和布置各种建筑物（或建筑群）内各系统的通信线路，包括网络系统、电话系统、监控系统、电源系统和照明系统等。因此，结构化布线系统是一种通用标准的信息传输系统。

结构化布线系统包括布置在楼群中的所有电缆线及各种配件，如转接设备、各类用户端设备接口以及与外部网络的接口。从用户的角度来看，结构化布线系统是使用一套标准的组网部件并按照标准的连接方法来实现的一种网络布线系统，结构化布线系统所使用的组网器件包括各类传输介质、各类介质终端设备、各种连接器和适配器、各类插座、插头及跳线、光电转换与多路复用器等电器设备、电气保护设备以及各类安装工具。

结构化布线系统与传统的布线系统的最大区别在于：结构化布线系统的结构与当前所连接的设备的位置无关。在传统的布线系统中，设备安装在哪里，传输介质就要铺设到哪里。结构化布线系统则是先按建筑物的结构将建筑物中所有可能放置设备的位置都预先布好线，然后再根据实际所连接的设备情况，通过调整内部跳线装置将所有设备连接起来。同一条线路的接口可以连接不同的通信设备，例如电话、终端或微型机，甚至可以是工作站或主机。

5.1.2　结构化布线系统的标准

在国际通用的布线标准出现前，安装布线系统时找不到可以参考的专用标准。20 世纪 80 年代构造的布线系统主要是为了支持电话服务，它仅包含了可用于电话通信的话音级双绞线电缆。如果要支持数据通信，就必须安装计算机厂商专用的布线系统，而 TIA/EIA 标准的出现则解决了这个问题。

1985 年初，计算机工业协会（CCIA）提出了对大楼布线系统标准化的建议，美国电子工业协会（EIA）和美国电气工业协会（TIA）开始了标准化的制定工作。1991 年 7 月，适用于商业建筑物的电信布线标准 ANSI/TIA/EIA 568 问世，它提供了结构化布线系统的一系列规范，同时也推出了与布线通道、空间、管理、电缆性能及连接硬件性能等有关的相关标准（TSB–36 和 TSB–40A）。1995 年年底，EIA/TIA 对 568 标准进行了修订（编入了 TSB–36 和 TSB–40A），并正式更名为 EIA/TIA 568A。

EIA/TIA 568A 标准制定的主要目的有以下几点。

- 建立一种可支持多供应商环境的通用电信布线系统。
- 可以进行商业大楼的结构化布线系统的设计和安装。
- 建立各种布线系统的性能配置和技术标准。

该标准涉及的内容包括：对办公环境中电信布线的最低要求、建筑物的拓扑结构和距离、决定性能的传输介质参数以及连接器和引脚功能分配等。除了 EIA/TIA 568A 标准外，EIA/TIA 还制定了其他一些相关的标准如下。

商业大楼电信路径和空间标准 EIA/TIA 569：用于支持结构化布线系统的设计和建筑实践，包括通信、设备室、电缆路径等规范。

住宅和小型商业电信连线标准 EIA/TIA 570：用于住宅或小型办公区域内连接电缆的连线系统。

商业大楼电信基础结构管理标准 EIA/TIA 606：提供了构造和记录布线系统所有部件信息的统一管理方案。

商业大楼通信接地和屏蔽接地要求 EIA/TIA 607：定义了支持布线系统中设备所需要的接地操作。

此外，国际标准化组织 ISO 和 IEC 也推出了一个用户房屋通用布线的国际性标准，称为 ISO/IEC 11801，这个标准的涵盖范围与 EIA/TIA 568 标准相同。

5.2　结构化布线系统的组成

结构化布线系统通常由 6 个子系统组成：用户工作区系统、水平布线系统、垂直布线系统、设备间系统、接线间系统、建筑群系统，如图 5-1 所示。

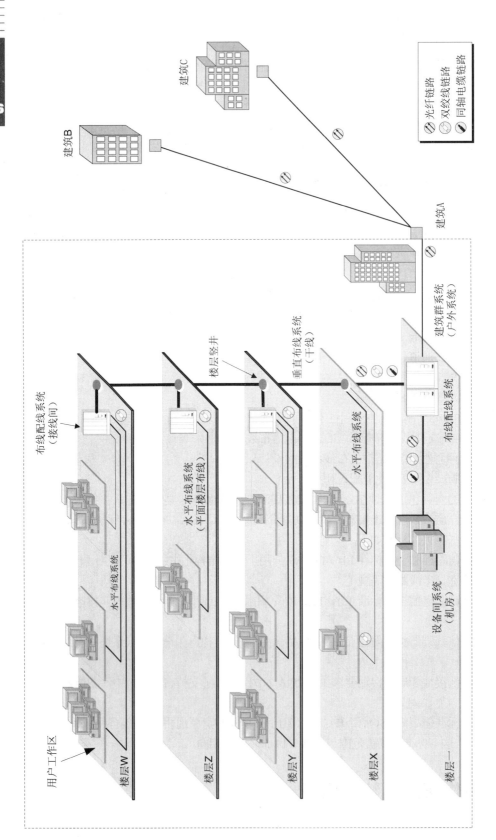

图 5-1　结构化布线系统

5.2.1　用户工作区系统

用户工作区系统，也被称为工作区系统或用户端系统。用户工作区是指办公室或计算机和其他设备所处的区域。对用户工作区的结构化布线主要是将用户设备连接到整个布线系统中，它包括了用于连接用户设备的各种信息插座及相关配件（软线、连接器等）。

一般来说，可以将一个独立的、需要设置终端设备的区域划分为一个工作区。一个工作区的服务面积大小不等，通常每个工作区设置一个电话机或计算机终端设备（或按用户要求设置）。工作区的每一个信息插座均应支持电话机、数据终端、计算机、电视机监视器等终端设备的设置和安装。工作区子系统中的信息插座可以安装在墙上或用户的办公桌上，甚至可以安装在地面上，但要有保护措施，避免造成人为的损坏。

5.2.2　水平布线系统

水平布线系统，也被称为平面楼层布线系统，它是将垂直布线的干线线路延伸到用户工作区的通信插座，水平布线系统包括安装在接线间和用户工作区插座之间的水平方向连接的电缆及配件。

与垂直布线系统相比，水平布线系统起着支线的作用，它一端连接用户工作区，另一端连接垂直布线系统或设备间。水平布线系统是平面铺设的，而且它的一端必定是安装在墙上或地板上的用户信息插座。由于用户工作区中连接设备的多样性，所以水平布线系统中使用的通信介质也是多种多样的。随着通信与计算机技术的发展，兼顾计算机通信与电话通信的双绞线占据了主导地位。目前，支持速率高达 100 Mbit/s 的 5 类双绞线及相应的交换设备已经在高速通信领域中得到广泛使用。

由于布线的环境有所不同，常见的水平布线系统的工程施工方法有以下 2 种。

1. 暗管预埋，墙面引线

暗管预埋的墙面引线施工方法与传统的市电、电话安装基本一致。它是将连接线路预埋在墙里，从墙面引出，并固定在墙壁面板上。这种方法出现较早，适用于大多数建筑物。但这种布线方法的缺点也是明显的，它一旦铺设完成就很难再做改动，维护起来很困难，所以在介质选择方面应考虑到未来的发展，应尽量采用高带宽的通信介质，并要考虑它的连接可靠性。

2. 地下管槽，地面引线

地下管槽的地面引线方法适用于少墙、少柱的大面积的办公室、大厅、交易所等应用环境。这种方法容易维护，因此得到了广泛的应用。特别是在铺有地毯或架空地板的地面，这种方法更为合适。采用地下管槽的地面引线方法，用户可以灵活走线，可以方便地连接各个角落的用户设备。

5.2.3　垂直布线系统

垂直布线系统，也被称为干线系统。它是建筑物布线系统中的主干线路，用于接线间、设备间和建筑物引入设施之间的线缆连接。

垂直布线系统是整个结构化布线系统的骨干部分，是高层建筑物中垂直安装的各种电缆、光缆的组合。通过垂直布线系统可以将布线系统的其他部分连接起来，以满足各个部分之间的通信要求。从计算机网络的要求来说，它既要保证所有用户工作区与设备间之间的连通性，也要保证用户工作区之间的连通性。垂直布线系统与水平布线系统的汇合点称为配线分支点，它们通过垂直布线系统连接到建筑群系统上。

垂直布线系统包括从垂直系统到水平系统的交叉点的缆线以及到设备间的缆线。在高层建筑物中，每层或每隔一层都应该有一个水平布线系统。垂直布线系统可以将所有的水平布线系统连接在一起，以满足相互之间的通信要求。

垂直布线系统一般是垂直安装的。通常，建筑物有封闭型和开放型两种通道，封闭型通道是指一连串上下对齐的交接间（房间），用于连接一些弱电线路（如电话线、双绞线）的交接间被称为弱电竖井，用于连接一些强电线路（如 220 V 交流电）的交接间被称为强电竖井，每层楼都有不同的竖井。开放型通道是指从建筑物的底层到楼顶的一个开放空间，中间没有任何楼板隔开，通常称之为"天井"，如通风管道。因此，垂直布线系统的安装方法可以将垂直电缆或光缆沿着贯穿在建筑物各层的竖井之中，也可以安装在通风管道中。因为垂直布线系统包含了许多通信电缆和其他设备，本身有一定的自重，在安装过程中一定要考虑这个问题，以防因为重力而造成电缆接触不良。在具体施工时，常用的方法是让电缆固定于竖井的钢铁支架上，以保证电缆的正常安装。同时，因为垂直布线系统是各种传输介质与多种信号的混合体，应该考虑抗干扰问题。由于垂直布线系统要贯穿建筑物的每一层，在建筑物设计阶段就应预留竖井与连接子系统用的房间。另外，为了避开强干扰源，不能在强电竖井中安装数据电缆线。

在选用垂直布线系统的通信介质时，一方面要考虑满足用户的需要，另一方面要尽量选用高可靠性、高传输率、高带宽的介质。根据目前的情况，应该优先考虑光缆。

值得一提的是，垂直布线系统并不完全是在各楼层之间垂直铺设电缆。在工厂环境中进行结构化布线时，由于建筑物本身的特点是以单层大范围居多，所以垂直布线系统也可以变成水平安装。但它的作用仍是连接各个功能子区，起着整个布线系统的中枢作用。

5.2.4 设备间系统

设备间系统，也被称为机房系统。设备间通常安装有大型通信设备、主机或服务器的区域。设备间系统主要包括用于连接内部网或公用网络所需要的各种设备和线缆。根据建筑物大小与具体应用的不同，并非每个结构化布线系统中都需要设备间系统。但对于具有公用设备和网络服务器以及主机设备的场合，一般都应该有设备间系统，以便于维护与管理。

如果说用户工作区所连接的设备大多是服务的使用者，那么设备间系统所连接的设备主要是服务的提供者，因此，它包括大量与用户工作区相似的配件。但是由于设备间系统连接的设备数量较多，且集中在一起，所以它所采用的配件型号和安装方法也往往与用户工作区不同。设备间系统集中有大量的通信电缆，同时也是户外系统与户内系统的汇合连接处，因此，它往往兼有布线配线系统的功能。由于设备间系统中的设备对于整个系统是至关重要的，因此，在进行布线系统安装时一定要综合考虑配电系统（不间断电源 UPS）与设备的安全因素（如接地、散热）等。

如何在建筑物中选择设备间位置是一个非常重要的问题，因为设备间的位置直接影响着结构化布线系统的结构与造价、安装与维护的难易以及整个布线系统的可靠性。因此，在选择设备间的位置时，应充分考虑到它与垂直布线系统、水平布线系统及建筑群系统的连接难易度，应尽量避开强干扰源（如发电机、电梯操作间、中央空调等）。机房本身应该有较好的空调与通风环境，以保证一定的温度与湿度。另外，地面应采用有一定的架空高度的防静电地板，装饰材料应为防火材料。

5.2.5　布线配线系统

布线配线系统，也称为接线间系统，其基本功能是为建筑物楼层中水平布线的线缆和终端提供场所。接线间里可放置线缆终端、水平布线和主干布线系统的任何交叉连接。

布线配线系统的位置应根据传输介质的连接情况来选择，一般位于水平布线与垂直布线系统之间。布线配线系统用于将各个系统连接起来，它是实现结构化布线系统灵活性的关键所在，有时也被称为管理系统。

大型建筑物中的布线系统的管理是一件复杂、繁琐的工作。据统计，每年大型建筑物内约有35%的设备是需要变换位置的。除此之外，办公室要调整，部门要变迁，因此，布线系统的变迁是在所难免的。如果缺乏必要的调整手段，必然要经常增补布线系统，这样不仅会增加不必要的工作量、干扰正常的工作秩序，而且有可能造成布线系统的混乱。

布线配线系统本身是由各种各样的配线架与跳接电缆组成的，它能方便地调整各个区域内的线路连接关系。当需要调整布线系统时，可以通过布线配线系统的跳线来重新配置布线的连接顺序。它可以将一个用户端跳接到另一个设备或用户端上，甚至可以将整个楼层的线路跳接到另一个线路上。跳线有各种类型，如光纤跳线、电缆跳线、单股跳线以及多股跳线。

跳线机构的缆线接续部分是很重要的。对于电缆连接，目前大都采用无焊快速接续方法，其基本的连接器件是接线子。接线子有不同的快接方法，如穿刺方法、绝缘移位方法、搓挤方法等。其中，根据绝缘移位方法发展起来的快速夹线方法在局域网线路连接中应用广泛。

5.2.6　建筑群系统

建筑群系统，也称为户外系统。它是指线缆从一个建筑物延伸到建筑群中的另外一些建设物上所需的通信设备和装置，包括电缆、光缆和防止电缆的浪涌电压进入建筑物的电气保护设备。

建筑群系统主要是用于连接楼群之间的通信设备，将楼内和楼外系统连接为一体，它也是户外信息进入楼内的信息通道。建筑群系统包括用于楼群间通信的传输介质及各种支持设备，如电缆、光缆、电气保护设备。由于建筑群系统的安全性直接影响到整座大楼布线系统的安全，因此，安装各种电气保护装置是必需的。为了避免雷电等强电流进入楼群破坏设备，必须安装避雷和过流保护装置，以保证楼内系统处于绝对安全的环境中。为了适应各种信息交换的要求，建筑群系统除了使用各种有线的连接手段外，还可以使用其他通信手段，例如微波、无线电通信系统等。

户外系统进入大楼内时的典型处理方法主要有2种。

● 通过地下管道：可以提供最佳的机械保护，任何时候都可以铺设电缆，电缆的铺设和扩充都很容易，而且能保持道路和建筑物的外貌整齐，但挖沟和开管道的初次投资较高。

● 通过架空方式：可以使用现有的电线杆，因而费用较低，但是没有机械保护，安全性差，而且影响建筑物美观。

户外系统和户内系统的转接处需要专门的房间或墙面，这要视建筑物的规模与安装设备的多少而定。对于大型的建筑物，至少要留有一间专用的房间。对于一般的小系统，留有一面安装设备的墙面即可。在这间房间或墙面上安装的设备主要有各种跳接线系统、分线系统、电气保护装置以及一些专用的传输设备，如多路复用器、光端机等。对于大多数建筑物，经常将与户外的所有连接集中到一处，这样就有可能彼此之间产生干扰，因此，要考虑如何屏蔽设备间的干扰。对于尚未施工的建筑物，应在设计阶段考虑户外系统的设计，分配适当的连接位置。而对于那些已完工的建筑物，情况就比较复杂一些，应尽量在不影响其他部分的情况下选择安装户外系统的部位。

户外系统进入大楼后一般要经过金属的分线盒分线，分别根据各种介质及其信号的相应要求加装电气保护装置，并保持良好的接地状态，然后经过线路接口连接到布线配线系统上去。

5.3 典型的水平布线系统

通常，只有在一个大型系统的结构化布线中，才有可能会分成不同的子系统，比如，对于一个校园网，不但要连接校园内的各个建筑群，而且对每栋楼的每一个楼层都要进行结构化布线，因此，必然会将各个子系统有机地结合在一起应用。但是，在实际中，还存在有很多的小型布线应用，如组建一个小型的局域网，通常只涉及将一栋楼中某一层的几个房间进行布线。因此，在布线系统中，水平布线系统使用得最为广泛。由于它的布线的规模和区域较小，有时候将布线配线系统置于设备间中，而水平布线系统则将设备间的电缆直接连接到用户工作区，如图 5-2 所示。本节将着重介绍使用 5 类双绞线以太网标准的水平布线系统的要求和使用的各种部件。

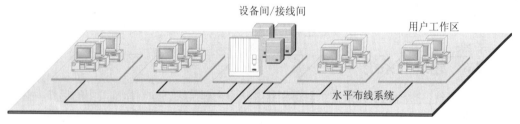

图 5-2 典型的水平布线系统

5.3.1 水平布线系统的要求

1. 使用 5 类双绞线

EIA/TIA 568 布线标准推荐在水平布线系统中使用 5 类双绞线，以适应更高速度的数据通信。由于在一个建筑物的布线系统中，水平布线使用的电缆数量非常多，而更换水平电缆也要比更换垂直的主干线缆困难。另外，水平布线的安装需要穿过天花板、墙壁或地面才能到达每个用户工作区，使得水平布线的安装费用和更换费用比一般的布线高很多。因此，在水平布线系统中使用具有高性能的 5 类双绞线和配件，以适应从电话通信到高速数据通信的各种通信要求。

另外，水平布线电缆只是水平布线系统中的一部分，为了确保系统的性能，避免信号失真、串音或信号丢失，在布线系统中使用的部件都应该符合 5 类的标准规范。

2. 水平布线系统的基本链路和信道

水平布线系统的基本链路是指由用户工作区（办公室）墙壁面板与接线间中的线缆终点之间的水平布线电缆，如图 5-3 所示。由于双绞线以太网规范要求双绞线的最大连接距离为 100 m，因此，EIA/TIA 568 标准也规定了基本链路的最大长度为 90 m。因此，跳接电缆的总长度限制在 10 m。跳接电缆和设备电缆可以位于设备间中的集线器和配线架之间的连接，也可以位于用户工作区中的墙壁插座和计算机之间。

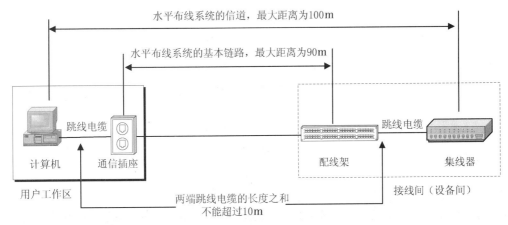

图 5-3　水平布线系统的基本链路

将所有水平布线电缆和跳接电缆连接在一起的总电缆段称为水平布线系统的信道，IEEE 802.3 标准中非屏蔽双绞线以太网规定了这个信道的最大长度为 100 m，信号从信道一端到另一端的最大衰减为 11.5 dB。

水平布线系统中的部件除了双绞线外，还包括 8 针连接器、模块配线架、工作区通信插座和跳接电缆。

5.3.2　8 针 RJ-45 型连接器

EIA/TIA 568 标准中使用的 8 针连接器通常被称为 RJ-45 连接器。在布线系统中，EIA/TIA 568 标准推荐使用 4 对 8 线的 5 类双绞线电缆，在电缆的每一端将 8 根线与 RJ-45 连接器根据连线顺序进行相连。连线顺序是指电缆线在连接器中的排列顺序。EIA/TIA 568 标准提供了两种顺序：568A 和 568B，如图 5-4 所示。

在每一个 RJ-45 连接器中，对于第 1、2、3、6 针，可用于以太网（10 Base-T），对于第 4 针和第 5 针，可用于话音服务。因此，在同一根 4 对电缆中可以同时传送 10 Base-T 的数据和话音数据。但是，在实际环境中，为了避免电话振铃电路的噪音影响网络数据传输，大多数布线系统中都将话音和数据服务隔离开，基于两对线的双绞线以太网 10 Base-T 的接线如图 5-5 所示。

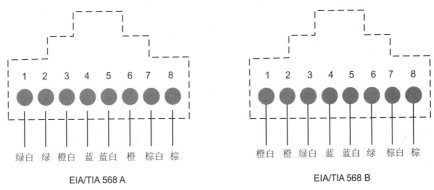

图 5-4　568 A 和 568 B 的连接规范

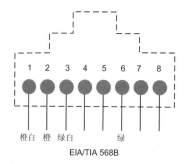

图 5-5　10 Base-T 的连接规范

 注意　　　　每一种连接顺序的应用场合是不一样的。在一个使用双绞线的布线系统中，对于用户工作区的墙壁插座到计算机的连接电缆，电缆两端通常都使用 568B 接线，该电缆也被称为"直通电缆"。当电缆用于连接两个设备间的设备时，比如集线器之间或交换机之间，电缆的一端使用 568A，另一端使用 568B，该电缆也被称为"交叉电缆"。

5.3.3　模块配线架

模块配线架通常放置在布线配线系统中的接线间中，配置有若干个 RJ-45 插座模块，比如 24 端口配线架或 48 端口配线架，它们分别表示带有 24 个或 48 个 RJ-45 插座模块。图 5-6 显示的是一个 48 端口的配线架。

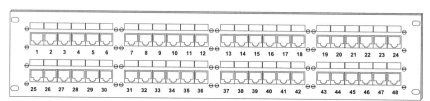

图 5-6　48 端口配线架

图 5-7 显示了从配线架开始，将水平布线电缆一端的 8 根线连接到配线架 RJ-45 插座模块的插口上，另一端连到用户工作区通信插座上，同样，也是将电缆与一个 RJ-45 插座模块相连。

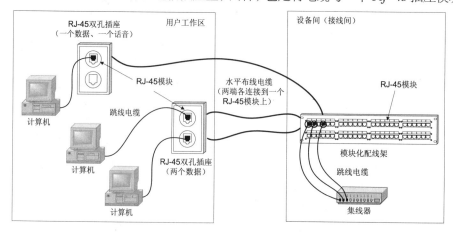

图 5-7　模块配线架、工作区插座和跳接电缆

模块配线架向用户提供了极大的灵活性,使用户可以在给定的接线间中使用不同的配线架,供不同的服务使用。当增加新的网络设备时,可以为这个设备提供独立的配线架,从而根据用户的需要很容易地把不同的用户工作区与接线间里不同的网络设备连接在一起。

5.3.4 工作区通信插座

每根水平布线电缆的8根线都与用户工作区墙壁或地面上的8针RJ-45插座模块相连。电话工业在办公环境布线方面积累了多年经验,目前可以提供许多种通信插座面板用来连接双绞线电缆,比如可以使用单孔插座模块、双孔插座模块等。插座模块为水平布线系统提供了简洁、可靠和低成本的用户工作区的连接。

5.3.5 跳接电缆

在水平布线系统基本链路的两端都用跳接电缆与其他设备连接。在水平链路中的接线间一端,跳接电缆用于连接水平电缆与集线器之类的设备或者接入主干线系统。在水平链路的用户工作区一端,跳接电缆用于将计算机与通信插座连接在一起,如图5-7所示。

跳接电缆必须十分柔韧以便可以充分地移动,因此必须使用多股绞织的双绞线电缆来代替实心电缆。对于实心导体电缆来说,如果多次弯曲,电缆绝缘层中的实心导体就会断裂和折断,导致很难查找的间歇性故障,而多股绞织的电缆则不同,它能承受大量的弯曲和扭转而不产生问题。在实际的布线系统中,为了避免由自己制作跳接电缆而产生的问题,多采用购买成品跳接电缆。

5.4 服务器技术

结构化布线系统中的设备间有多种计算设备和网络设备,其中服务器是提供应用服务最为核心的设备,比如文件服务器、应用程序服务器、Web服务器等。它们的目的是为了完成特定的服务或应用,因此,服务器是计算机网络中不可缺少的组成部分。另外,由于服务器的特殊性,使得服务器需要比工作站工作得更可靠、更耐用,因此服务器会涉及更多的技术。

5.4.1 多处理器技术

中央处理器(CPU)是决定服务器性能好坏的重要因素之一。虽然服务器对其他组件的性能要求也很高,但处理器对于决定服务器的性能仍然是很重要的。服务器可以使用一个或多个处理器来运行。

1. 多处理器技术的类型

多处理器技术有两种类型:非对称多处理器AMP和对称多处理器SMP。

非对称多处理器 AMP 由主处理器和控制协处理器组成,主处理器运行操作系统,是系统的核心,控制协处理器完成指定功能,如磁盘的读写等。目前非对称多处理器服务器已不多见。

在对称多处理器SMP中,每个处理器的地位平等,无主次之分,任何一个处理器都能完成其他处理器的工作。一般地,可以将应用程序分为多个进程同时在多个处理器上并行运行。因此,SMP比AMP的效率高。Window server 2003/2008、UNIX等操作系统都支持SMP。

2. 对多处理器的选择

选择服务器使用的处理器数目取决于多种因素。

第一个因素是使用的网络操作系统。如果使用 Novell NetWare3.x 或 4.x，则只需一个处理器（因为这些版本只支持一个 CPU），对于 NetWare 5.x，可以支持多个处理器（最多 32 个）。Windows 2003 Enterprise Server 可以支持 8 个处理器，Windows 2003 data center 可以支持 64 路 SMP；如果使用 UNIX，某些 UNIX 版本支持多处理器，而有些版本不支持。

第二个因素是要考虑服务器所完成的功能以及服务器是否因为处理器的速度慢而产生了瓶颈。文件服务器通常不需要使用多个处理器，虽然增加处理器可以提高速度和文件服务器的性能，但对于文件服务器来说，增加内存和快速的磁盘系统才是最重要的环节。对于数据库服务器而言，它需要大量处理器资源，而且处理器越多，数据库的性能就越好。为了提高 Web 服务器的性能，除了提供更多的处理器外，还需要有快速的总线、快速的网络连接、大量的内存和高速的磁盘等。

值得一提的是管理一个以上的处理器需要系统做大量的工作，因此，在一台服务器上使用两个处理器并不能使服务器的处理能力加倍，大约只会提高 50%。如果使用 4 个处理器，系统将比使用两个处理器的系统快 50%。由此可以看出，增加多个处理器可能并不会提高相应多的性能。此外，增加处理器是否能提高服务器的性能还与操作系统如何处理多个处理器以及与操作系统中工作线程的数量有关。

注意

多任务操作系统经常使用一种名为"线程"的机制来实现多任务。实际上，目前几乎所有的操作系统都使用线程，如 Windows 95/98、Windows NT/2000、OS/2、NetWare 以及 UNIX 的许多版本。在使用线程的操作系统中，每个正在运行的程序都作为"进程"运行。进程具有自己的内存资源，并在计算机中与其他进程分隔开。不过，进程被划分为不同的工作单元，称为"线程"。这些"线程"可以访问自己在所运行进程中的所有资源，它们是进程内的实际工作代理。例如，在使用 Microsoft Word 字处理程序时，可能有一个主线程接收用户的键盘输入，并将其显示在屏幕上，另一个线程处理文本打印，而其他线程在用户工作时在后台不断检查拼写和语法错误。

3．处理器的种类

随着微电子技术和大规模集成电路技术的不断发展，处理器的速度不断被突破。处理器的种类很多，目前主要有 Intel 公司的 Pentium 系列处理器，包括基本的 Pentium 处理器，Pentium Ⅱ、Pentium Ⅲ、Pentium Ⅲ Xeon（至强）处理器以及 Pentium 4，处理器的速度达到 3.6 GHz，其中，Xeon 系列处理器常用于高性能服务器，并适于在多处理器系统中运行，AMD 公司的 K6、K7 系列处理器；Cyrix 公司的 6086MX、MⅡ系列。此外，还有一些 RISC 处理器，如 DEC Alpha 处理器、HP PA-RISC 处理器以及 PowerPC 处理器等。

4．CPU 的双核技术

CPU 的双核技术就是在一个物理单芯片内集成两个以上的 CPU，使这些 CPU 能够同时并发地工作，大大提高了数据处理的速度和性能。"双核"的概念最早是由 IBM、HP、Sun 等支持 RISC 架构的高端服务器厂商提出，不过由于 RISC 架构的服务器价格高、应用面窄，没有引起广泛的注意，而目前在 x86 开放架构的双核技术得到广泛的发展，其中起主导作用的厂商为 AMD 和 Intel。从单核到双核，并发展到多核，标志着计算技术的重大飞跃，而多核技术最终将成为广泛普及的计算模式。

5.4.2　总线能力

对于大多数服务器来说，可能需要传输大量的数据。比如，文件服务器要为多个用户同时提供多种文件服务，并且为所有这些用户协调和处理数据。数据库服务器可能管理着大型的数据库，而且必须能够在很短的时间内从数据库中检索出大量的数据，并将其提供给用户。应用程序服务器可能在向终端用户提供应用程序服务的同时执行大量的处理器和磁盘操作。

服务器为了完成上述的工作，就必须依靠服务器的高速总线来完成任务。总线是计算机系统中的数据传送的"主干线路"，处理器、内存和其他的设备组件都连接到总线上。在某一时刻，服务器可能将大量的数据从磁盘传送到网卡、处理器、系统内存，并在处理完数据后将其传送回磁盘。所有这些组件都通过系统总线连接在一起。实际上，总线处理的数据可能比系统中的其他组件多 5 倍，并且需要总线快速地完成任务。虽然先进的 32 位 PCI 总线能够达到 33 MHz 的速度，但这对于高端服务器来说是不够的。许多服务器必须处理多块网卡和多个大容量硬盘，如果这些设备在同一时刻都很忙，那么 PCI 总线也将迅速饱和。

服务器制造商为解决总线的速度限制使用了很多方法。一种方法是在一个单独的系统中用多个总线。例如，某些厂家的服务器中使用了多个 PCI 总线，它们可以同时高速的运行，不同的外设使用不同的总线，这样可以使系统的整体性能大大提高。另外，由 Compaq、HP、IBM、DELL 以及其他一些公司共同组成的协会也在开发 PCI 增强总线"PCI-X"，它是一个 64 位、133 MHz 的总线，传输速度高达 1 Gbit/s 左右。

5.4.3　内存

服务器中另一个重要部分是内存，即随机访问存储器（RAM）。为了达到最佳性能，大多数网络操作系统都会将某些存储的文件目录缓存到 RAM 中，而且对于服务器频繁使用的数据也会被长时间地保留在高速缓存中，以便进行快速的存取操作。此外，通过 RAM 中的写高速缓存区（Write-cache）存储对系统磁盘的写操作，并异步执行实际的磁盘写操作。对于大多数服务器来说，256 MB 的 RAM 应该是足够了，但对于要支持大量用户的任务繁重的数据库服务器来说，有可能需要安装 1GB 以上的 RAM 才能达到最佳的性能。

内存分为 3 种：非奇偶校验 RAM、奇偶校验 RAM 以及带有错误检查和更正（ECC）的 RAM。奇偶校验 RAM 对每一个字节使用一个附加位来存储该字节内容的校验和。在读取内存时，如果校验和不匹配，则系统将会停止，并报告内存错误。非奇偶校验内存去掉了奇偶校验位，因而不能检测任何的内存错误，通常，客户机使用的基本上是非奇偶校验 RAM。

使用奇偶校验的内存存在两个问题。首先，它只能检测内存错误，而不能更正这些错误。其次，由于它只检测出一个比特的错误，如果两个比特同时出错，则奇偶校验系统失效，而 ECC 内存就可以解决这些问题。使用 ECC 内存的系统最多可以检测到两位的错误，并且可以自动更正其中一位的错误。目前，大多数服务器都使用带有 ECC 的内存。

5.4.4　磁盘接口技术

服务器中的第三个重要的部分就是硬盘驱动器。服务器的大多数工作都涉及硬盘，而硬盘的速度也是决定服务器性能的重要因素。

目前，计算机系统基本上硬盘接口分为 IDE、SATA、SCSI 和光纤通道四种，IDE 接口硬盘多用于家用产品中，也部分应用于服务器，SATA 主要应用于家用市场，有 SATA、SATAII、

SATAIII。SCSI 接口的硬盘则主要应用于服务器市场，而光纤通道只用于高端服务器上，价格昂贵。本书仅介绍服务器上使用的磁盘接口技术

SCSI 为小型计算机系统接口，除了硬盘之外，它还能连接 CD-ROM、打印机、扫描仪及网络设备，已被广泛地用于各种网络和计算机系统中。基于 SCSI 的硬盘系统有多种标准，而且在不断的发展。SCSI 系列标准如下所示。

1. SCSI-1

SCSI-1 是最基本的 SCSI 技术规范，它使用 8 位的数据带宽，以大约 5 Mbit/s 的速度将数据读出或写入硬盘。由于 SCSI 技术的不断发展，使得 SCSI-1 基本上不再使用了。

2. SCSI-2

SCSI-2 扩展了 SCSI 技术规范，而且向 SCSI 添加了许多特性，它还允许更快的 SCSI 连接。另外，SCSI-2 大大提高了不同 SCSI 设备制造商之间的 SCSI 兼容性。

3. FAST-SCSI

FAST-SCSI 使用了基本的 SCSI-2 技术规范，它将 SCSI 总线的数据传输速度从 5 Mbit/s 增加到 10 Mbit/s。FAST-SCSI 也被称为"Fast NARROW-SCSI"。

4. WIDE-SCSI

WIDE-SCSI 也是基于 SCSI-2 的技术，它将 SCSI-2 从 8 位增加到 16 位或 32 位的数据带宽。使用 16 位的 WIDE-SCSI 最高数据传输速度可以达到 20 Mbit/s。

5. Ultra-SCSI

Ultra-SCSI 也被称为"SCSI-3"，它将 SCSI 总线的数据传输速度增加到 20 Mbit/s。使用 8 位的总线时，Ultra-SCSI 可以达到 20 Mbit/s 的速度；使用 16 位的总线时，速度可以提高到 40 Mbit/s。

6. Ultra2-SCSI

Ultra2-SCSI 是 SCSI 标准的另一个发展，Ultra2-SCSI 使 Ultra-SCSI 的性能再次提高。Ultra2-SCSI 系统使用 16 位的总线，速度可达到 80 Mbit/s。

7. Ultra3-SCSI

Ultra3-SCSI 使得 Ultra2-SCSI 的性能再一次提高，达到了 160 Mbit/s 的速度。Ultra320 SCSI 可以将数据传输的速度提高到 320 Mbit/s。

光纤通道（Fibre Channel），和 SCSI 接口一样光纤通道最初也不是为硬盘设计开发的接口技术，是专门为网络系统设计的，但随着存储系统对速度的需求，才逐渐应用到硬盘系统中。光纤通道硬盘是为提高多硬盘存储系统的速度和灵活性才开发的，它的出现大大提高了多硬盘系统的通信速度，可达到 1Gbps 以上。光纤通道具有热插拔性、高速带宽、远程连接、连接设备数量大等优点。

5.4.5 容错技术

容错是指在硬件或软件出现故障时仍能完成数据处理和运算，但不降低系统性能，即用冗余的资源使计算机具有容忍故障的能力，容错技术可分为软件容错和硬件容错。

1. 软件容错

软件容错通常是采用多处理器和特别设计具有容错功能的操作系统来实现容错的。它提供以检查点为基本的恢复机能。每个运行中的进程都在另一个处理机上具有完全相同但并不启动的后备进程。如运行的进程内发现不能恢复的故障，则用后备进程替换。若操作系统发现原进程故障，则启动后备进程，后备进程从最后一个检查点开始恢复计算。

2. 硬件容错

由于硬件成本不断下降，而软件成本不断升高，因此硬件容错技术的应用越来越普遍。

通常，硬件容错系统应具有的特性为：使用双总线体系结构，确保系统的某一部分发生故障时仍能运行，且不降低系统性能；冗余 CPU、内存、通信子系统、磁盘、电源等，确保这些关键部件的可靠性；自动故障检测以及故障部件的隔离和更换。

5.4.6 磁盘阵列技术

磁盘阵列（Disk Array）是由一个硬盘控制器来控制多个硬盘的相互连接，使多个硬盘的读写同步，以减少错误、提高效率和可靠性的技术。

RAID（Redundant Array of Inexpensive Disks）表示的是廉价磁盘冗余阵列。它是磁盘阵列技术标准，RAID 采用多余的硬盘来对信息进行冗余保存，从而提高磁盘系统的可靠性。如果某个硬盘发生故障，则可以通过保存在其他硬盘上的冗余信息恢复故障硬盘的信息。其目的在于减少错误，提高存储系统的性能和可靠性。它是一种使用多个磁盘来完成一个磁盘的工作的技术，相对于使用更少、更大的磁盘有许多优点。

RAID 技术包括 6 种级别，每一个级别都描述了一种不同的技术，其实质就是对多个磁盘的控制采用不同的方法。

1. RAID 0

RAID 0 采用数据分割技术，将所有硬盘构成一个磁盘阵列，可以同时对多个硬盘进行读写操作，但 RAID 0 阵列中的一个驱动器出错将会导致所有硬盘上的数据全部丢失，因此可靠性最差。RAID 0 价格便宜，适用于改进性能，且只用于非重要数据的环境。如图 6-3 所示，RAID 0 阵列将数据分成多个数据块，并将数据分块分布在两个或更多的硬盘上。

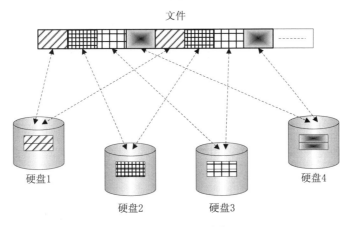

文件

硬盘1　硬盘2　硬盘3　硬盘4

图 5-8　RAID 0 技术

2. RAID 1

RAID 1 不使用将数据分块存储在多个硬盘上的方法，而是采用磁盘镜像技术。它使用两个硬盘，并且将一个硬盘的内容同步复制到另一个硬盘上。如果其中一个硬盘出现故障，另一个硬盘将继续正常工作。RAID 1 的可靠性较高，但硬盘的使用效率较低。图 6-4 显示了采用 RAID 1 的磁盘镜像。另外，磁盘镜像还有一个缺点是，两个硬盘使用同一个硬盘控制器，若控制器损坏，则两个硬盘上的数据都将无法使用。针对这个问题，RAID 1 使用了磁盘复用的方法，即每个硬盘都使用各自的控制器实现磁盘镜像，即便一个控制器出现问题，还有另外一个可以继续工作。由于磁盘镜像和磁盘复用的成本较高，RAID 1 很少应用于备份服务器上的所有磁盘，仅仅用于备份系统盘。

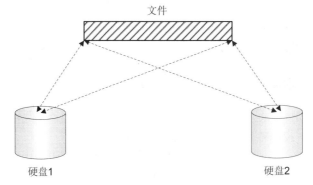

图 5-9　RAID 1 技术

另外，也可以组合使用 RAID 0 和 RAID 1，以提供 RAID 0 的性能优势和 RAID 1 的高可靠性。假设一个 RAID 0 阵列包含 5 块硬盘，在所有磁盘上分块分布数据，再使用另外 5 块硬盘，实现两个 RAID 0 阵列，并使用 RAID 1 彼此镜像。这个技术也被称为 RAID 10（10 表示 RAID1 和 RAID 0 的组合）。

3. RAID 2

RAID 2 只是一种技术规范，它在多个磁盘上分块分布数据，并将数据存储在特定的硬盘中。由于 RAID 2 效率太低，因而未被使用。

4. RAID 3

RAID 3 采用数据交错存储技术，它在多个数据磁盘上分块分布数据，然后对各个数据磁盘上存储的所有数据使用异或操作，以产生一个校验数据（ECC 数据），并将这个数据存储到一个校验硬盘（ECC 硬盘）上。如果其中一个存储数据的硬盘发生故障，导致了数据出错或丢失，那么 RAID 3 先读出其余硬盘上的数据，再读出 ECC 硬盘上的校验数据，就可以恢复出错或丢失的数据。图 5-10 显示的是一个 RAID 3 阵列，它使用 4 个数据硬盘和一个 ECC 硬盘保护数据。

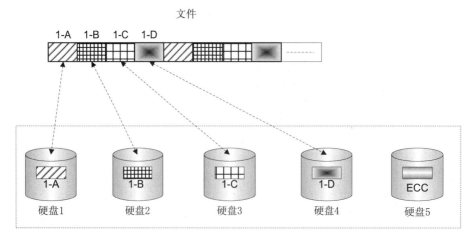

图 5-10　RAID 3 技术

5. RAID 4

RAID 4 也是个未被使用的 RAID 标准。它与 RAID 3 相似，但数据不是在不同的数据驱动器之间分块分布。实际上，每一块数据都被完全写入到一个硬盘中，而另一块被写入到下一个硬盘中，以此类推。RAID 4 也使用了 ECC 硬盘，但是它的效率非常低。

6. RAID 5

前面提到 RAID 3 是将数据分块存储在一组硬盘中，而将校验数据存储在一块 ECC 硬盘中。而 RAID 5 对 RAID 3 技术进行了改进，除了保持分块存储数据的功能外，它将校验数据存放在所有的硬盘中，如图 6-6 所示。RAID 5 的好处在于，不必依赖一个 ECC 驱动器来进行所有写操作（这也是 RAID 3 性能不高的原因）。RAID 5 的所有硬盘都共享 ECC 工作，因此，RAID 5 的性能要比 RAID 3 稍高一些，如果任何一个硬盘出现故障，可以将其替换，且数据也能够恢复。RAID5 能够将 3 至 32 个硬盘组合到一个阵列中。

值得一提的是，无论是 RAID 3 还是 RAID 5，若一个硬盘的数据出错或丢失时，系统均会对数据进行恢复，这一过程会导致系统运行速度降低。

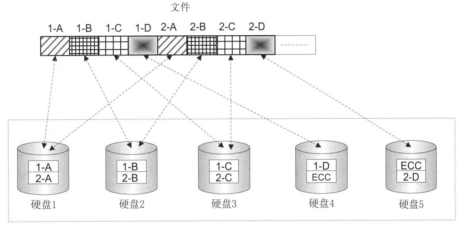

图 5-11　RAID 5 技术

5.4.7　服务器集群技术

集群技术可以将至少两个系统连接到一起，使两台或多台服务器能够像一台机器那样工作。采用集群技术的系统通常是为了提高系统的稳定性和网络中心的数据处理能力及服务能力。自 20 世纪 80 年代初以来，各种形式的集群技术纷纷涌现。因为集群能够提供高可用性和可伸缩性，所以为企业的计算系统提供了很好的保障。常见集群技术包括以下几种。

1. 服务器镜像技术

在同一个局域网里，服务器镜像技术可以通过软件或磁盘镜像卡（RAID 1 卡）将两台服务器的硬盘做镜像。其中，一台服务器被指定为主服务器，另一台为从服务器。用户只能对主服务器上的镜像的卷进行读写，也就是说只有主服务器通过网络向用户提供服务，而从服务器上相应的卷被锁定以防对数据的存取。主/从服务器分别监测对方的运行状态，当主服务器因故障时，从服务器将在很短的时间内就能接管主服务器的应用。

服务器镜像技术的特点是成本较低，提高了系统的可用性，保证了在一台服务器出故障的情况下系统仍然可用，但是这种技术仅限于两台服务器的集群，系统不具有可扩展性。

2. 高可用集群技术

高可用集群技术是将网络中的两台或多台服务器通过集群技术连接起来，集群节点中的每台服务器各自运行不同的应用，具有自己的广播地址，不但为用户提供服务，而且还要监测其他服务器的运行状态，并为指定服务器提供热备份作用。当某一节点出故障时，集群系统中指定的服务器会在很短的时间内接管故障机的数据和应用，并不间断地为用户提供服务。

高可用集群技术通常需要共享外部存储设备——磁盘阵列柜，两台或多台服务器通过 SCSI 电缆或光纤与磁盘阵列柜相连，数据都存放在磁盘阵列柜上。这种集群系统中通常是多个节点互为备份的，而不是几台服务器同时为一台服务器备份，集群系统中的节点通过串口、共享磁盘分区或内部网络来互相监测对方的工作状态。

负载均衡是高可用集群中一个很重要的技术，通过负载均衡，可以使任务在集群中尽可能地分摊到不同的计算机进行处理，充分利用集群的处理能力，提高对任务的处理效率，负载均衡在网络服务中得到广泛的应用。高可用集群技术经常用在数据库服务器、MAIL 服务器等的集群中。这种集群技术由于采用共享存储设备，所以增加了外设费用。它最多可以实现 32 台机器的集群，极大地提高了系统的可用性及可扩展性。

3. 容错集群技术

容错集群技术的一个典型的应用就是容错机，在容错机中，每一个部件都具有冗余设计。在容错集群技术中集群系统的每个节点都与其他节点紧密地联系在一起，它们经常需要共享内存、硬盘、CPU 和 I/O 等重要的子系统，容错集群系统中各个节点被共同映像成为一个独立的系统，并且所有节点都是这个映像系统的一部分。在容错集群系统中，各种应用在不同节点之间的切换可以很平滑地完成，不需切换时间。

容错集群技术的实现往往需要特殊的软硬件设计，所以成本很高，但是容错系统最大限度地提高了系统的可用性，因此成为财政、金融和安全部门的最佳选择。目前在提高系统的可用性方面，应用程序错误接管技术应用得比较广泛，典型的是两台服务器通过 SCSI 电缆共享磁盘阵列的集群技术，这种技术目前被各家集群软件厂商和操作系统软件厂商进一步扩充，形成了各种各样的集群系统。

5.4.8 热插拔技术

目前，大多数服务器都在使用一些支持热插拔技术的组件，比如热插拔硬盘、热插拔电源和热插拔风扇等，它们可以在系统保持运行的同时被替换。例如，系统可能有两个电源，即使其中一个出现故障，系统仍然正常运转，而且可以不必关闭服务器来替换出现故障的电源。

使用最多的是热插拔硬盘（Hot-Swappable Disk）。在磁盘阵列中，如果使用支持热插拔技术的硬盘，在有一个硬盘坏掉的情况下，服务器可以不用关机，直接抽出坏掉的硬盘，换上新的硬盘。

5.4.9 双机热备份

双机热备份是指系统使用两台或多台服务器，其中一台主用，另外的备用，而且这些服务器都处于正常运行状态，如果主用服务器发生故障，则可自动启动备用服务器。

5.4.10 服务器状态监视

大多数服务器都具有一个重要特性，即监视服务器中的内部组件，并预先发出可能会出现问题的警告。高端的服务器通常可以监视以下情况。

- 风扇的转动。
- 系统电压。

- 内存错误。
- 磁盘错误。
- 内部温度。
- 机箱被打开等。

上面错误中的任何一个都可能指出服务器当前存在的问题或者将要出现的问题。例如，当内存中的数据出错时，被 ECC 内存更正后可能不会导致服务器出现问题，但是服务器可能会提出警告：某个 RAM 芯片或 RAM 槽可能出现故障。同样，机箱内温度的上升可能不会导致立即出现问题，但是可能提示风扇没有正常转动、通风口被阻塞或者其他情况等，当机箱内温度高于服务器所允许的温度时，就会出现故障。

5.5 结构化布线系统应注意的事项

5.5.1 电源、电气保护与接地

设备间内安放计算机时，应按照计算机电源要求进行工程设计。若设备间内安放程控用户交换机时应按照《工业企业程控用户交换机工程设计规范》进行工程设计。此外，设备间、交接间应使用可靠的交流 220V/50Hz 电源供电，不要用邻近的照明开关来控制这些电源插座，以减少偶然断电事故发生。

结构化布线网络在遇有下列情况时，应采取电气防护措施。

1. 建筑物内部可能存在下列的干扰源

- 配电箱和配电网产生的高频干扰。
- 大功率电动机电火花产生的谐波干扰。
- 荧光灯管，电子启动器。
- 开关电源。
- 电话网的振铃电流。
- 信息处理设备产生的周期性脉冲。

2. 建筑物外部可能存在的干扰源

- 雷达。
- 无线电发射设备。
- 移动电话基站。
- 高压电线。
- 电气化铁路。
- 雷击区。

5.5.2 环境保护

5.5.2.1 防火防毒

在易燃的区域和大楼竖井内布放电缆或光缆，为了避免线缆起火或散发出有毒的物质，结构化布线系统应采用防火和防毒的电缆，而且相邻的设备间应采用阻燃型配线设备。对于穿钢管的电缆或光缆可采用普通绝缘外护套。

5.5.2.2　防止电磁污染

随着信息技术的高速发展，各种高频率的通信设施不断出现，相互之间的电磁辐射和电磁干扰的影响也日趋严重。对于结构化布线系统工程而言，也有类似的情况。计算机网络传输频率越来越高，如果不限制电磁辐射的强度，将会造成相互干扰。因此，利用结构化布线系统组成的网络，应防止射频频率产生的电磁污染影响周围其他网络的正常运行。

练习题

1．选择题

（1）＿＿＿＿＿＿＿＿＿是整个结构化布线系统的骨干部分。

A．垂直竖井系统　　　　　　　B．平面楼层系统

C．机房子系统　　　　　　　　D．布线配线系统

（2）水平布线系统是结构化布线系统中的 6 个子系统之一，下面关于水平布线系统的说法不正确的是＿＿＿＿＿＿＿＿。

A．在一个多层的建筑物中，水平布线系统是整个结构化布线系统的骨干部分

B．水平布线系统起着支线的作用，一端连接用户工作区，另一端连接垂直布线系统或设备间

C．水平布线系统包括了用于连接用户设备的各种信息插座及相关配件（软跳线、连接器等）

D．将垂直布线的干线线路延伸到用户工作区的通信插座

2．简答题

（1）什么是结构化布线系统？

（2）结构化布线系统包含哪些国际标准？

（3）结构化布线系统由哪几部分组成？说明各部分之间的关系？

（4）一个典型的水平布线系统都包括哪些内容？各起什么作用？

（5）类线的连线规则有几种？计算机与计算机之间的连接电缆该如何制作？计算机与集线器之间的电缆该如何制作？

PART 6

第 6 章
网络的互连

本章提要

- 互连网络的基本概念；
- 网络互连的类型和层次；
- 网络互连的基本设备；
- 网际层 IP 协议的相关内容；
- 新一代 IPv6 技术。

随着社会经济及文化的迅速发展和计算机、通信、微电子等技术的不断进步，计算机网络日益深入到现代社会的各个角落。在强大的社会需求的刺激和相关领域技术不断进步的支持下，网络技术本身也以前所未有的速度飞快地发展，快速以太网、千兆位以太网、万兆位以太网、ATM 网络等技术层出不穷，而对于这些网络的互连也需要使用相关的技术和设备。

6.1　互连网络的基本概念

互连网络是指将分布在不同地理位置的网络、设备连接起来，以构成更大规模的网络，最大程度地实现网络资源的共享。互连网络的概念是随着对数据传输和资源共享要求的不断增长而出现的，它实质上是隐去了特定网络硬件的具体细节，且提供了一种高层的通信环境，其最终的目的是实现网络最大限度的互连。对于互连网络，有 3 个基本的网络概念，即网络连接（Interconnection）、网络互连（Internetworking）和网络互通（Interworking）。

1. 网络连接

网络连接是指网络在应用级的互连。它是一对同构或异构的端系统，通过由多个网络或中间系统所提供的接续通路来进行连接，目的是实现系统之间的端到端的通信。因此，网络连接是对连接于不同的网络的各种系统之间的互连，它主要强调协议的接续能力，以便完成端到端系统间的数据传递。

2. 网络互连

网络互连是指不同的子网间借助于相应的网络设备（如网桥、路由器等）来实现各子网间的互相连接，目的是解决子网间的数据交互，但这种交互尚未扩大到系统与系统间。在这种情况下，可把一个子网看成一条链路，把子网间的连接（中间系统）看作交换节点，从而形成一个超级网络。网络互连的概念涉及网络产品、处理过程和技术，这也是本章将着重介绍的内容。

3．网络互通

网络互通是指网络不依赖于其具体连接形式的一种能力。它不仅是指两个端系统间的数据传输和转移，还表现出各自业务间相互作用的关系。网络连接和网络互连是解决数据的传送，而网络互通是各系统在连通的条件下，为支持应用间的相互作用而创建的协议环境。

6.1.1 网络互连的类型

由于网络的规模变化很大，小到几台计算机就可以连接一个对等网络，进行文件传输；中到一个办公室或一幢楼连成一个局域网，进而在一个校园内建成校园网，在各个部门的局域网之间共享资源；大到地区、全国乃至全球范围的网络。由于网络按照覆盖范围可以划分为 LAN、MAN 和 WAN，因此，网络的互连也就涉及 LAN、MAN 和 WAN 之间的互连。本书主要介绍以下 3 种互连类型。

6.1.1.1 LAN–LAN 互连

一般来说，在局域网的建网初期，网络的节点较少，相应的数据通信量也较小，但随着业务的发展，节点的数目不断增加，当一个网络段上的通信量达到极限时，网络的通信效率会急剧下降。在前面的章节中已经提过，为了克服这种问题，可以采取增设网段、划分子网的方法，但无论什么方法都会涉及两个或多个 LAN 之间的互连问题。此外，LAN–LAN 互连还可能是以下的情况。

- 在一栋大楼的每个楼层上都有一个或多个 LAN，各个楼层之间需要用数据速率更高的骨干局域网络将它们连接起来。
- 在多个分布距离不远的建筑物之间也需要将各个建筑物内的 LAN 互连起来，例如校园网。

根据 LAN 使用的协议不同，LAN–LAN 互连可分为以下 2 类。

1．同构网的互连

符合相同协议的局域网的互连叫做同构网的互连。例如，两个 Ethernet 网络的互连或者两个令牌环网络的互连，都属于同构网的互连。同构网的互连比较简单，常用的设备有中继器、集线器、交换机、网桥等，而网桥（Bridge）则可以将分散在不同地理位置的多个局域网互连起来。

2．异构网的互连

异构网的互连是指两种不同协议的局域网的互连。例如，一个 Ethernet 网络与一个令牌环网络的互连。异构网的互连可以使用网桥、路由器等设备。

6.1.1.2 LAN–WAN 互连

LAN–LAN 互连是解决一个小区域范围内相邻的几个楼层或楼群之间以及在一个组织机构内部的网络互连，而 LAN–WAN 互连扩大了数据通信网络的连通范围，可以使不同单位或机构的 LAN 连入范围更大的网络体系中，其扩大的范围可以超越城市、国界或洲界，从而形成世界范围的数据通信网络。另外，通过 LAN–WAN–LAN 的连接，还可以将分布在不同地理位置上的 LAN 进行互连。

LAN–WAN 互连的设备主要包括网关和路由器，其中路由器最为常用，它提供了若干个使用不同通信协议的端口，可以连接不同的局域网和广域网，如以太网、令牌环网、数字数据网（DDN）、分组交换网（X.25）、帧中继 FR、ATM 等。

6.1.1.3 WAN-WAN 互连

WAN 与 WAN 互连一般在政府的电信部门或国际组织间进行。它主要是将不同地区的网络互连以构成更大规模的网络，比如全国范围内的公共电话交换网 PSTN、数字数据网 DDN、分组交换网 X.25、帧中继网、ATM 网等。除此之外，WAN-WAN 的互连还涉及网间互连，即将不同的广域网互连。WAN-WAN 互连主要通过路由器来实现。

注 意　网间互连的复杂性取决于要互连的网络的帧、分组、报文和协议的差异程度。由于一般 LAN-LAN 互连是在网络层以下，可以采用中继器和网桥，但在局域网中为了优化网络和实现信息隔离，也常采用路由器作为互连方案；而对于 LAN-WAN 互连和 WAN-WAN 互连，由于协议差异较大，多采用路由器，对于协议差别较大的网络高层应用系统，需要用到特定的网关。

6.1.2 网络互连的层次

网络互连从通信协议的角度来看可以分成 4 个层次，如图 6-1 所示。

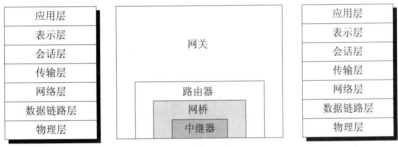

图 6-1　网络互连的层次

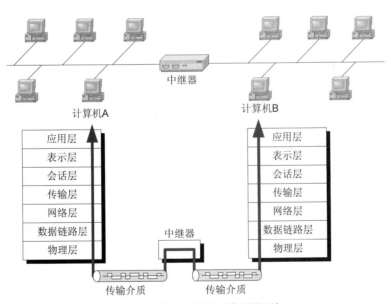

图 6-2　使用中继器实现物理层互连

1. 物理层的互连

物理层的互连如图 6-2 所示。在不同的电缆段之间复制位信号是物理层互连的基本要求。物理层的连接设备主要是中继器。中继器是最低层的物理设备，用于在局域网中连接几个网段，只起简单的信号放大作用，用于延伸局域网的长度。严格地说，中继器是网段连接设备而不是网络互连设备，随着集线器等互连设备的功能拓展，中继器的使用正在逐渐减少。

2. 数据链路层互连

数据链路层的互连如图 6-3 所示。数据链路层互连要解决的问题是在网络之间存储转发数据帧。互连的主要设备是网桥。网桥在网络互连中起到数据接收、地址过滤与数据转发的作用，它用来实现多个网络系统之间的数据交换。用网桥实现数据链路层互连时，允许互连网络的数据链路层与物理层协议相同，但也可以不同。

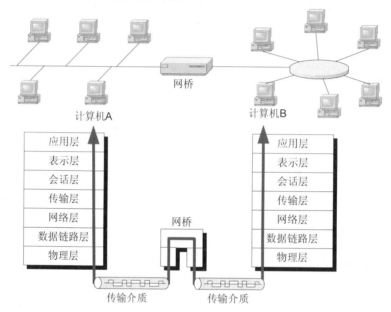

图 6-3　使用网桥实现数据链路层的互连

3. 网络层互连

网络层的互连如图 6-4 所示。网络层互连要解决的问题是在不同的网络之间存储转发分组。互连的主要设备是路由器。网络层互连包括路由选择、拥塞控制、差错处理与分段技术等。如果网络层协议相同，则互连主要是解决路由选择问题；如果网络层协议不同，则需使用多协议路由器。用路由器实现网络层互连时，允许互连网络的网络层及以下各层协议是相同的，也可以是不同的。

4. 高层互连

传输层及以上各层协议不同的网络之间的互连属于高层互连。实现高层互连的设备是网关。高层互连使用的网关很多是应用层网关，通常简称为应用网关。如果使用应用网关来实现两个网络高层互连，那么允许两个网络的应用层及以下各层网络协议是不同的。使用网关实现的高层互连如图 6-5 所示。

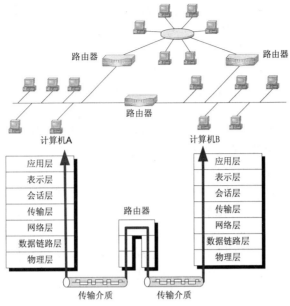

图 6-4 使用路由器实现网络层互连

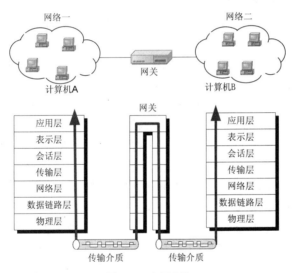

图 6-5 高层互连

6.2 网络互连设备

6.2.1 网桥（Bridge）

6.2.1.1 网桥的适用场合

网桥作为互连设备之一，工作在 OSI 参考模型的数据链路层，以实现不同局域网的互连。网桥可以连接两个或多个局域网网段，对各网段的数据帧进行接收、存储与转发，并提供数据流量控制和差错控制，把两个物理网络（段）连接成一个逻辑网络，使这个逻辑网络的行为看起来就像一个单独的物理网络一样。

网桥常用的场合有以下几种。

- 一个单位的很多部门都需要将各自的服务器、工作站与微型机互连成网，不同的部门根据各自的需要选用了不同的局域网，而各个部门之间又需要交换信息、共享资源，这样就需要把多个局域网互连起来。
- 一个单位有多幢办公楼，每幢办公楼内部建立了局域网，这些局域网需要互连起来，以构成支持整个单位管理信息系统的局域网环境。
- 在一个大型的企业或校园内，有数千台计算机需要连网，如果将它们用一个局域网连接起来，则局域网的负荷增加、性能下降。可行的办法是将数千台计算机按地理位置或组织关系划分为多个网段，每个网段是一个局域网，然后将多个局域网互连起来构成一个大型的企业网或校园网。
- 如果连网计算机之间的距离超过了单个局域网的最大覆盖范围，可以先将它们分成几个局域网组建，然后再把这几个局域网互连起来。

6.2.1.2 网桥的特点

网桥的特点包括以下几个方面。

（1）使用网桥互连两个网络时，必须要求每个网络在数据链路层以上各层中采用相同或兼容的协议。

（2）网桥互连两个采用不同数据链路层协议、不同传输介质与不同传输速率的网络，例如，用网桥可以把以太网和 Token Ring 网络连接起来。

（3）网桥以接收、存储、地址过滤与转发的方式实现两个互连网络之间的通信，并实现大范围局域网的互连。当某个局域网已达到最大连接限制时，例如，单个 10 Base-2 的网络距离为 925 m，使用网桥可用来扩展距离，而且连接的网络距离几乎是无限制的。

（4）网桥可以分隔两个网络之间的通信量，有利于改善互连网络的性能。当网桥收到一个数据帧后，先读取地址信息，以决定是将其复制转发还是丢弃，如果网桥连接的是以太网，它将判断收到的帧的目的节点地址与发送帧的源节点地址是否在同一网段，若目的地址在本段网络，就不需要复制和转发，从而减轻了网络的压力，保证了网络性能的稳定。此外，当以太网上的某一个工作站发送的数据包出错时，网桥不会转发这些数据包，从而起到隔离的作用。网桥工作原理如图 6-6 所示。

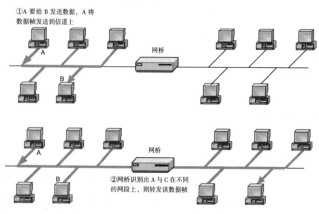

图 6-6　网桥工作原理

由于网桥需对数据包进行处理，以决定转发情况，因此，网桥对数据包的处理需要一定的时延。另外，值得注意的是，由于网桥传递网络中节点发出的广播信息，当两个局域网之间采用两个或两个以上的网桥互连时，由于网桥转发广播数据包，使得广播数据包在网络中不断地循环，造成广播风暴，如图 6-7 所示。因此，现在的网桥都使用了"生成树算法"，以避免出现这个问题。

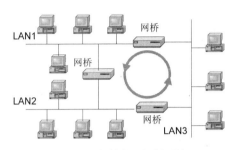

图 6-7　网桥转发所有广播数据

注 意

广播风暴是指过多的广播数据包占用了网络带宽的所有容量，使网络的性能变得非常差。引起广播风暴的原因可能是网络适配器或集线器出了故障，从而发出很多的广播数据包；也可能是由于网络病毒的泛滥，使网络中出现大量的广播数据包。

6.2.1.3　网桥的分类

1. 透明网桥、源路由网桥和转换式网桥

尽管网桥与网络协议无关，但由于网桥工作在数据链路层，因此，网桥与不同的介质访问技术有关，如以太网或令牌环网。根据介质访问控制协议的不同，网桥可分为 4 种，即透明网桥、源路由网桥、转换式网桥和源路由透明网桥。一般来说，透明网桥常用于以太网环境中；源路由网桥常用于令牌环网环境中；转换式网桥则可在具有不同介质类型格式及传输机制的网络间进行转换，如以太网和令牌环网间；而源路由透明网桥则正如其名称所示那样，综合了源路由网桥和透明网桥的特点，因而，可实现在诸如由以太网和令牌环网等所构成的混合网络环境中的通信。

2. 本地网桥和远程网桥

本地网桥常用于直接连接两个相距很近的 LAN，如图 6-8（a）所示，通过网桥划分网段以提高网络性能。远程网桥用来连接两个远距离的网络，为了减少成本，可通过一根串行电路来连接网桥。通常，可以利用公用网来连接分布在不同地理位置的网桥，以形成单个大型的网络，如图 6-8（b）所示。远程网桥也可通过路由器来实现。

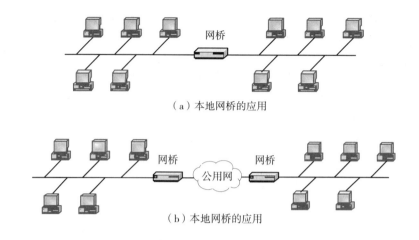

（a）本地网桥的应用

（b）本地网桥的应用

图 6-8　本地网桥与远程网桥

3. 级联和多端口网桥

某些网桥只能连接两个网络段，这种网桥用于级联网络段。例如，网桥 A 连接 LAN 1 和 LAN 2，网桥 B 连接 LAN 2 和 LAN 3。一个来自 LAN 1 的数据帧必须穿过网桥 A 和网桥 B 才能到达 LAN 3，如图 6-9（a）所示。还有一些网桥是多端口网桥，它们可将几个网段连接在一起，如图 6-9（b）所示。

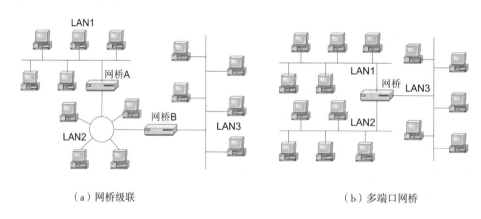

（a）网桥级联　　　　　　　　　　　　　　　（b）多端口网桥

图 6-9　网桥级联和多端口网桥

6.2.2　路由器（Router）

6.2.2.1　路由器的工作原理与特征

路由器是互连网络的重要设备之一，它工作在 OSI 的网络层，最基本的功能是转发数据包。在通过路由器实现的互连网络中，路由器要对数据包进行检测，判断其中所含的目的地址，若数据包不是发向本地网络的某个节点，路由器就要转发该数据包，并决定转发到哪一个目的地（可能是路由器，也可能是最终目的节点）以及从哪个网络接口转发出去。路由器的作用如图 6-10 所示。

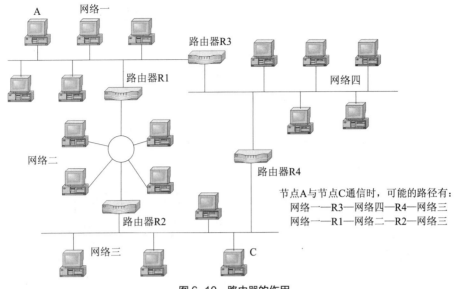

节点A与节点C通信时，可能的路径有：
网络一——R3——网络四——R4——网络三
网络一——R1——网络二——R2——网络三

图 6-10 路由器的作用

路由器的特点如下。

- 路由器是在网络层上实现多个网络之间互连的设备。
- 路由器为两个或 3 个以上网络之间的数据传输解决的最佳路径选择。
- 路由器与网桥的主要区别是：网桥独立于高层协议，它把几个物理子网连接起来，向用户提供一个大的逻辑网络，而路由器则是从路径选择角度为逻辑子网的节点之间的数据传输提供最佳的路线。
- 路由器要求节点在网络层以上的各层中使用相同或兼容的协议。

6.2.2.2 路由器的结构

路由器是一种带有多个输入输出端口的专用网络设备，其内部包含输入端口、输出端口、路由处理器和交换结构 4 个部分，如图 6-11 所示。

输入端口和输出端口实现路由器的物理层和数据链路层的功能。从输入端口的接收信号中获取比特位，由数据链路层处理器处理数据帧，进行差错校验，如果数据帧出错则丢弃，若数据帧未出现差错，则提取出数据帧中的网络层数据包，发送给交换网络。输出端口的功能与输入端口的功能相反，交换结构输出的数据包被封装成数据帧，再通过物理层处理器形成比特流发送到链路上。输入和输出端口都带有队列，用于数据包的缓冲。

路由处理器将根据路由选择协议形成路由表。对于某个数据包，先通过数据包中的目的地址查询路由表，找到下一个网络段地址（也称为下一跳地址，实际上就是下一个路由器的某个接口地址）和输出端口号，然后将数据包从相应的输出端口转发出去。

交换结构是路由器的关键部件，将分组从输入队列转发到输出队列，其交换速度影响输入输出队列的大小以及分组传递的总延迟。图 6-11 中所示的交换结构采用的是纵横制交换，将 N 个输入连接到 N 个输出上，在每个纵横交叉点使用微交换，使用两条独立总线的接通和断开实现数据包的交换。

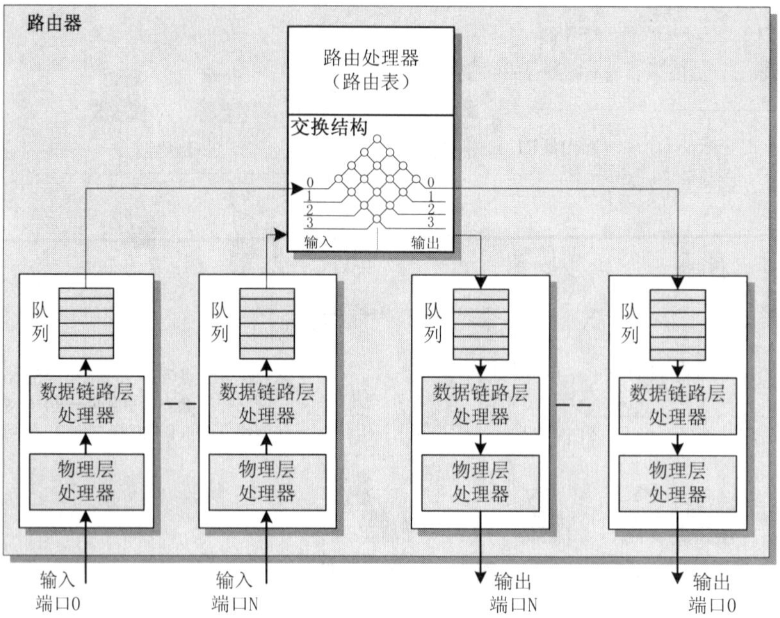

图 6-11　路由器的结构

6.2.2.3 路由器的功能

路由器实际上是一种智能型的网络节点设备，它具有 3 个基本功能。

1．连接功能

路由器不但可以提供不同 LAN 之间的通信，还可提供不同网络类型（如 LAN 或 WAN）、不同速率的链路或子网接口，比如，在连接 WAN 时，可提供 X.25、FDDI、帧中继和 ATM 等接口。另外，通过路由器，可在不同的网段之间定义网络的逻辑边界，从而将网络分成各自独立的广播网域。因此，路由器可用来作流量隔离，将网络中的广播通信量限定在某一局部，以避免扩散到整个网络，并影响到其他的网络。

2．网络地址判断、最佳路由选择和数据处理功能

路由器为每一种网络层协议建立路由表并加以维护。路由表可以是人工静态配置，也可由利用距离向量或链路状态路由协议来动态产生。在路由表生成之后，路由器要判别每帧的协议类型，取出网络层的目的地址，并按指定协议的路由表中的数据决定数据的转发与否。另外，路由器还根据链路速率、传输开销、延迟和链路拥塞情况等参数来确定最佳的数据包转发路由。在数据处理方面，其加密和优先级等处理功能还有助于路由器有效地利用宽带网的带宽资源，特别是它的数据过滤功能，可限定对特定数据的转发，比如，可以不转发它不支持的协议数据包，不转发以未知网络为信宿的数据包，还可以不转发广播信息，从而起到了防火墙的作用，这样，可避免广播风暴的出现。

由于路由器需处理各种数据包，从而增加了传输延时，与相对简单的网桥相比，它在数据传输的实时性方面的性能要相对差些。

3．设备管理

由于路由器工作在 OSI 第三层，可以了解更多的高层信息，还可以通过软件协议本身的流量控制参量来控制其所转发的数据的流量，以解决拥塞问题。另外，还可以提供对网络配置管理、容错管理和性能管理的支持。

6.2.2.4 路由器的分类

1. 单协议路由器和多协议路由器

一般情况下，经常使用的是单协议路由器。当两个网络通过单协议路由器互连时，由于路由表中只有一种地址格式，因此，每个路由器在网络层中应该使用相同的协议，例如，都使用 IP 协议或 IPX 协议。然而，当需要路由器为使用不同网络协议的数据包提供路由选择时，就需要使用多协议路由器提供多协议路由表。例如，对于一个同时提供 IP 协议和 IPX 协议的路由器，它既可以发送、接收和处理使用 IP 协议的数据包，也可以发送、接收和处理使用 IPX 协议的数据包，此时，在这个路由器中应该具有两个路由表，一个支持 IP 协议，另一个支持 IPX 协议，如图 6-12 所示。

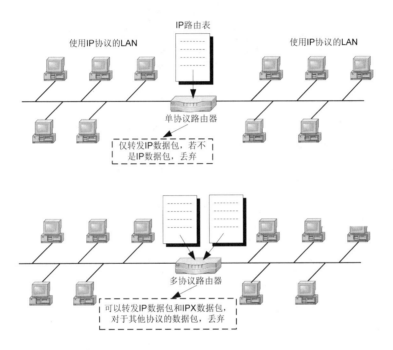

图 6-12 单协议路由器和多协议路由器

2. 桥路由器（Brouters）

桥路由器本身是一种路由器，不过由于使用的场合不同，有时作为路由器使用，有时却作为网桥来使用。对于桥路由器，如果接收到一个使用与路由器具有相同协议的数据包，就作为路由器使用，否则，就作为网桥来转发数据，如图 6-13 所示。

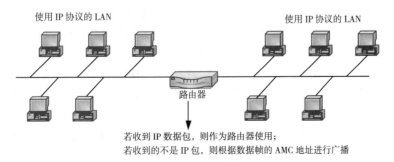

图 6-13 桥路由器

3. 本地路由器和远程路由器

本地路由器是指连接同一座大楼内的网络或连接同一校园网内邻接网络的路由器。本地路由器可支持不同的网络协议,如 TCP/IP、IPX/SPX 等。本地路由器监控整个网络,包括链路速率、网络负载、网络编址及网络拓扑方面的变化,用以更新路由表。

远程路由器用于连接相距较远的网络。例如,位于大学主校园内的远程路由器与广域网的路由器相连。远程路由器通常要支持多种协议和多种接口,以便连接到广域网上,比如连接 ISDN、X.25、DDN 等网络。远程路由器可设置过滤输入和输出的数据包,使网络管理人员能控制网络负载和确定哪些网络节点能访问给定的网络。本地路由器和远程路由器如图 6-14 所示。

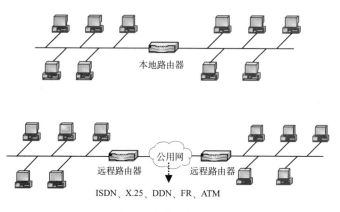

图 6-14　本地路由器和远程路由器

6.2.2.5　路由器的发展

路由器作为互连网络的重要设备,在实现 LAN-LAN 互连、LAN-WAN 互连和 WAN-WAN 互连方面占有举足轻重的地位,而且作为网络互连的核心,它也正不断朝着速度更快、服务质量更好和管理更加智能化的 3 个方向发展。

1. 速度更快

在传统意义上,路由器通常被认为是网络速度的瓶颈。在局域网速度早已达到上百兆时,路由器的处理速度至多却只有几十兆。但随着计算机网络的发展,尤其是 Internet 的发展,对路由器研究的重点便体现在提高其处理速度上。由于高速路由器引入了交换的结构,这使骨干路由器的接口速度达到 10 Gbit/s,这些路由器也被称为千兆位交换路由器(Gigabit Switch Router,GSR)和太位交换路由器(TSR)。

2. 服务质量(QoS)更好

路由器在速度上的提高虽然能适应了数据流量的急剧增加,而其发展趋势更本质、更深刻的变化是:以 IP 为基础的数据包交换,在未来几年内将迅速取代已发展了近百年的电路交换通信方式,并成为通信业务模式的主流。这意味着,IP 路由器不仅要提供更快的速度以适应急剧增长的计算机数据流量,而且 IP 路由器也将逐步提供原有电信网络所提供的各种业务。但是传统的 IP 路由器一般只是按先进先出的原则转发数据包,因此,语音数据、实时视频数据、因特网浏览数据等各种业务类型的数据都被同等对待。由此可见,IP 路由器要想提供包括电信广播在内的所有业务,提高服务质量(QoS)是其关键。这也是各大网络设备厂商所努力推进的方向。在各大厂商新推出的高、中、低档路由器中都不同程度地支持 QoS,例如,Cisco 的高档 12000 系列,从硬件和软件协议两方面都对 QoS 有很强的支持,而其推出的低端产品 2600 系列也支持语音电话这样的新业务应用。事实上，QoS 不仅是路由器的一个发展趋势，以路由器为核心的整个 IP 网络都在朝这个方向发展。

注意　　　对 QoS 的支持来自软件和硬件两个方面。从硬件方面说，更快的转发速度和更宽的带宽是基本前提。从软件协议方面看，体现在以下几方面。

● 对 IP 数据包优先级的标识，根据优先级，IP 路由器可以决定不同 IP 包的转发优先顺序，从而实现不同业务的 QoS。

● RSVP（资源预留协议）及相应的协议。传统 IP 路由器只负责 IP 包的转发，通过路由协议知道邻近路由器的地址，而 RSVP 则类似于电路交换系统的协议，为一个数据流通知其所经过的每个节点（IP 路由器），与端点协商为此数据流提供质量保证。

● 多协议标记交换（MPLS）。其覆盖范围是核心网络路由器。为建立合理的核心路由器间的交换路径，核心路由器间需要定时交换流量等状况信息。

3. 管理更加智能化

随着网络流量的爆炸性增长、网络规模的日益膨胀以及对网络服务质量的要求越来越高，路由器上的网络管理系统变得日益重要，网络连接已成为日常工作和生活中不可缺少的部分。在保证质量的情况下最大限度地利用带宽，及早发现并诊断设备故障，迅速方便地根据需要改变配置，这些管理功能都日益成为直接影响网络用户和网络运营商利益的重要因素。

智能化又体现在两个方面：一是网络设备（路由器）之间信息交互的智能化；二是网络设备与网络管理者之间信息交互的智能化。在网络管理智能化的大趋势中，"基于策略的管理"和"流量工程"这两个技术概念较为普通。

注意　　　"基于策略的管理"这一概念将同时影响路由器之间和路由器与网络管理者之间的信息交互行为模式，使得网络管理者更易于从用户的角度去定义和约束网络行为，而这些上层策略将直接影响网络的基本行为，使传统的路由算法发展为基于策略的路由算法，并使路由器之间的信息交互必须包含策略性所涵盖的信息内容。

"流量工程"是核心网运营商最关心的问题，新的协议（例如 MPLS）在解决标记交换的同时，也提供了一个很好的解决"流量工程"的方法。它通过路由器之间交互各端的流量状态等信息并用收敛算法计算一段时间内网络内标记的显式路径来采用约束最短路程的优先算法。

6.2.3　网关（Gateway）

网关也叫网间协议变换器。网间协议变换器是比网桥与路由器更复杂的网络互连设备，它可以实现不同协议的网络之间的互连，包括不同网络操作系统的网络之间的互连，也可以实现局域网与远程网之间的互连。

为了实现不同协议的网络之间的互连，网间协议变换器应实现不同网络协议之间的转换。网络协议变换器在具体实现技术上与它所互连的两个具体网络的协议相关。支持不同网络协议之间转换的网络协议变换器是不相同的。

网关一般用于不同类型、差别较大的网络系统之间的互连，但也可用于同一个物理网而在逻辑上不同的网络之间的互连，还可用于不同大型主机之间和不同数据库之间的互连。

6.3　网际互联 IP 协议

Internet 实质上是把分布在世界各地的各种网络（如计算机局域网和广域网、数字数据通信网以及公用电话交换网等）互相连接起来而形成的超级网络。然而，单纯的网络硬件互连还不能形成真正的 Internet 网，互连起来的计算机网络还需要有相应的软件才能相互通信，而 TCP/IP 协议就是 Internet 的核心。

20 世纪 70 年代初期，美国国防部高级研究计划局（DARPA）为了实现异种网之间的互连与互通，大力资助网络技术开发研究。ARPANET 开始使用的是一种称为网络控制协议（Network Control Protocol，NCP）的协议。随着 ARPANET 的发展，需要更复杂的协议。1973 年，引进了传输控制协议 TCP，随后，在 1981 年引入了网际协议 IP。1982 年，TCP 和 IP 被标准化成为 TCP/IP 协议组，1983 年取代了 ARPANET 上的 NCP，并最终形成较为完善的 TCP/IP 体系结构和协议规范。

TCP/IP 最初是作为一个标准组件在柏克利标准发行中心 BSD UNIX 操作系统中使用的，因此，早期的 TCP/IP 与 UNIX 操作系统关系非常密切。随着 Internet 的快速发展和广泛应用，目前，TCP/IP 协议不但在多数计算机上得到应用，从巨型机到 PC 机，包括 IBM、AT&T、DEC、HP、SUN 等主要计算机和通信厂家都在各自的产品中提供对 TCP/IP 协议的支持，而且各种局域网操作系统也将 TCP/IP 协议纳入自己的体系结构中，包括 Novell NetWare、Microsoft NT/2000 和 UNIX。

有关 TCP/IP 协议组的内容，本书第 3 章已经做了一些简单的介绍，而本节将对 TCP/IP 协议组中一些重要内容做进一步的说明。

6.3.1　IP 数据报

IP 协议使用的分组称为数据报，它包括 IP 报头与更高层协议的相关数据。IP 数据报的格式如图 6-15 所示。IP 数据报是可变长的分组，包括首部和数据（或负载）两部分。IP 数据报的报头至少为 20 个字节，其中包括版本号，报头长度，服务类型，数据报总长度，标识，标志，片偏移，生存时间，协议和头部校验和源，目的 IP 地址等。引入 IP 报头字段的目的是为网络层互连设备提供互联机制，IP 报头不仅带有数量可观的 IP 数据包信息，如源和目标 IP 地址，数据包内容等，而且还为网络实体提供了从源到目标之间传送数据报的处理方法。

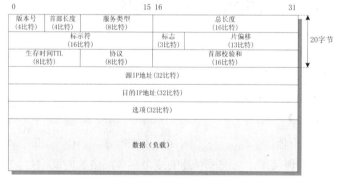

图 6-15　IP 数据报格式

版本：占 4 位，指 IP 协议的版本。通信双方使用的 IP 协议版本必须一致。目前广泛使用的 IP 协议版本号为 4（即 IPv4）。

首部长度：占 4 位，可表示的最大十进制数值是 15。这个字段所表示数的单位是 32 位字长（1 个 32 位字长是 4 字节），因此，当 IP 的首部长度为 1111 时（即十进制的 15），首部长度就达到 60 字节。当 IP 分组的首部长度不是 4 字节的整数倍时，必须利用最后的填充字段加以填充。因此数据部分永远在 4 字节的整数倍开始，这样在实现 IP 协议时较为方便。首部长度限制为 60 字节的缺点是有时可能不够用。但这样做是希望用户尽量减少开销。最常用的首部长度就是 20 字节（即首部长度为 0101），这时不使用任何选项。

服务类型：占 8 位，可以为数据报设置优先级，用来获得更好的服务，包括最小的延迟、最大的吞吐量、最高的可靠性等。1998 年 IETF 把这个字段改名为区分服务 DS（Differentiated Services）。

总长度：总长度指首部和数据之和的长度，单位为字节。总长度字段为 16 位，因此数据报的最大长度为 $2^{16}-1=65\ 535$ 字节。

在 IP 层下面的每一种数据链路层都有自己的帧格式，其中包括帧格式中的数据字段的最大长度，这称为最大传送单元 MTU（Maximum Transfer Unit）。当一个数据报封装成链路层的帧时，此数据报的总长度（即首部加上数据部分）一定不能超过下面的数据链路层的 MTU 值。

标识（identification）：占 16 位。IP 软件在存储器中维持一个计数器，每产生一个数据报，计数器就加 1，并将此值赋给标识字段。但这个"标识"并不是序号，因为 IP 是无连接服务，数据报不存在按序接收的问题。当数据报由于长度超过网络的 MTU 而必须分片时，这个标识字段的值就被复制到所有的数据报的标识字段中。相同的标识字段的值使分片后的各数据报片最后能正确地重装成为原来的数据报。

标志（flag）：占 3 位，但目前只有 2 位有意义。

- 标志字段中的最低位记为 MF（More Fragment）。MF=1 即表示后面"还有分片"的数据报。MF=0 表示这已是若干数据报片中的最后一个。
- 标志字段中间的一位记为 DF（Don't Fragment），意思是"不能分片"。只有当 DF=0 时才允许分片。

片偏移：占 13 位。片偏移指出较长的分组在分片后，某片在原分组中的相对位置。也就是说，相对用户数据字段的起点，该片从何处开始。片偏移以 8 个字节为偏移单位。这就是说，每个分片的长度一定是 8 字节（64 位）的整数倍。

生存时间：占 8 位，生存时间字段的英文缩写是 TTL（Time To Live），表明是数据报在网络中的寿命。其目的是防止无法交付的数据报无限制地在因特网中兜圈子，因而白白消耗网络资源。TTL 用于控制数据报访问的最大跳数，即数据报经过的路由器的个数。发出数据报的源点设置这个字段后，每个处理该数据报的路由器将此数值减 1，如果在减 1 之后，此字段的值为 0，路由器就丢弃该数据报。

协议：占 8 位，协议字段指出此数据报携带的数据是使用何种协议，以便使目的主机的 IP 协议知道应将 IP 数据报中的数据部分交给哪个协议处理，如图 6-16 所示。

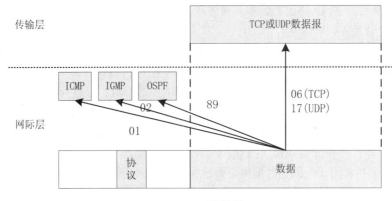

图 6-16　使用协议字段的不同值标识上层的处理协议

首部检验和：占 16 位。这个字段只检验数据报的首部，但不包括数据部分。这是因为数据报每经过一个路由器，路由器都要重新计算一下首部检验和（一些字段，如生存时间、标志、片偏移等都可能发生变化）。不检验数据部分可减少计算的工作量。

源地址：占 32 位，标识源端的 IP 地址。

目的地址：占 32 位，标识目的端的 IP 地址。

选项：选项为非固定信息，可变长度，选项最长可达 40 个字节，用来进行网络测试和调试。

6.3.2　IP 编址

Internet 将位于世界各地的大大小小的网络互连起来，而这些网络上又有许多计算机接入。用户通过在已连网的计算机上进行操作，与 Internet 上的其他计算机通信或者获取网上信息资源。为了使用户能够方便而快捷地找到需要与其连接的主机，首先必须解决如何识别网上主机的问题。在网络中，对主机的识别要依靠地址，所以，Internet 在统一全网的过程中首先要解决地址的统一问题。Internet 采用一种全局通用的地址格式，为全网的每一个网络和每一台主机分配一个 Internet 地址，以此屏蔽物理网络地址的差异。IP 协议的一项重要功能就是专门处理这个问题，即通过 IP 协议把主机原来的物理地址隐藏起来，在网络层中使用统一的 IP 地址。

6.3.2.1　物理地址与 IP 地址

地址是每一种网络都要面对的问题。地址用来标识网络系统中的某个资源，也称为"标识符"。通常标识符被分为 3 类：名字（Name）、地址（Address）和路径（Route）。三者分别告诉人们，资源是什么、资源在哪里以及怎样去寻找该资源。不同的网络所采用的地址编制方法和内容均不相同。

Internet 是通过路由器（或网关）将物理网络互连在一起的虚拟网络。在任何一个物理网络中，各个节点的设备必须都有一个可以识别的地址，这样才能使信息在其中进行交换，这个地址称为"物理地址"（Physical Address）。由于物理地址体现在数据链路层上，因此，物理地址也被称为硬件地址或媒体访问控制 MAC 地址。

网络的物理地址给 Internet 统一全网地址带来一些问题。

- 物理地址是物理网络技术的一种体现，不同的物理网络，其物理地址的长短、格式各不相同。例如，以太网的 MAC 地址在不同的物理网络中难以寻找，而令牌环网的地址格式也缺乏唯一性。显然，这两种地址管理方式都会给跨网通信设置障碍。

● 物理网络的地址被固化在网络设备中，通常是不能修改的。

● 物理地址属于非层次化的地址，它只能标识出单个的设备，而标识不出该设备连接的是哪一个网络。

Internet 针对物理网络地址的问题，采用网络层 IP 地址的编址方案。IP 协议提供一种全网统一的地址格式。在统一管理下进行地址分配，保证一个地址对应一台主机（包括路由器或网关），这样，物理地址的差异就被 IP 层所屏蔽。

6.3.2.2　IP 地址的划分

根据 TCP/IP 协议规定，IP 地址由 32 bit 组成，它包括 3 个部分：地址类别、网络号和主机号，如图 6-17 所示。如何将这 32 bit 的信息合理地分配给网络和主机作为编号，看似简单，意义却很大。因为各部分比特位数一旦确定，就等于确定了整个 Internet 中所能包含的网络数量以及各个网络所能容纳的主机数量。

图 6-17　IP 地址的结构

由于 IP 地址是以 32 位二进制数的形式表示的，这种形式非常不适合阅读和记忆，因此，为了便于用户阅读和理解 IP 地址，Internet 管理委员会采用了一种"点分十进制"表示方法来表示 IP 地址。也就是说，将 IP 地址分为 4 个字节（每个字节为 8 bit），且每个字节用十进制表示，并用点号"."隔开，如图 6-18 所示。

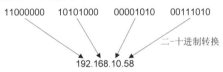

图 6-18　IP 点分十进制的 IP 地址表示方法

在 Internet 中，网络数量是一个难以确定的因素，但是每个网络的规模却是比较容易确定的。众所周知，从局域网到广域网，不同种类的网络规模差别很大，必须加以区别。因此，按照网络规模大小以及使用目的的不同，可以将 Internet 的 IP 地址分为 5 种类型，包括 A 类、B 类、C 类、D 类和 E 类。5 类地址的格式如图 6-19 所示。

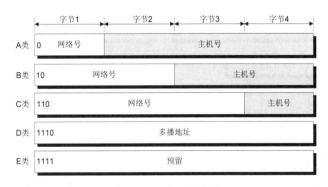

图 6-19　IP 地址分类

1. A 类地址

A 类地址第一字节的第 1 位为 "0"，其余 7 位表示网络号。第二、三、四个字节共计 24 个比特位，用于主机号。通过网络号和主机号的位数就可以知道 A 类地址的网络数为 2^7（128）个，每个网络包含的主机数为 2^{24}（16 777 216）个，A 类地址的范围是 0.0.0.0～127.255.255.255，如图 6-20 所示。由于网络号全为 0 和全为 1 保留用于特殊目的，所以 A 类地址有效的网络数为 126 个，其范围是 1～126。另外，主机号全为 0 和全为 1 也有特殊作用，所以每个网络号包含的主机数应该是 $2^{24}-2$（16 777 214）个。因此，一台主机能使用的 A 类地址的有效范围是 1.0.0.1～126.255.255.254。

根据 IP 地址中网络号的范围就可以识别出 IP 地址的类别，比如，一个 IP 地址是 10.10.10.1，那么这个地址就属于 A 类地址。A 类地址一般分配给具有大量主机的网络用户。

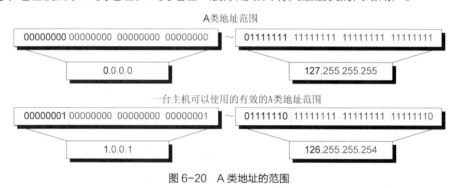

图 6-20　A 类地址的范围

2. B 类地址

B 类地址第一字节的前两位为 "10"，剩下的 6 位和第二字节的 8 位共 14 位二进制数用于表示网络号。第三、四字节共 16 位二进制数用于表示主机号。因此，B 类地址网络数为 2^{14} 个（实际有效的网络数是 2^{14}），每个网络号所包含的主机数为 2^{16} 个（实际有效的主机数是 $2^{16}-2$）。B 类地址的范围为 128.0.0.0～191.255.255.255，由于主机号全 0 和全 1 有特殊作用，一台主机能使用的 B 类地址的有效范围是 128.0.0.1～191.255.255.254，如图 6-21 所示。

用于标识 B 类地址的第一字节数值范围是 128～191。B 类地址一般分配给具有中等规模主机数的网络用户。

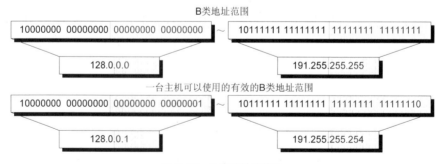

图 6-21　B 类地址的范围

3. C 类地址

C 类地址第一字节的前 3 位为 "110"，剩下的 5 位和第二、三字节共 21 位二进制数用于表示网络号，第四字节的 8 位二进制数用于表示主机号。因此，C 类地址网络数为 2^{21} 个，每个网络号所包含的主机数为 256（实际有效的为 254 个）个。C 类地址的范围为 192.0.0.0～

223.255.255.255，同样，一台主机能使用的 C 类地址的有效范围是 192.0.0.1～223.255.255.254，如图 6-22 所示。

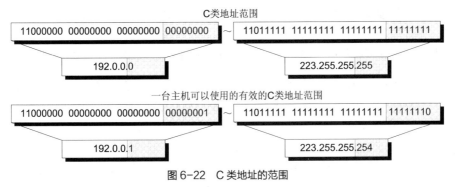

图 6-22　C 类地址的范围

用于标识 C 类地址的第一字节数值范围为 192～223。由于 C 类地址的特点是网络数较多，而每个网络最多只有 254 台主机，因此，C 类地址一般分配给小型的局域网用户。

4．D 类地址

D 类地址第一字节的前 4 位为"1110"。D 类地址用于多播，多播就是同时把数据发送给一组主机，只有那些已经登记可以接收多播地址的主机才能接收多播数据包。D 类地址的范围是 224.0.0.0～239.255.255.255。

5．E 类地址

E 类地址第一字节的前 4 位为"1111"。E 类地址是为将来预留的，同时也可以用于实验目的，但它们不能被分配给主机。

6.3.2.3　几种特殊的 IP 地址

1．广播地址

TCP/IP 协议规定，主机号各位全为"1"的 IP 地址用于广播之用，称为直接广播地址。用以标识网络上所有的主机，比如，192.168.1 是一个 C 类网络地址，广播地址是 192.168.1.255。当某台主机需要发送广播时，就可以使用直接广播地址向该网络上的所有主机发送报文。

2．有限广播地址

有时需要在本网内广播，但又不知道本网的网络号，于是 TCP/IP 协议规定，32 bit 全为"1"的 IP 地址用于本网广播。因此，该地址称为"有限广播地址"，即 255.255.255.255。

3．"0"地址

TCP/IP 协议规定，主机号全为"0"时，表示为"本地网络"。比如，"172.17.0.0"表示"172.17"这个 B 类网络，"192.168.1.0"表示"192.168.1"这个 C 类网络。

4．回送地址

以 127 开始的 IP 地址是作为一个保留地址，比如 127.0.0.1，用于网络软件测试以及本地主机进程间通信，则该地址被称为"回送地址"。

6.3.2.4　IP 地址的管理

Internet 的 IP 地址是全局有效的，或者说是在全球有效的，因而对 IP 地址的分配与回收等工作需要统一管理。IP 地址的最高管理机构称为"Internet 网络信息中心"，即 InterNIC（Internet Network Information Center），它专门负责向提出 IP 地址申请的组织分配网络地址，然后，各组织再在本网络内部对其主机号进行本地分配。

在 Internet 的地址结构中，每一台主机均有唯一的 Internet 地址。全世界的网络正是通过这种唯一的 IP 地址而彼此取得联系，从而避免了网络上的地址冲突。因此，如果一个单位在组建一个网络且该网络要与 Internet 连接时，一定要向 InterNIC 申请 Internet 合法的 IP 地址。当然，如果该网络只是一个内部网而不需要与 Internet 连接时，则可以任意使用 A 类、B 类或 C 类地址。

注意 为了避免某个单位选择任意网络地址，造成与合法的 Internet 地址发生冲突，IETF 已经分配了具体的 A 类、B 类和 C 类地址供单位内部网使用，这些地址如下所示。

A 类：10.0.0.0 ~ 10.255.255.255

B 类：172.16.0.0 ~ 172.31.255.255

C 类：192.168.0.0 ~ 192.168.255.255

6.3.3 ARP 地址解析

在一个物理网络中，当网络中的任何两台主机之间进行通信时，都必须获得对方的物理地址，而 IP 地址是一个逻辑地址，IP 地址的编址是与硬件无关的，不管主机是连接到以太网、令牌环网，还是连接到其他的网络上，都可以使用 IP 地址进行标识，而且可以唯一地标识某台主机。因此，IP 地址的作用就在于，它提供了一种逻辑的地址，能够使不同网络之间的主机进行通信（这种通信能力的实质就是每个 IP 地址中都有表示不同网络的网络号，并以此来识别每台主机之间是否位于同一个网络）。

因此，当 IP 把数据从一个物理网络传输到另一个物理网络之后，就不能完全依靠 IP 地址了，而要依靠主机的物理地址。为了完成数据传输，IP 必须具有一种确定目标主机物理地址的方法，也就是说，要在 IP 地址与物理地址之间建立一种映射关系，而这种映射关系被称为"地址解析"（Address Resolution）。地址解析包括两方面的内容：从 IP 地址到物理地址的映射，由 TCP/IP 协议中的地址解析协议 ARP（Address Resolution Protocol）完成；从物理地址到 IP 地址的映射，由 TCP/IP 协议中的逆向地址解析协议 RARP （Reverse Address Resolution Protocol）完成。

地址解析协议 ARP 的工作过程为在任何时候，当一台主机需要物理网络上另一台主机的物理地址时，它首先广播一个 ARP 请求数据包，其中包括了它的 IP 地址和物理地址以及目标主机的 IP 地址，网络中的每台主机都可以接收到这个 ARP 数据包，但只有目标主机会处理这个 ARP 数据包并做出响应，将它的物理地址直接发送给源主机，如图 6-23 所示。逆向地址解析协议 RARP 的作用与 ARP 相反，源主机为了获取目标主机的 IP 地址，向网络广播一个 RARP 数据包，当目标主机接收到 RARP 数据包之后，则将自己的 IP 地址直接传送给源主机。

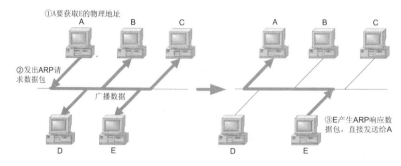

图 6-23 ARP 地址解析的过程

6.3.4 ICMP 协议

当路由器无法找到通往目的端的路径，或者 TTL 字段为 0 时必须丢弃一个数据报时，还有当目的主机在规定的时间内不能收到所有的数据报时，都会导致差错的产生，而 IPv4 没有差错报告或差错更正机制。为了避免出现差错而无法检测和更正，IP 协议使用了 ICMP 来完成这个功能。

Internet 控制报文协议（Internet Control Message Protocol，ICMP）是 TCP/IP 协议族的一个子协议，用于在主机、路由器之间传递控制消息，包括网络通不通、主机是否可达、路由是否可用等网络本身的消息。当遇到 IP 数据无法访问目标、IP 路由器无法按当前的传输速率转发数据包等情况时，会自动发送 ICMP 消息。这些控制消息虽然并不传输用户数据，但是对于用户数据的传递起着重要的作用。ICMP 报文在 IP 数据报报头中的协议类型字段值为 1。

ICMP 报文分为两大类：差错报告报文和查询报文。差错报告报文向路由器或主机报告在处理一个 IP 数据报时可能碰到的问题。查询报文是成对出现的，帮助主机从一个路由器或一个主机得到特定的信息，比如主机能够发现其相邻主机或路由器，并通过路由器帮助主机改变报文的路由。

6.3.4.1 差错报告报文

差错报告报文用来报告 IP 数据报处理过程中的差错。当出现差错时，ICMP 仅仅报告差错，并不更正差错，差错纠正由高层协议完成。由于一个 IP 数据报中关于路由唯一可用的信息就是源 IP 地址和目的 IP 地址，因此，ICMP 使用源 IP 地址将差错报文发送给数据报的源节点主机或路由器。为了简化差错报告，ICMP 差错报告报文遵循 3 条原则。

● 对于带有多播或特殊地址（如本机地址或回送地址）的数据报，不再产生差错报告报文。
● 对于携带 ICMP 差错报文的数据报，不再产生差错报告报文。
● 对于分段的数据报文，如果不是第一个分段则不再产生差错报告报文。

ICMP 差错报告报文有 5 种，分别如下所示。

1. 目的节点不可达报文（Destination-unreachable）：当主机或路由器不能交付数据报时就向源节点发送目的节点不可达报文。

2. 源节点抑制报文（Source Quench）：当主机或路由器由于拥塞而丢弃数据报时，就向源节点发送源节点抑制报文，让源节点放慢数据报的发送速率，相当于将拥塞控制机制引入到 IP 协议中。

3. 重定向报文（Redirection）：当源节点使用一个错误的路由器发送报文时，就会启用重定向报文。路由器将报文重定向到适当的路由器，通知源节点下一次改变默认路由器。

4. 超时报文（Time Exceeded）：当路由器收到 TTL 为零的数据报时，除丢弃该数据报外，还要向源节点发送超时报文。当目的节点在预先设定的时间内不能收到一个数据报的全部数据报分片时，就把已经收到的数据报分片都丢弃，并向源节点发送超时报文。

5. 参数问题报文（Parameter Problem）：当目的主机或路由器收到的数据报的首部中有的字段的值不正确时，就丢弃该数据报，并向源节点发送参数问题报文。

6.3.4.2 查询报文

ICMP 中的查询报文可以独立使用而与某个具体的 IP 数据报无关。查询报文需要作为数据封装到数据报中。查询报文用来探测或检查互联网中主机或路由器是否处于活跃状态，也用来获取两个节点之间 IP 数据报的单向或往返时间，甚至用于检查两个节点之间的时钟是否同步。

ICMP 查询报文都是以查询和应答成对出现的。

1. 回送请求（Echo Request）和回送应答（Echo Reply）报文：用于检测主机或路由器的活跃状态。源主机或路由器向目的主机或路由器发送一个回送请求报文，如果目的主机或路由器收到了此报文，就必须给源主机或路由器发送一个回送应答报文。

2. 时间戳请求（Timestamp Request）和时间戳应答（Timestamp Reply）报文：用来确定两个节点之间的往返时间或用来检测两个节点之间的时钟是否同步。时间戳请求报文发送一个 32 位数字，定了报文发送的时间。时间戳应答也会发送一个新的 32 位数字以及应答被发送的时间。如果时间戳都使用格林尼治时间，发送方可以计算单向以及往返时间。

在网络中经常会使用到 ICMP 协议，比如我们经常使用的用于检查网络通不通的 Ping 命令（Linux 和 Windows 中均有），这个“Ping”的过程实际上就是 ICMP 协议工作的过程，图 6-24 显示的是测试与百度服务器之间的连通。还有其他的网络命令（如跟踪路由的 Tracert 命令）也是基于 ICMP 协议的，如图 6-25 所示。

```
C:\>ping www.baidu.com

正在 Ping www.a.shifen.com [119.75.217.56] 具有 32 字节的数据:
来自 119.75.217.56 的回复: 字节=32 时间=3ms TTL=53
来自 119.75.217.56 的回复: 字节=32 时间=2ms TTL=53
来自 119.75.217.56 的回复: 字节=32 时间=3ms TTL=53
来自 119.75.217.56 的回复: 字节=32 时间=3ms TTL=53

119.75.217.56 的 Ping 统计信息:
    数据包: 已发送 = 4, 已接收 = 4, 丢失 = 0 (0% 丢失),
往返行程的估计时间(以毫秒为单位):
    最短 = 2ms, 最长 = 3ms, 平均 = 2ms
```

图 6-24　用 ping 命令测试主机之间的连通

```
C:\>tracert www.baidu.com

通过最多 30 个跃点跟踪
到 www.a.shifen.com [119.75.217.56] 的路由:

  1     1 ms     1 ms     1 ms  10.11.97.1
  2    <1 毫秒   <1 毫秒   <1 毫秒 192.168.191.129
  3    <1 毫秒   <1 毫秒   <1 毫秒 192.168.10.1
  4     2 ms     2 ms     2 ms  172.30.33.17
  5     3 ms     4 ms     2 ms  124.205.98.29
  6     3 ms     2 ms     3 ms  218.241.166.13
  7     5 ms     5 ms     5 ms  14.197.243.129
  8     4 ms     4 ms     3 ms  168.160.254.222
  9     4 ms     4 ms     3 ms  192.168.0.5
 10     3 ms     3 ms     4 ms  10.65.190.130
 11     6 ms     5 ms     5 ms  119.75.217.56

跟踪完成。
```

图 6-25 用 Tracert 命令测试到目的主机的路由信息

6.3.5　IGMP 协议

6.3.5.1　IP 多播概述

IP 的单播是指一个源节点将数据包通过网络发送给一个目的节点，而 IP 多播是指将一个源节点将多播数据包发给网络中的一组节点，如图 6-26 所示，多播通过发送数据的一个副本，可以显著减少网络通信，提高效率。只有正在监听多播的目的节点组（多播组）中的成员才会处理多播数据包，而所有其他节点均忽略多播数据包。

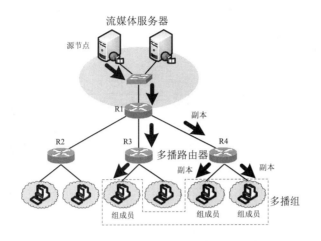

图 6-26　IP 多播

组成员身份的概念是 IP 多播的核心。IP 多播数据包发送给某个组，只有该组的成员才能接收数据包。多播组通过一个 IP 多播地址来标识，该地址是 D 类范围 224.0.0.0 ~ 239.255.255.255 中的 IP 地址（网络前缀法为 224.0.0.0/4）。这些 D 类地址称为多播组地址。源节点将多播数据包发送到多播组地址。目的节点通知本地路由器自己需要加入组。

在启用 IP 多播的计算机网络中，任意节点可以将 IP 多播数据包发送到任意多播组地址，任意节点可以从任意组地址（与其位置无关）接收 IP 多播数据报。为了实现此功能，网络中的主机和路由器必须支持 IP 多播。各节点使用 Internet 组管理协议（IGMP）设置组成员身份。路由器使用多播路由协议转发多播数据。

6.3.5.2　IGMP 协议

下面以图 6-27 为例说明 IGMP 的工作过程。

第一阶段：发送节点将多播数据包发送到指定的组地址，多播路由器将多播数据包转发到任何包含组成员的网段。当某个主机加入新的多播组时，该主机应向多播组的多播地址发送一个 IGMP 报文，声明自己要成为该组的成员，并接收发送到该组地址的所有后续数据包。本地的多播路由器收到 IGMP 报文后，还要利用多播路由选择协议把这种组成员关系转发给因特网上的其他多播路由器。路由器可以跨网络、在网络之间以及跨 Internet 转发多播数据包。

第二阶段：组成员关系是动态的。本地多播路由器要周期性地探询本地局域网上的主机，以便知道这些主机是否还继续是组的成员。只要有一个主机对某个组响应，那么多播路由器就认为这个组是活跃的。但一个组在经过几次的探询后仍然没有一个主机响应，多播路由器就认为本网络上的主机已经都离开了这个组，因此也就不再把这个组的成员关系转发给其他的多播路由器。如果接收主机退出组，并且检测到该主机可能是子网上的最后一个组成员，则可以与本地路由器联系以退出组，同时通知路由器停止将多播数据报转发到该子网。

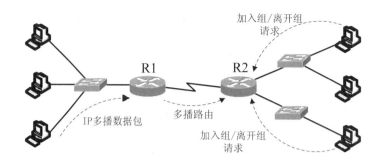

图 6-27 IGMP 的工作过程

通过多播可以在网络上有效地支持高带宽、一对多的应用程序。使用 IGMP 避免了多播控制信息给网络增加大量的开销。在主机和多播路由器之间的所有通信都是使用 IP 多播。

多播路由器在探询组成员关系时，只需要对所有的组发送一个请求信息的询问报文，而不需要对每一个组发送一个询问报文。默认的询问速率是每 125 秒发送一次（通信量并不太大）。当同一个网络上连接有几个多播路由器时，它们能够迅速和有效地选择其中的一个来探询主机的成员关系。因此，网络上多个多播路由器并不会引起 IGMP 通信量的增大。

此外，当主机响应 IGMP 请求报文时，同一个组内的每一个主机都要监听响应，只要有本组的其他主机先发送了响应，自己就可以不再发送响应了，这样就抑制了不必要的通信量。由于目前大部分的路由器都已支持多播转发协议和多播路由协议，所以在网络上启用多播是可行的。

6.3.5.3 多播路由协议

虽然在 TCP/IP 中 IP 多播协议已成为建议标准，但多播路由选择协议尚未标准化。在多播过程中一个多播组中的成员是动态变化的。例如在收看网上某个视频流媒体时随时会有主机加入或离开这个多播组。多播路由选择实际上就是要找出以源主机为根节点多播转发树。在多播转发树上，每一个多播路由器向树的叶节点方向转发收到的多播数据包，但在多播转发树上的路由器不会收到重复的多播数据包（即多播数据包不应在互联网兜圈子）。因此，对不同的多播组对应于不同的多播转发树。同一个多播组，对不同源点也会有不同的多播转发树。

目前，有多种实用的多播路由选择协议，譬如距离向量多播路由选择协议 DVMRP（Distance Vector Multicast Rou ting Protocol），基于核心的转发树 CBT（Core Based Tree），开放最短通路优先的多播扩展 MOSPF（Multicast extensions to OSPF），协议无关多播稀疏方式 PIM-SM（Protocol Independent Multicast-Sparse Mode），协议无关多播密集方式 PIM-DM（Protocol Independent Multicast- Dense Mode）。有关多播路由协议的技术细节，请参阅相关文档。

6.4 子网编址技术

出于对管理、性能和安全方面的考虑，许多单位把单一网络划分为多个物理网络，并使用路由器将它们连接起来。子网划分（Subnetting）技术能够使单个网络地址横跨几个物理网络，如图 6-28 所示，这些物理网络统称为子网。

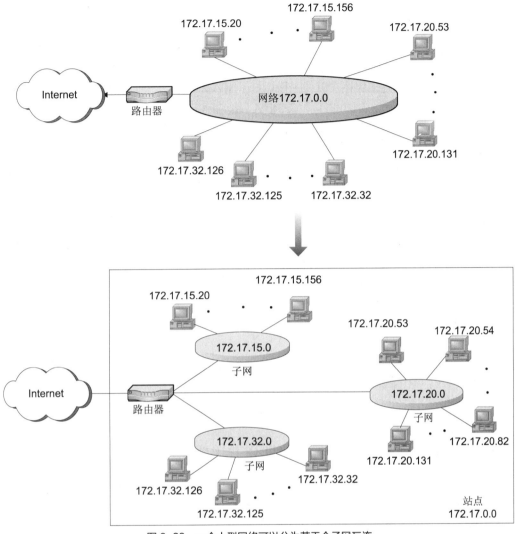

图 6-28　一个大型网络可以分为若干个子网互连

6.4.1　划分子网的原因

划分子网的原因有很多, 主要有以下几个方面。

1. 充分使用地址

由于 A 类网或 B 类网的地址空间太大, 造成在不使用路由设备的单一网络中无法使用全部地址, 比如, 对于一个 B 类网络 "172.17.0.0", 可以有 2^{16} 个主机, 这么多的主机在单一的网络下是不能工作的。因此, 为了能更有效地使用地址空间, 有必要把可用地址分配给更多较小的网络。

2. 划分管理职责

划分子网还可以更易于管理网络。当一个网络被划分为多个子网时, 每个子网就变得更易于控制。每个子网的用户、计算机及其子网资源可以让不同的管理员进行管理, 减轻了由单人管理大型网络的管理职责。

3. 提高网络性能

在一个网络中，随着网络用户的增长、主机的增加，网络通信也将变得非常繁忙。而繁忙的网络通信很容易导致冲突、丢失数据包以及数据包重传，因而降低了主机之间的通信效率。而如果将一个大型的网络划分为若干个子网，并通过路由器将其连接起来，就可以减少网络拥塞，如图 6-29 所示。这些路由器就像一堵墙把子网隔离开，使本地的通信不会转发到其他子网中。使同一子网中主机之间进行广播和通信，只能在各自的子网中进行。

另外，使用路由器的隔离作用还可以将网络分为内外两个子网，并限制外部网络用户对内部网络的访问，以提高内部子网的安全性。

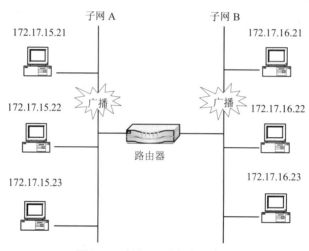

图 6-29 划分子网以提高网络性能

6.4.2 子网划分的层次结构和划分方法

IP 地址总共 32 个比特，根据对每个比特的划分，可以指出某个 IP 地址属于哪一个网络（网络号）以及属于哪一台主机（主机号）。因此，IP 地址实际上是一种层次型的编址方案。对于标准的 A 类、B 类和 C 类地址来说，它们只具有两层的结构，即网络号和主机号，然而，这种两层结构并不完善。前面已经提过，对于一个拥有 B 类地址的单位来说，必须将其进一步划分成若干个小的网络，否则是无法运行的。而这实际上就产生了中间层，形成了一个 3 层的结构，即网络号、子网号和主机号。通过网络号确定了一个站点，通过子网号确定一个物理子网，而通过主机号则确定了与子网相连的主机地址。因此，一个 IP 数据包的路由就涉及 3 部分：传送到站点、传送到子网、传送到主机。

子网具体的划分方法如图 6-30 所示。为了划分子网，可以将单个网络的主机号分为两个部分，其中，一部分用于子网号编址，另一部分用于主机号编址。

划分子网号的位数取决于具体的需要。若子网号所占的比特越多，则可分配给主机的位数就越少，也就是说，在一个子网中所包含的主机就越少。假设一个 B 类网络 172.17.0.0，将主机号分为两部分，其中，8 bit 用于子网号，另外 8 bit 用于主机号，那么这个 B 类网络就被分为 254 个子网，每个子网可以容纳 254 台主机。

图 6-30　子网的划分

图 6-31 给出了两个地址，其中，一个是未划分子网中的主机 IP 地址，而另一个是子网中的 IP 地址。在图中，读者也许会发现一个问题，这两个地址从外观上没有任何差别，那么，应该如何区分这两个地址呢？这正是下一节所要介绍的内容——子网掩码。

图 6-31　使用和未使用子网划分的 IP 地址

6.4.2.1　子网掩码

子网掩码（Subnet Mask）也是一个"点分十进制"表示的 32 位二进制数，通过子网掩码可以指出一个 IP 地址中的哪些位对应于网络地址（包括子网地址）以及哪些位对应于主机地址。

对于子网掩码的取值，通常是将对应于 IP 地址中网络地址（网络号和子网号）的所有位都设置为"1"，对应于主机地址（主机号）的所有位都设置为"0"。标准的 A 类、B 类、C 类地址都有一个默认的子网掩码，如表 6-1 所示。

表 6-1　　　　　　　　　　A 类、B 类和 C 类地址默认的子网掩码

地址类型	点分十进制表示	子网掩码的二进制位			
A	255.0.0.0	11111111	00000000	00000000	00000000
B	255.255.0.0	11111111	11111111	00000000	00000000
C	255.255.255.0	11111111	11111111	11111111	00000000

为了识别网络地址，TCP/IP 对子网掩码和 IP 地址进行"按位与"的操作。"按位与"就是两个比特位之间进行"与"运算，若两个值均为 1，则结果为 1；若其中任何一个值为 0，则结果为 0。

针对图 6-31 中的例子，在图 6-32 中给出了如何使用子网掩码来识别它们之间的不同。对于标准的 B 类地址，其子网掩码为 255.255.0.0，而划分了子网的 B 类地址，其子网掩码为 255.255.255.0（使用主机号中的 8 位用于子网，因此，网络号与子网号共计 24 bit）。经过按位与运算可以将每个 IP 地址的网络地址取出，从而知道两个 IP 地址所对应的网络。

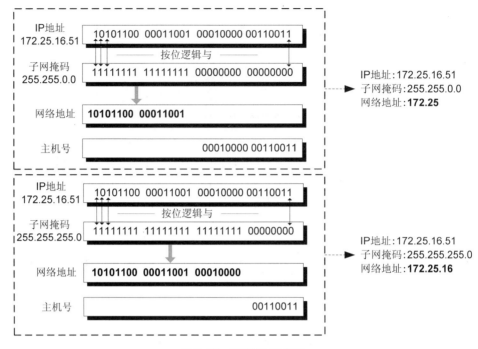

图 6-32　子网掩码的作用

在上面的例子中，涉及的子网掩码都属于边界子网掩码，即使用主机号中的整个一个字节用于划分子网，因此，子网掩码的取值不是 0 就是 255。但对于划分子网而言，还会使用非边界子网掩码，即使用主机号中的某几位用于子网划分，因此，子网掩码除了 0 和 255 外，还有其他数值。例如，对于一个 B 类网络 172.25.0.0，若将第三个字节的前 3 位用于子网号，而将剩下的位用于主机号，则子网掩码为 255.255.224.0。由于使用了 3 位分配子网，所以这个 B 类网络 172.25.0.0 被分为 6 个子网，它们的网络地址和主机地址范围如图 6-33 所示，每个子网有 13 位可用于主机的编址。

6.4.2.2　子网划分的规则

在 RFC 文档中，RFC950 规定了子网划分的规范，其中对网络地址中的子网号作了如下的规定。

由于网络号全为"0"代表的是本网络，所以网络地址中的子网号也不能全为"0"，子网号全为"0"时，表示的是本子网网络。

由于网络号全为"1"表示的是广播地址，所以网络地址中的子网号也不能全为"1"，全为"1"的地址用于向子网广播。

在上一节的例子中，对 B 类网络 172.25.0.0 划分子网，使用第三字节的前 3 位划分子网，按计算可以划分为 8 个子网，但根据上述规则，对于全为"0"和全为"1"的子网号是不能分配的，所以将 172.25.0 和 172.25.224 忽略了，因而只有 6 个子网可用。

B类网络:172.25.0.0,使用第三字节的前三位划分子网

子网掩码 255.255.224.0	11111111 11111111 11100000 00000000

	网络地址 (网络号+子网号)	主机号的范围	每个子网的主机地址范围
子网一 172.25.32.0	10101100 00011001 001	00000 00000001 11111 11111110	172.25.32.1～172.25.63.254
子网二 172.25.64.0	10101100 00011001 010	00000 00000001 11111 11111110	172.25.64.1～172.25.95.254
子网三 172.25.96.0	10101100 00011001 011	00000 00000001 11111 11111110	172.25.96.1～172.25.127.254
子网四 172.25.128.0	10101100 00011001 100	00000 00000001 11111 11111110	172.25.128.1～172.25.159.254
子网五 172.25.160.0	10101100 00011001 101	00000 00000001 11111 11111110	172.25.160.1～172.25.191.254
子网六 172.25.192.0	10101100 00011001 110	00000 00000001 11111 11111110	172.25.192.1～172.25.223.254

图 6-33 非边界子网掩码的使用

注意

RFC950 禁止使用子网网络号全为 0（全 0 子网）和子网网络号全为 1（全 1 子网）的子网网络。全 0 子网会给早期的路由选择协议带来问题，全 1 子网与所有子网的直接广播地址冲突。虽然 Internet 的 RFC 文档规定了子网划分的原则，但在实际情况中，很多供应商的产品也都支持全为"0"和全为"1"的子网，比如，运行 Microsoft XP/NT/2000/2003 的 TCP/IP 主机就可以支持。因此，当用户要使用全为"0"和"1"的子网时，首先要证实网络中的主机或路由器是否提供相关支持。此外，对于后面章节讲述的可变长子网划分和 CIDR，它们属于现代网络技术，已不再是按照传统的 A 类、B 类和 C 类地址的方式工作，因而不存在全 0 子网和全 1 子网的问题，也就是说，全 0 子网和全 1 子网都可以使用。

6.4.2.3　子网划分实例

为了将网络划分为不同的子网，必须为每个子网分配一个子网号。在划分子网之前，需要确定所需要的子网数和每个子网的最大主机数，有了这些信息后，就可以定义每个子网的子网掩码、网络地址（网络号＋子网号）的范围和主机号的范围。划分子网的步骤如下。

● 确定需要多少子网号来唯一标识网络上的每一个子网。
● 确定需要多少主机号来标识每个子网上的每台主机。
● 定义一个符合网络要求的子网掩码。
● 确定标识每一个子网的网络地址。
● 确定每一个子网上所使用的主机地址的范围。

下面，我们以一个具体的实例来说明子网划分的过程。假设要把图 6-34 (a)所示的一个 C 类的网络划分为图 6-34(b)所示的两个子网。

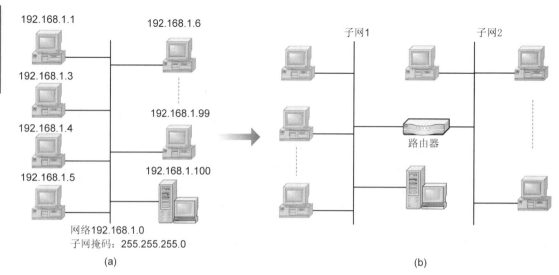

图 6-34 使用路由器将一个网络划分为两个子网

由于划分出了两个子网，则每个子网都需要一个唯一的子网号来标识，即需要两个子网号。

对于每个子网上的主机以及路由器的两个端口都需要分配一个唯一的主机号，因此，在计算需要多少主机号来标识主机时，要把所有需要 IP 地址的设备都考虑进去。根据图 6-34(a)，网络中有 100 台主机，如果再考虑路由器两个端口，则需要标识的主机数为 102 台。假定每个子网的主机数各占一半，即各有 51 台。

将一个 C 类的地址划分为两个子网，必然要从代表主机号的第四个字节中取出若干个位用于划分子网。若取出 1 位，根据子网划分规则，无法使用；若取出 3 位，可以划分 6 个子网，似乎可行，但子网的增多也表示了每个子网容纳的主机数减少，6 个子网中每个子网容纳的主机数为 30，而实际的要求是每个子网需要 51 个主机号，若取出两位，可以划分两个子网，每个子网可容纳 62 个主机号（全为 0 和全为 1 的主机号不能分配给主机），因此，取出两位划分子网是可行的，子网掩码为 255.255.255.192，如图 6-35 所示。

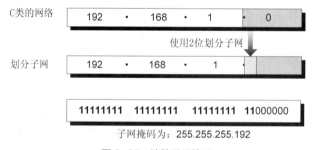

图 6-35 计算子网掩码

确定了子网掩码后，就可以确定可用的网络地址：使用子网号的位数列出可能的组合，在本例中，子网号的位数为 2，而可能的组合为 00、01、10、11。根据子网划分的规则，全为 0 和全为 1 的子网不能使用，因此将其删去，剩下 01 和 10 就是可用的子网号，再加上这个 C 类网络原有的网络号 192.168.1，因此，划分出的 2 个子网的网络地址分别为 192.168.1.64 和 192.168.1.128，如图 6-36 所示。

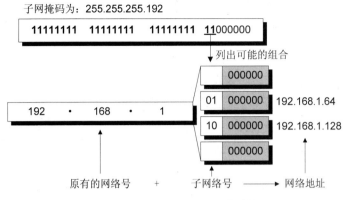

图 6-36 确定每个子网的网络地址

根据每个子网的网络地址就可以确定每个子网的主机地址的范围，如图 6-37 所示。图 6-38 给出了对每个子网各台主机的地址配置。

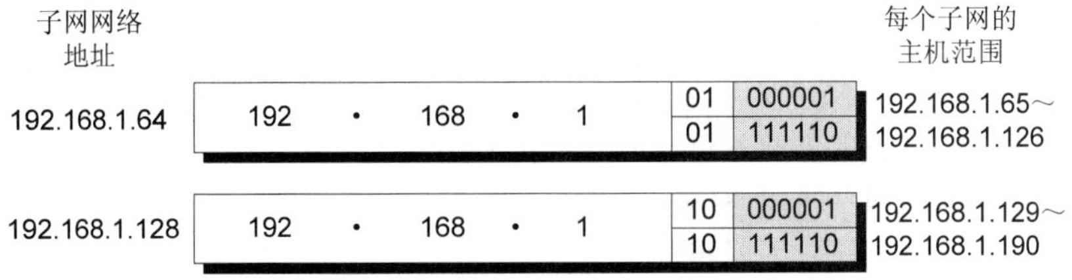

图 6-37 每个子网的主机地址的范围

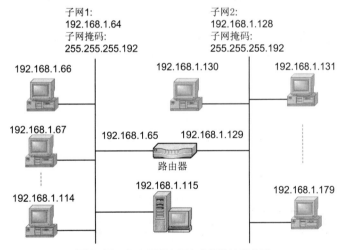

图 6-38 每个子网中每台主机的地址分配

6.4.3 可变长子网划分（VLSM）

在介绍本节内容之前，先介绍另一种子网掩码的表示方法，除了使用点分十进制表示子网掩码外，还有一种网络前缀标记法，它是一种表示子网掩码中网络地址长度的方法。由于网络号是从 IP 地址高位字节以连续方式选取的，即从左到右连续取若干位作为网络号，比如，A 类地址取前 8 位作为网络号，B 类地址取前 16 位，C 类地址取前 24 位。因此，可以用一种简便方法来表示子网掩码中对应的网络地址，用网络前缀表示：/< #位数>，它定义了网络号的位数。表 6-2 列出了用网络前缀标记法表示的 A 类、B 类和 C 类地址缺省的子网掩码。

表 6-2　　　　　　　　　　　　　　子网掩码的网络地址长度表示法

地 址 类	子网掩码位	网 络 前 缀
A 类	11111111 00000000 00000000 00000000	/8
B 类	11111111 11111111 00000000 00000000	/16
C 类	11111111 11111111 11111111 00000000	/24

例如，一个子网掩码为 255.255.0.0 的 B 类网络地址 135.41.0.0，用网络前缀标记法就可以表示为 135.41.0.0/16。再比如，对这个 B 类网络划分子网，使用主机号中的 8 位用于子网网络号，网络号与子网号总共 24 个比特，因此，子网掩码为 255.255.255.0，而使用网络前缀法表示时，对子网 135.41.58.0 可表示为 135.41.58.0/24。

子网划分的最初目的是把基于类的网络（A 类、B 类、C 类）进一步划分为几个规模相同的子网，即每个子网包含相同的主机数。比如，对一个 B 类网络使用主机号中的 8 位用于子网划分，则可以产生 16 个规模相等的子网（考虑了全 0 和全 1 子网）。但是，子网划分是一种通用的用主机位来表示子网的方法，不一定要求子网的规模相同。

在实际的应用中，某一个网络中需要有不同规模的子网，比如，一个单位中的各个网络包含不同数量的主机就需要创建不同规模的子网，以避免造成对 IP 地址的浪费。对于不同规模的子网网络号的划分就称为变长子网划分，需要使用相应的变长子网掩码（VLSM）技术。

变长子网划分是一种用不同长度的子网掩码来分配子网网络号的技术但所有的子网网络号都是唯一的，并能通过对应的子网掩码进行区分。对于变长子网的划分，实际上是对已划分好的子网做进一步划分，从而形成不同规模的网络。下面用一个实例来说明。

例如，一个 B 类的网络为 135.41.0.0，需要的配置是 1 个能容纳 32 000 台主机的子网、15 个能容纳 2 000 台主机的子网和 8 个能容纳 254 台主机的子网。

（1）1 个能容纳 32 000 台主机的子网

用主机号中的 1 位进行子网划分，产生两个子网，135.41.0.0/17 和 135.41.128.0/17。这种子网划分允许每个子网有多达 32 766 台主机。选择 135.41.0.0/17 作为网络号能满足 1 个子网容纳 32 000 台主机的需求。表 6-3 给出了能容纳 32 766 台主机的一个子网。

表 6-3　　　　　　　　　　　　　　划分 1 个子网

子 网 编 号	子网网络（点分十进制）	子网网络（网络前缀）
1	135.41.0.0　255.255.128.0	135.41.0.0/17

（2）15 个能容纳 2 000 台主机的子网

若要满足 15 个子网容纳大约 2 000 台主机的需求，再使用主机号中的 4 位对子网网络 135.41.128.0/17 进行子网划分，就可以划分 16 个子网，即 135.41.128.0/21，135.41.136.0/21，……，135.41.240.0/21，135.41.248.0/21，从这 16 个子网中选择前 15 个子网网络就可以满足需求。表 6-4 给出了容纳 2 000 台主机的 15 个子网。

表 6–4

表 6–4　　　　　　　　　　　　　　　　划分 15 个子网

子 网 编 号	子网网络(点分十进制)	子网网络(网络前缀)
1	135.41.128.0　255.255.248.0	135.41.128.0/21
2	135.41.136.0　255.255.248.0	135.41.136.0/21
3	135.41.144.0　255.255.248.0	135.41.144.0/21
4	135.41.152.0　255.255.248.0	135.41.152.0/21
5	135.41.160.0　255.255.248.0	135.41.160.0/21
6	135.41.168.0　255.255.248.0	135.41.168.0/21
7	135.41.176.0　255.255.248.0	135.41.176.0/21
8	135.41.184.0　255.255.248.0	135.41.184.0/21
9	135.41.192.0　255.255.248.0	135.41.192.0/21
10	135.41.200.0　255.255.248.0	135.41.200.0/21
11	135.41.208.0　255.255.248.0	135.41.208.0/21
12	135.41.216.0　255.255.248.0	135.41.216.0/21
13	135.41.224.0　255.255.248.0	135.41.224.0/21
14	135.41.232.0　255.255.248.0	135.41.232.0/21
15	135.41.240.0　255.255.248.0	135.41.240.0/21

（3）8 个能容纳 254 台主机的子网

为了满足 8 个子网容纳 254 台主机的需求，再用主机号中的 3 位对子网网络 135.41.248.0/21（第（2）步骤中所划分的第 16 个子网）进行划分，可以产生 8 个子网。每个子网的网络地址为 135.41.248.0/24，135.41.249.0/24，135.41.250.0/24，135.41.251.0/24，135.41.252.0/24，135.41.253.0/24，135.41.254.0/24，135.41.255.0/24。每个子网可以包含 254 台主机。表 6–5 给出了能容纳 254 台主机的 8 个子网。

表 6–5　　　　　　　　　　　　　　　　划分 8 个子网

子 网 编 号	子网网络（点分十进制）	子网网络（网络前缀）
1	135.41.248.0　255.255.255.0	135.41.248.0/24
2	135.41.249.0　255.255.255.0	135.41.249.0/24
3	135.41.250.0　255.255.255.0	135.41.250.0/24
4	135.41.251.0　255.255.255.0	135.41.251.0/24
5	135.41.252.0　255.255.255.0	135.41.252.0/24
6	135.41.253.0　255.255.255.0	135.41.253.0/24
7	135.41.254.0　255.255.255.0	135.41.254.0/24
8	135.41.255.0　255.255.255.0	135.41.255.0/24

对于这个可变长子网的划分可以用图 6–39 来表示。

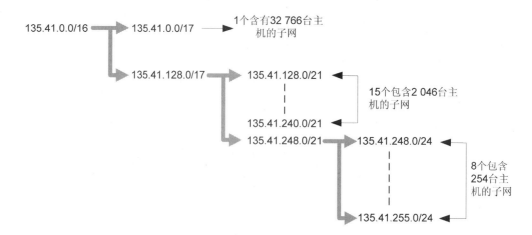

图 6-39　可变子网划分的过程示意图

6.4.4　超网和无类域间路由 CIDR

当前在 Internet 上使用的 IP 地址是在 1978 年确立的协议，它由 4 段 8 位二进制数字构成。由于 Internet 协议的当时版本号为 4，因而称为"IPv4"。尽管这个协议在理论上有大约 43 亿个 IP 地址。但是，并不是所有的地址都得到充分利用，部分原因在于 Internet 信息中心 InterNIC 把 IP 地址分配给许多机构，而 A 类和 B 类地址所包含的主机数太大，比如，一个 B 类网络 135.41.0.0，在该网络中所包含的主机数可以达到 65 534 台，这么多地址显然并没有被充分利用。另外，在一个 C 类的网络中只能容纳 254 台主机，而对于拥有上千台主机的单位来说，获得一个 C 类的网络地址显然是不够的。

此外，由于 Internet 的迅猛扩展，主机数量急剧增加，它正以非常快的速度耗尽目前尚未使用的 IP 地址，B 类网络很快就要被用完。为了解决当前 IP 地址面临严重的资源不足的问题，InterNIC 设计了一种新的网络分配方法。与分配一个 B 类网络不同，InterNIC 给一个单位分配一个 C 类网络的范围，该范围能容纳足够的网络和主机，这种划分方法实质上是将若干个 C 类的网络合并为一个网络，而这个合并后的网络就称为超网。例如，假设一个单位拥有 2 000 台主机，那么 InterNIC 并不是给它分配一个 B 类的网络，而是分配 8 个 C 类的网络。每个 C 类网络可容纳 254 台主机，总共 2 032 台主机。

虽然这种方法有助于节约 B 类的网络，但它也导致了新的问题。采用通常的路由选择技术，在 Internet 上的每个路由器的路由表中必须有 8 个 C 类网络表项才能把 IP 包路由到该单位。为防止 Internet 路由器被过多的路由淹没，采用了一种称为无类域间路由（CIDR）的技术把多个网络表项缩成一个路由表项。因此，使用了 CIDR 后，在路由表中只用一个路由表项就可以表示分配给该单位的所有 C 类网络。在概念上，CIDR 创建的路由表项可以表示为［起始网络，数量］，其中，起始网络表示的是所分配的第一个 C 类网络的地址，数量是分配的 C 类网络的总个数。实际上，它可以用一个超网子网掩码来表示相同的信息，而且用网络前缀法来表示。

对于超网子网掩码的计算可以用一个实例来说明。比如，要表示以网络 202.78.168.0 开始的连续的 8 个 C 类网络地址，则如表 6-6 所示。

表 6-6	8 个 C 类的网络地址

C 类网络地址	二 进 制 数
202.78.168.0	11001010 01001110 10101000 00000000
202.78.169.0	11001010 01001110 10101001 00000000
202.78.170.0	11001010 01001110 10101010 00000000
202.78.171.0	11001010 01001110 10101011 00000000
202.78.172.0	11001010 01001110 10101100 00000000
202.78.173.0	11001010 01001110 10101101 00000000
202.78.174.0	11001010 01001110 10101110 00000000
202.78.175.0	11001010 01001110 10101111 00000000

所有 8 个 C 类网络的前 21 位（带下划线）都是相同的，第三个字节中的最后 3 位从 000 变到 111（斜体），因此，超网的子网掩码可以用 255.255.248.0 表示，二进制数为 "11111111 11111111 11111000 00000000"。若用网络前缀表示法来表示，可表示为 202.78.168.0/21。

实际上，对于超网的子网掩码，已经不再使用传统基于类的划分方法，而是使用基于无类的划分方法，比如，可以根据网络中所需求的主机数量进行划分，这也是将超网中主机之间的路由称为无类域间路由的部分原因。对于上述的实例，可以狭义地理解为若一个单位需要 2 000 多台计算机，若用二进制数表示 2 000 时，需要使用至少 11 个比特位（2^{11}=2 048）。因此，对于一个 32 比特的 IP 地址来说，其中，11 位要用于主机号，剩余的 21 位就要作为网络号，从而得出子网掩码为 255.255.248.0。

注意　值得一提的是，并不是所有的 C 类地址都可以作为超网的起始地址，只有一些特殊的地址可以使用，读者可以想一想，这类地址应具有什么特点？

另外，要使用可变长子网划分、超网和 CIDR 配置网络时，要求相关的路由器和路由协议必须能够支持，用于 IP 路由的路由信息协议 RIP 版本 2（RIPv 2）和边界网关协议版本 4（BGPv 4）都可以支持可变长子网划分和 CIDR，而 RIP 版本 1（RIPv 1）则不支持。

6.5　IP 路由选择

6.5.1 路由选择基础

Internet 是由计算机网络与路由器连接起来的网络，为了将数据包正确地发送到目的主机，路由器负责将数据包沿着正确的方向进行发送，这个过程称为路由选择。路由器按照路由表转发数据包，通过比较 IP 地址的目的地址网络部分和路由表中的网络地址部分，确定下一个应该发送的路由器，因此，路由表的正确与否至关重要，而确定路由表的路由选择算法就是核心。路由选择算法并不能达到理想的算法，只能是在某种网络环境下的最佳算法。路由器的路由表包括静态路由表和动态路由表。

6.5.1.1 静态路由和动态路由

静态路由选择是通过网络管理员设置路由表来完成的，如图 6-40 所示，在任意两个路由器之间都有固定的路径。当某个网络设备或网络链路出故障时，网络管理员就要手工更新路由表。静态路由器可以确定某条网络链路是否关闭，但若没有网络管理员的干预，它就不能自动选择正常的链路进行路由。当网络规模较大或网络复杂时，使用静态路由表很难设置和维护，因此，静态路由仅适合较小规模的网络。

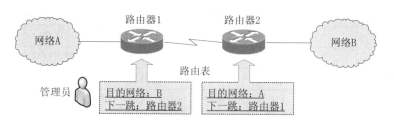

图 6-40　静态路由表由管理员人工设置

在静态路由中，有一种特殊的路由叫缺省路由。缺省路由用来指明数据报的目的地不在路由表中时的路由，也就是说在没有找到匹配的路由时使用的路由。在路由表中，缺省路由使用的目的网络地址为 0.0.0.0、子网掩码为 0.0.0.0。当路由器接收到一个数据报时，如果数据包的目的地址不能与任何路由相匹配，那么路由器将检查是否设置缺省路由，如果设置了缺省路由，则使用缺省路由转发该数据包，否则丢弃该数据包。在小型互连网中，使用缺省路由可以减轻路由器对路由表的维护工作量，如图 6-41 所示，对于路由器 1 只需要设置一条缺省路由，网络 A 的所有主机都可以访问 Internet。

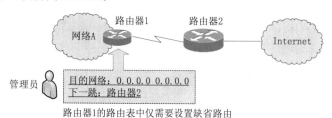

图 6-41　缺省路由

动态路由的产生不需要网络管理员的介入，各路由器之间根据路由选择协议交换路由信息，从而建立起一个动态的路由表，如图 6-42 所示。动态路由器监控网络变化、更新它们的路由表并在需要时重新配置网络路径，因此，动态路由非常适合大型的网络。当一个网络链路出故障时，动态路由器将自动检测到故障并建立一条最有效的新路径。新路径的选择取决于对网络负载、电路类型和带宽的综合考虑。

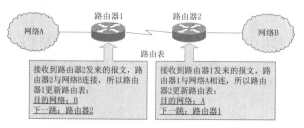

图 6-42　路由器之间交换信息建立动态路由表

6.5.1.2　网络的自治系统

一个企业或机构的计算机网络建设只是针对该企业或机构内部的网络需求而建，对于不同的企业或机构，计算机网络管理与应用设计也可能是不同的。另外，当某个企业或机构收到其他企业或机构的数据包请求时，更没有必要将本企业的内部网络公布于众，从路由选择的角度说，每个企业内部网络的路由选择策略都限制在内部，不但有利于网络的安全，而且对于 Internet 中存在上百万个路由器的网络环境而言，如果让所有的路由器知道所有的网络该怎样到达也不现实，因此，Internet 采用了基于自治系统的分层次路由选择协议。

整个 Internet 被划分成多个较小的自治系统（Autonomous System，AS），一个 AS 是一个互联网，AS 自主决定在本系统采用的路由选择协议。一个 AS 内的所有网络都属于一个机构（如企业、学校，政府部门）来管辖，如图 6-43 所示。一个 AS 的所有路由器在本自治系统内都是连通的。Internet 把路由选择协议分为 2 大类。

内部网关协议（Interior Gateway Protocol，IGP）：在一个 AS 内使用的路由选择协议，与在互联网中的其他 AS 选用什么路由选择协议无关。一个 AS 内各路由器之间交换的路由信息仅限于该 AS 内。典型的 IGP 协议包括 RIP、OSPF、IS-IS、IGRP、EIGRP。

外部网关协议（External Gateway Protocol，EGP）：当源节点和目的节点分布在不同的 AS 中，数据包传到一个 AS 的边界时，需要使用一种协议将路由选择信息传递到另一个 AS 中，这样的协议就是外部网关协议。典型的 EGP 协议有 BGP。一个 AS 的边界路由器不但要支持 IGP 协议实现内部路由的选择，还要支持 EGP 协议完成自治系统之间的路由选择。

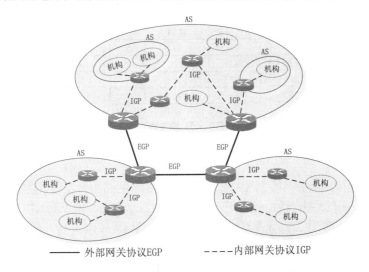

图 6-43　自治系统内和自治系统间的路由选择协议

6.5.2　路由信息协议 RIP

路由信息协议（Routing Information Protocol，RIP）是一个在 AS 内部使用的内部网关协议，是一种基于距离向量的路由选择算法，使用路由器的跳数作为最佳途径的判断依据。

6.5.2.1　跳数（Hop count）

在一个 AS 中，由于一个网络的路由器需要知道如何将数据包转到另一个网络，RIP 路由器需要通告到达不同网络的代价，这个代价就是在路由器和目的主机之间的"成本"。为了使代价的实现简化（不考虑路由器和链路的延迟、带宽等性能参数），RIP 使用跳数作为计算代价的方法，跳数表示数据包从源路由器到最终目的主机所要通过的网络（子网）的数量，如图 6-44 所示。

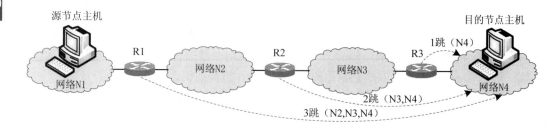

图 6-44　RIP 的跳数

6.5.2.2　路由表

自治系统中的路由器需要记录路由表来将数据包转发到目的网络。RIP 路由表是包含若干条目的一个列表，而每个条目又包含了 3 部分内容，即目的网络地址、下一跳路由器地址和到达目的网络最大跳数值。图 6-45 给出了图 6-44 中每个路由器的路由表，当网络 N1 的源节点主机给网络 N4 的目的节点主机发送数据包时，R1 将 R2 定义为通往 N4 的下一跳路由器；R2 将 R3 定义为通往 N4 的下一跳路由器；R3 与 N4 直连，所以最佳路径为 R1→R2→R3→N4。

R1的路由表		
目的网络	下一跳路由器	跳数
N1	–	1
N2	–	1
N3	R2	2
N4	R2	3

R2的路由表		
目的网络	下一跳路由器	跳数
N1	R1	2
N2	–	1
N3	–	1
N4	R3	2

R3的路由表		
目的网络	下一跳路由器	跳数
N1	R2	3
N2	R2	2
N3	–	1
N4	–	1

图 6-45　路由表

6.5.2.3　RIP 路由更新

在 RIP 路由选择算法中，每个路由器都会向与其相邻的路由器发送自己的整个路由表，当收到相邻路由器发来的路由表后，就会更新自己的路由表。下面举例说明 RIP 路由的更新过程，在如图 6-46 所示的网络中，用 4 个路由器连接了 6 个网络（子网）。

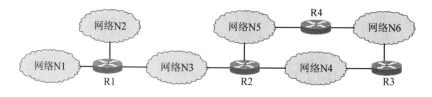

图 6-46　RIP 路由更新例图

1. 整个网络系统启动后，每个路由器的初始路由表都保存着与该路由器相连网络的路由信息，如图 6-47 所示。

R1路由表		
目的	下一跳	跳数
N1	–	1
N2	–	1
N3	–	1

R2路由表		
目的	下一跳	跳数
N3	–	1
N4	–	1
N5	–	1

R3路由表		
目的	下一跳	跳数
N4	–	1
N6	–	1

R4路由表		
目的	下一跳	跳数
N5	–	1
N6	–	1

图 6-47　R1~R4 的初始路由表

2. 网络中的路由器开始交换路由信息。每个路由器都会向与其相邻的路由器发送自己的整个路由表。在第一次接收到 R2 的路由表之后，R1，R3 和 R4 中路由表发生的变化如图 6-48 所示。对于某个路由器而言，若接收的路由表信息不在自己的路由表中，则加入新的路由；若接收的路由表信息存在于自己的路由表中，则选择跳数最小的路由表项更新；例如，R1 收到 R2 的路由信息后，由于 R2 与 N3，N4，N5 相连，说明 R1 可以通过 R2 到达 N3，N4，N5，但是跳数变成了"2"，所以 R1 更新后增加了到达 N4，N5 的路由表项。R1 到达 N3 的跳数为"1"，通过 R2 到达 N3 的跳数为 2，因此，使用 R1 到达 N3 的路由表项更新。R3 和 R4 更新过程相同，不再冗述。

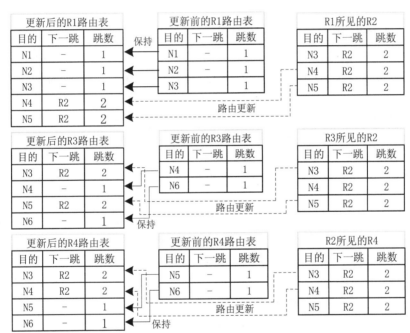

图 6-48　首次接收 R2 路由表后 R1，R3 和 R4 的更新变化

3. 经过多次 RIP 路由更新后，整个网络 RIP 路由表最终收敛完成，各路由器的路由表如图 6-49 所示。

R1最终的路由表				R2最终的路由表				R3最终的路由表				R4最终的路由表		
目的	下一跳	跳数		目的	下一跳	跳数		目的	下一跳	跳数		目的	下一跳	跳数
N1	-	1		N1	R1	2		N1	R2	3		N1	R2	3
N2	-	1		N2	R1	2		N2	R2	3		N2	R2	3
N3		1		N3	-	1		N3	R2	2		N3	R2	2
N4	R2	2		N4	-	1		N4	-	1		N4	R2	2
N5	R2	2		N5	-	1		N5	R2	2		N5	-	1
N6	R2	3		N6	R3	2		N6	-	1		N6	-	1

图 6-49 最终的所有路由器 RIP 路由表

RIP 协议很容易实现，其缺点是当路由器发送更新消息时，它把整个路由表也发送出去。为了保持最新的更新，路由器以有规律的固定时间间隔广播更新信息，比如 30 s 的间隔。由于路由器频繁地广播整个路由表，因而产生了大量的网络通信量，占用了更多的带宽，适用于小规模网络。另外，当存在两条或多条不同速率的线路时，RIP 就不能根据线路速率、延迟、带宽等因素确定最佳路径。另外，RIP 路由协议最大跳数为 15，因此，该协议只适用于规模较小的网络。

6.5.3　开放最短路径优先 OSPF

开放最短路径优先（Open Shortest Path First，OSPF）是一种链路状态路由协议，是为了克服 RIP 缺点在 1989 年开发出来的，除了路由器的数目外，OSPF 还要判断路程段之间的连接速率和负载平衡来确定发送数据包的最佳途径。OSPF 需要每个路由器向其同一管理域的所有其他路路由器发送链路状态广播信息，包括所有接口、所有的量度和其他一些变量的信息。利用 OSPF 的路由器首先必须收集有关的链路状态信息，并根据一定的算法计算出到每个节点的最短路径。而基于距离向量的路由协议仅向其邻接路由器发送有关路由更新信息。与 RIP 不同，OSPF 将一个自治域再划分为区，相应地有两种类型的路由选择方式：当源和目的地在同一区时，采用区内路由选择；当源和目的不在同一个区域时，则采用区间路由选择。这就大大减少了网络开销，并增加了网络的稳定性。当一个区内的路由器出了故障时并不影响自治区域内其他区路由器的正常工作，给网络管理和维护带来的方便。

与 RIP 相比，OSPF 的不同点体现在以下几个方面。

1. 路由器使用"洪泛法"，通过所有的输出端口向所有的路由器发送信息。而每一个相邻路由器又再将此信息发往其所有的相邻路由器，但不再发送给刚刚发送来信息的那个路由器。通过这种方法，最终整个区域中所有的路由器都得到了这个信息的副本。对于 RIP，仅仅向自己相邻的几个路由器发送路由表。

2. 发送的信息就是与本路由器相邻的所有路由器的链路状态，但这只是路由器所知道的部分信息。所谓链路状态就是说明本路由器和哪些路由器相邻，以及该链路的"代价"。OSPF 的"代价"可用费用、距离、时延和带宽等表示。这些都由网络管理人员决定，因此较为灵活。对于 RIP 协议，路由器发送的信息是"到所有网络的跳数和下一跳路由器地址"。

3. 只有当链路状态发生变化时，路由器采用洪泛法向所有路由器发送此信息。而不像 RIP 那样，不管网络拓扑有无发生变化，路由器之间都要定期交换路由表的信息。

由于各路由器之间频繁地交换链路状态信息，因此所有的路由器最终都能建立一个链路状态数据库，这个数据库实际上就是全网的拓扑结构图。这个拓扑结构图在全网范围内是一致的（链路状态数据是同步的）。因此，每个路由器都知道全网共有多少个路由器，以及哪些路由器是相连的，代价值等。每一个路由器使用链路状态数据库中的数据，构造出自己的路由表。而 RIP 协议的每个路由器虽然知道所有的网络的距离和下一跳路由器，但却不知道全网的拓扑结构。

OSPF 的链路状态数据库较快地进行更新，使各个路由器能及时更新其路由表。OSPF 的更新过程收敛得快的优点尤为突出。OSPF 也是一个开放协议，大部分路由器都支持此协议。

为了使 OSPF 能够用于规模更大的网络，OSPF 将一个自治系统再划分为若干个更小的范围，被称为区域（Area），如图 6-50 所示。图中表示了一个自治系统分为 3 个区域，每个区域都有一个 32 bit/s 的区域标识符（用点分十进制表示）。通常一个区域内的路由器个数不超过 200 个。划分区域的好处就是将利用洪泛法交换链路状态信息的范围局限在每一个区域而不是整个的自治系统，这就减少了整个网络上的通信量。在一个区域内部的路由器只知道本区域的完整网络拓扑，而不知道其他区域的网络拓扑的情况。

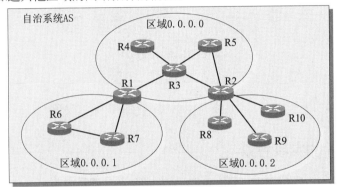

图 6-50　OSPF 在 AS 内分区域的路由选择

6.5.4　外部网关协议 BGP

最典型的外部网关协议是边界网关协议（Border Gateway Protocol，BGP），BGP 已经成为 Internet 中唯一的域间路由选择协议。BGP 协议不但可以实现自治系统间的路由选择，也可以用于自治系统内部，是一种双重路由选择协议。两个在自治系统之间进行通信的 BGP 相邻结点必须存在于同一个物理链路上。位于同一个自治系统内的 BGP 路由器可以互相通信，以确保它们对整个自治系统的所有信息都相同，而且通过信息交换后，它们将决定自治系统内哪个 BGP 路由器作为连接点来负责接收来自自治系统外部的信息。

有些自治系统仅仅作为一个数据传输的通道，这些自治系统既不是数据的发送端，也不是数据的接收端。BGP 协议必须与存在于这些自治系统内部的路由协议打交道，以使数据能正确通过它们。

BGP 采用了路由向量路由协议，在配置 BGP 时，每一个自治系统的管理员要选择至少一个路由器作为该自治系统的"BGP 发言人"。同一个自治系统（AS）中的两个或多个路由器之间运行的 BGP 被称为 iBGP（internal BGP）。归属不同 AS 的路由器之间运行的 BGP 称为 eBGP（external BGP）。在 AS 边界上与其他 AS 交换信息的路由器被称作边界路由器，如图 6-51 所示。在运行 BGP 路由器的路由实现中，eBGP 的优先级顺序高于 IGP，而 IGP 的优先级高于 iBGP。iBGP 和 eBGP 是通过人工配置实现的，路由器之间通过 TCP（端口 179）会话交互数据。BGP 路由选择协议执行中使用 4 种分组：打开分组、更新分组、存活分组、通告分组。BGP 路由器会周期地发送 19 字节的保持存活消息来维护连接（默认周期为 30 s）。在路由协议中，只有 BGP

使用 TCP 作为传输层协议。

BGP-4 于 1995 年发布，它取消 BGP 网络中"类"的概念，支持无类域间路由（网络前缀的通告）。BGP-4 也引入机制支持路由聚合，包括 AS 路径的集合，为超网提供了支持。

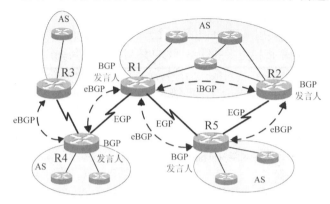

图 6-51　BGP 协议

6.6　IPv6 技术

6.6.1　IPv6 的发展背景

Internet 在各个领域内得到了空前的发展，人们对信息资源的开发和利用进入了一个全新的阶段。当前 Internet 网络层协议使用的 IP 协议为 IPv4 版本，而 IPv4 地址资源越来越紧张，路由表越来越庞大，路由速度越来越慢等。虽然各方面都在研究一些补救的方法，如用地址翻译（NAT）来缓解 IP 地址的紧张，用无类域间路由选择来改善路由性能等，但这些方法只能给 IPv4 带来暂时的改善，并不能解决长远的地址匮乏问题。

为了解决这个问题，IETF 在 RFC1550 中发表了一个寻求提议的声明。到 1992 年 12 月，Internet 为下一代 IP 提出了共 7 个重要提议，而其中 3 个提议通过多次讨论和修改，合并为增强的简单因特网协议 SIPP（Simple Internet Protocol Plus）。到 1993 年 9 月，SIPP 被选中作为下一代 IPng 开发的基础并将之命名为 IPv6。IETF 组成一个特定的工作组 IPNGWG 来对其进行研究和标准化。随着时间的推移，各种协议经过不断改进和合并，1995 年 2 月"对 IP 下一代协议的建议"RFC1752 公布，多年来，与 IPv6 相关其他草案也不断公布。

我国也不断致力于 IPv6 的开发和应用，在 2004 年年底，中国第一个下一代互联网暨中国下一代互联网示范工程核心网 CERNET2 正式开通，其主干就是基于 IPv6 技术，该网络与世界主流 IPv6 试验网 6Bone 等网络实现互联，目前已连接该网络的高校已达到数百所。

6.6.2　IPv6 的技术特点

与 IPv4 相比，IPv6 具有如下的特点。

1．扩展了寻址和路由的能力

IPv6 把 IP 地址由 32 位增加到 128 位，从而能够支持更大的地址空间，IPv6 的地址总数大约有 $3.4 \times 10E38$ 个。IPv6 地址支持更多级别的地址层次，类似于 CIDR 的分层分级结构，把 IPv6 的地址空间按照不同的地址前缀来划分，以利于骨干网路由器对数据包的快速转发。

2．报头格式的简化与扩展

IPv6 对数据报头做了简化，以减少处理器开销并节省网络带宽。IPv 6 的报头由一个基本报头和多个扩展报头（Extension Header）构成，基本报头具有固定的长度（40 字节），放置所有路由器都需要处理的信息。由于 Internet 上的绝大部分包都只是被路由器简单的转发，因此固定的报头长度有助于加快路由速度。IPv 6 还定义了多种扩展报头，这使得 IPv 6 变得极其灵活，能提供对多种应用的强力支持，比如路由、分段、身份认证等，同时又为以后支持新的应用提供了可能。

3．即插即用的连网

IPv6 把自动将 IP 地址分配给用户的功能作为标准功能。只要主机连接到网络，便可自动设定地址，用户无需自己配置地址，也大大减轻了网络管理者的负担。IPv 6 有两种自动设定功能。一种是和 IPv4 自动设定功能一样的名为"全状态自动设定"功能，另一种是"无状态自动设定"功能。

4．网络层的认证与加密

安全问题始终是与 Internet 相关的一个重要话题。由于在 IP 协议设计之初没有考虑安全性，因而在早期的 Internet 上时常发生诸如企业或机构网络遭到攻击、机密数据被窃取等不幸的事情。为了加强 Internet 的安全性，从 1995 年开始，IETF 着手研究制定了一套用于保护 IP 通信的 IP 安全（IPSec）协议。IPSec 是 IPv 4 的一个可选扩展协议，是 IPv 6 的一个必需组成部分。作为 IPSec 的一项重要应用，IPv 6 集成了虚拟专用网（VPN）的功能，使用 IPv 6 可以更容易地、实现更为安全可靠的虚拟专用网。

> IPSec 的主要功能是在网络层对数据分组提供加密和鉴别等安全服务，它提供了 2 种安全机制：认证和加密。认证机制使 IP 通信的数据接收方能够确认数据发送方的真实身份以及数据在传输过程中是否遭到改动。加密机制通过对数据进行编码来保证数据的机密性，以防数据在传输过程中被他人截获而失密。IPSec 的认证报头（Authentication Header，AH）协议定义了认证的应用方法，安全负载封装（Encapsulating Security Payload，ESP）协议定义了加密和可选认证的应用方法。在实际进行 IP 通信时，可以根据安全需求同时使用这两种协议或选择使用其中的一种。AH 和 ESP 都可以提供认证服务，不过，AH 提供的认证服务要强于 ESP。

5．服务质量的满足

基于 IPv 4 的 Internet 在设计之初，只有一种简单的服务质量，即采用"尽最大努力"（Best effort）传输，从原理上讲服务质量 QoS 是无保证的。文本传输，静态图像等传输对 QoS 并无要求。随着 IP 网上多媒体业务增加，如 IP 电话、VoD、电视会议等实时应用，对传输延时和延时抖动均有严格的要求。

IPv 6 数据包的格式包含一个 8 位的业务流类别（Class）和一个新的 20 位的流标签（Flow Label），其目的是允许发送业务流的源节点和转发业务流的路由器在数据包上加上标记，并进行除默认处理之外的不同处理。一般来说，在所选择的链路上，可以根据开销、带宽、延时或其他特性对数据包进行特殊的处理。一个流是以某种方式相关的一系列信息包，IP 层必须以相关的方式对待它们。决定信息包属于同一流的参数包括：源地址，目的地址，QoS，身份认证及安全性。IPv6 中流的概念的引入仍然是建立在无连接协议的基础上的，一个流可以包含几个 TCP 连接，一个流的目的地址可以是单个节点也可以是一组节点。IPv6 的中间节点接收到一个信息包时，通过验证他的流标签，就可以判断它属于哪个流，然后就可以知道信息包的 QoS 需求，进行快速的转发。

6．对移动通信更好的支持

未来移动通信与互联网的结合将是网络发展的大趋势之一。移动互联网将成为我们日常生活的一部分，改变我们生活的方方面面。据权威机构统计，2005 年全球已经拥有 14 亿移动电话用户，其中 10 亿为移动互联网用户。移动互联网不仅仅是移动接入互联网，它还提供一系列以移动性为核心的多种增值业务：查询本地化设计信息、远程控制工具、无限互动游戏、购物付款等。移动 IPv6 的设计汲取了移动 IPv4 的设计经验，并且利用了 IPv6 的许多新的特征，所以提供了比移动 IPv4 更多的、更好的特点。移动 IPv6 成为 IPv6 协议不可分割的一部分。

6.6.3 IPv6 的地址

1．IPv6 地址的表示方法

根据在 RFC2373 中的定义，IPv6 地址有 3 种格式，即首选格式、压缩表示和内嵌 IPv4 的 IPv6 地址。

● 首选格式

首选格式就是采用冒号十六进制法，也就是说将 IPv6 的 128 位地址的每个 16 位划分为一段，每段被转换为一个 4 位十六进制数，并用冒号隔开，如下所示。

FEDC：：BA98：7654：4210：FEDC：BA98：7654：3210

2001：0：0：0：0：8：800：201C：417A，其中，每一组数值前面的 0 可以省略，如 "0008" 写成 8，"0000" 表示为 0。

● 压缩表示

在上面给出的第二个 IPv6 地址中，出现有长串 0 位的地址。为了简化包含 0 位地址的书写，可以使用 "：："符号简化多个 0 位的 16 位组。"：："符号在一个地址中只能出现一次。该符号也可以用来压缩地址中前部和尾部的 0 。压缩表示和首选格式的对照如下。

表 6-7

首选格式	压缩格式
FF01：0：0：0：0：0：0：101 多点传送地址	FF01：：101 多点传送地址
0：0：0：0：0：0：0：1 回送地址	：：1 回送地址
0：0：0：0：0：0：0：0 未指定地址	：： 未指定地址

● 内嵌 IPv4 地址的 IPv6 地址

该地址是过渡机制中使用的一种特殊表示方法。在涉及 IPv 4 和 IPv 6 节点混合的网络环境中，IPv 6 采用的地址表达方式为为 X：X：X：X：X：X：D.D.D.D ，其中 X 是地址中 1 个高阶 16 位段的十六进制值， D 是地址中低阶 8 位字段的十进制值（按照 IPv 4 标准表示）。例如下面两种嵌入 IPv 4 地址的 IPv 6 地址。

0：0：0：0：0：0：202.201.32.29 嵌入 IPv4 地址的 IPv6 地址，

0：0：0：0：0：FFFF：202.201.32.30 嵌入 IPv4 地址的 IPv6 地址。

写成压缩格式分别如下所示。

：：202.201.32.29

：：FFFF.202.201.32.30

2．IPv6 地址的种类

IPv6 定义了 3 种不同的地址类型，即单点传送地址（Unicast Address），多点传送地址（Multicast Address）和任意点传送地址（Anycast Address）。所有类型的 IPv 6 地址都是属于接口（Interface）而非节点（node）。IPv 6 中的单点传送地址是连续的，一个 IPv 6 单点传送地址被赋给某一个接口，而一个接口又只能属于某一个特定的节点，因此一个节点的任意一个接口的单点传送地址都可以用来标示该节点。IPv 6 中有多种单点传送地址形式，包括基于全局提供者的单点传送地址、基于地理位置的单点传送地址、NSAP 地址、IPX 地址、节点本地地址、链路本地地址和兼容 IPv 4 的主机地址等。

多点传送地址是一个地址标识符对应多个接口的情况（通常属于不同节点）。IPv 6 多点传送地址用于表示一组节点。一个节点可能会属于几个多点传送地址。

任意点传送地址也是一个标识符对应多个接口的情况。如果一个报文要求被传送到一个任意点传送地址，则它将被传送到由该地址标识的一组接口中的最近一个（根据路由选择协议距离度量方式决定）。任意点传送地址是从单点传送地址空间中划分出来的，因此它可以使用表示单点传送地址的任何形式。从语法上来看，它与单点传送地址间是没有差别的。当一个单点传送地址被指向多于一个接口时，该地址就成为任意点传送地址，并且被明确指明。

3．IPv 6 地址的配置

IPv 6 地址的配置包括全状态自动配置（Stateful Auto configuration）和无状态自动配置（Stateless Auto configuration）。在 IPv 4 中，动态主机配置协议实现了主机 IP 地址及其相关配置的自动设置。主机从 DHCP 服务器租借 IP 地址并获得有关的配置信息（如缺省网关、DNS 服务器等），由此达到自动设置主机 IP 地址的目的。IPv 6 继承了 IPv 4 的这种自动配置服务，也被称为全状态自动配置。

在无状态自动配置过程中，主机首先通过将它的网卡 MAC 地址附加在链接本地地址前缀 1111111010 之后，产生一个链路本地单点传送地址。接着主机向该地址发出一个被称为邻居发现（Neighbor discovery）的请求，以验证地址的唯一性。如果请求没有得到响应，则表明主机自我设置的链路本地单点传送地址是唯一的。否则，主机将使用一个随机产生的接口 ID 组成一个新的链路本地单点传送地址。然后，以该地址为源地址，主机向本地链路中所有路由器多点传送一个被称为路由器请求（Router solicitation）的配置信息。路由器以一个包含一个可聚集全球单点传送地址前缀和其他相关配置信息的路由器公告响应该请求。主机用它从路由器得到的全球地址前缀加上自己的接口 ID，自动配置全球地址，然后就可以与 Internet 中的其他主机通信了。使用无状态自动配置，无需手动干预就能够改变网络中所有主机的 IP 地址。在实际应用中，当企业更换了联入 Internet 的 ISP 时，将从新 ISP 处得到一个新的可聚集全球地址前缀。ISP 把这个地址前缀从它的路由器上传送到企业路由器上。由于企业路由器将周期性地向本地链路中的所有主机多点传送路由器公告，因此企业网络中所有主机都将通过路由器公告收到新的地址前缀，此后，它们就会自动产生新的 IP 地址并覆盖旧的 IP 地址。

使用 DHCP 进行 IPv 6 地址自动设定，连接于网络的机器需要查询自动设定用的 DHCP 服务器才能获得地址及其相关配置。在家庭网络中，通常没有 DHCP 服务器，此外在移动环境中往往是临时建立的网络，在这两种情况下，当然使用无状态自动设定方法为宜。

6.6.4　IPv6 与 IPv4 的互通

在 IPv6 成为主流协议之前，首先使用 IPv 6 协议栈的网络希望能与当前仍被 IPv 4 支撑着的 Internet 进行正常通信，因此必须开发出 IPv 4／IPv 6 互通技术以保证 IPv 4 能够平稳过渡到

IPv 6。此外，互通技术应该对信息传递做到高效无缝。国际上 IETF 组建了专门的 NGTRANS 工作组开展对于 IPv 4／IPv 6 过渡问题和高效无缝互通问题的研究。 目前解决过渡问题的基本技术主要有 3 种：双协议栈（RFC2893 obsolete RFC1933），隧道技术（RFC2893），NAT-PT （RFC2766）。

1．双协议栈（DualStack）

双协议栈技术是使 IPv6 节点与 IPv 4 节点兼容的最直接方式，应用对象是主机、路由器等通信节点，如图 6-52 所示。支持双协议栈的 IPv 6 节点与 IPv 6 节点互通时使用 IPv 6 协议栈，与 IPv 4 节点互通时借助于 4over 6 使用 IPv4 协议栈。IPv 6 节点访问 IPv 4 节点时，先向双栈服务器申请一个临时 IPv 4 地址，同时从双栈服务器得到网关路由器的 TEP（Tunnel End Point） IPv 6 地址。IPv6 节点在此基础上形成一个 4 over 6 的 IP 包，4 over 6 包经过 IPv 6 网传到网关路由器，网关路由器将其 IPv 6 头去掉，将 IPv 4 包通过 IPv 4 网络送往 IPv 4 节点。网关路由器要记住 IPv 6 源地址与 IPv 4 临时地址的对应关系，以便反方向将 IPv 4 节点发来的 IP 包转发到 IPv 6 节点。

这种方式对 IPv 4 和 IPv 6 提供了完全的兼容，但由于需要双路由基础设施，增加了网络的复杂度，依然无法解决 IP 地址耗尽的问题。

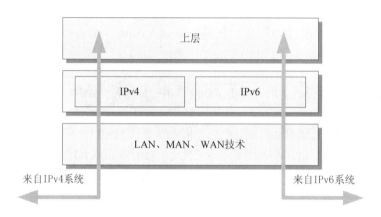

图 6-52　IPv 4 和 IPv 6 双协议栈

2．隧道技术（Tunnel）

隧道技术提供了一种以现有 IPv 4 路由体系来传递 IPv 6 数据的方法，它将 IPv 6 包作为无结构意义的数据，封装在 IPv 4 包中，被 IPv 4 网络传输，如图 6-53 所示。根据建立方式的不同，隧道技术可分为手工配置隧道和自动配置隧道两类。隧道技术巧妙地利用了现有的 IPv 4 网络，其意义在于提供了一种使 IPv 6 的节点间能够在过渡期间通信的方法，但不能解决 IPv 6 节点与 IPv 4 节点间互通的问题，而且 IPv 6 新的特性也无法体现。

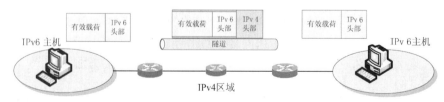

图 6-53　IPv 6 与 IPv 4 互通的隧道技术

3. NAT-PT

NAT-PT 是一种纯 IPv 6 节点和 IPv 4 节点间的互通方式，所有包括地址、协议在内的转换工作都由网络设备来完成。支持 NAT-PT 的网关路由器应具有 IPv 4 地址池，在从 IPv 6 向 IPv 4 域中转发数据报时使用。此外网关路由器支持 DNS-ALG（DNS，应用层网关），在 IPv 6 节点访问 IPv 4 节点时发挥作用。

练习题

1．选择题

（1）网桥工作在互连网络的＿＿＿＿＿＿。

A．物理层　　　　　B．数据链路层　　　　C．网络层　　　　D．传输层

（2）路由器运行于 OSI 模型的＿＿＿＿＿＿。

A．数据链路层　　　B．网络层　　　　　　C．传输层　　　　D．应用层

（3）在计算机网络中，能将异种网络互连起来，实现不同网络协议相互转换的网络互连设备是＿＿＿＿＿＿。

A．集线器　　　　　B．路由器　　　　　　C．网关　　　　　D．中继器

（4）对于缩写词 X.25、ISDN、PSTN 和 DDN，分别表示的是＿＿＿＿＿＿。

A．　数字数据网、公用电话交换网、分组交换网、帧中继

B．　分组交换网、综合业务数字网、公用电话交换网、数字数据网

C．　帧中继、分组交换网、数字数据网、公用电话交换网

D．　分组交换网、公用电话交换网、数字数据网、帧中继

（5）英文单词 Hub、Switch、Bridge、Router、Gateway 代表着网络中常用的设备，它们分别表示为＿＿＿＿＿＿。

A．　集线器、网桥、交换机、路由器、网关

B．　交换机、集线器、网桥、网关、路由器

C．　集线器、交换机、网桥、网关、路由器

D．　交换机、网桥、集线器、路由器、网关

（6）在下面的 IP 地址中，＿＿＿＿＿＿属于 C 类地址。

A．141.0.0.0　　　　　　　　　　　B．3.3.3.3

C．197.234.111.123　　　　　　　　D．23.34.45.56

（7）在给主机配置 IP 地址时，合法的是＿＿＿＿＿＿。

A．129.9.255.18　　　　　　　　　 B．127.21.19.109

C．192.5.91.255　　　　　　　　　 D．220.103.256.56

（8）ARP 协议的主要功能是＿＿＿＿＿＿。

A．将物理地址解析为 IP 地址　　　　B．将 IP 地址解析为物理地址

C．将主机域名解析为 IP 地址　　　　D．将 IP 地址解析为主机域名

2．简答题

（1）网络互连类型有哪几类？请举出一个实例，说明它属于哪种类型？

（2）从通信协议的角度来看，网络互连可以分为哪几个层次？各有什么特点？

（3）网桥是从哪个层次上实现了不同网络的互连？它具有什么特点？

（4）为什么使用网桥划分网段、使用路由器划分子网可以提高网络的性能？从网络互连层

次的角度，说明使用网桥和路由器有何不同？

（5）路由器是从哪个层次上实现了不同网络的互连？路由器具备的特点有哪些？

（6）什么是网关？它主要解决什么情况下的网络互连？

（7）若要将一个 B 类的网络 172.17.0.0 划分为 14 个子网，请计算出每个子网的子网掩码，以及在每个子网中主机 IP 地址的范围是多少？

（8）若要将一个 B 类的网络 172.17.0.0 划分子网，其中包括 3 个能容纳 16 000 台主机的子网，7 个能容纳 2 000 台主机的子网，8 个能容纳 254 台主机的子网，请写出每个子网的子网掩码和主机 IP 地址的范围。

（9）对于一个从 192.168.80.0 开始的超网，假设能够容纳 4 000 台主机，请写出该超网的子网掩码以及所需使用的每一个 C 类的网络地址。

（10）简要说明 IPv 6 的优点以及 IPv 6 与 IPv 4 的互通。

第 7 章
Internet 应用与 Intranet

- Internet 的资源与应用；
- Internet 在中国的发展；
- Internet 中的域名系统；
- 主机配置协议；
- SNMP 管理模型；
- WWW 服务、电子邮件服务及其相关协议；
- 文件传输服务、远程登录服务及其相关协议；
- Internet 的接入技术；
- 企业内联网 Intranet 的相关概念与技术。

Internet 作为全球最大的互联网络，其规模和用户数量都是其他任何网络所无法比拟的，Internet 上的丰富资源和服务功能更是具有极大的吸引力。本章将以 Internet 为主线，着重介绍与 Internet 相关的一些概念、技术、服务与应用。

7.1 Internet 概述

Internet 是由成千上万的不同类型、不同规模的计算机网络和计算机主机组成的覆盖世界范围的巨型网络。Internet 的中文名称为"因特网"。

从技术角度来看，Internet 包括了各种计算机网络，从小型的局域网、城市规模的城域网，到大规模的广域网。计算机主机包括了 PC 机、专用工作站、小型机、中型机和大型机。这些网络和计算机通过电话线、高速专用线、微波、卫星和光缆连接在一起，在全球范围内构成了一个四通八达的"网间网"，图 7-1 显示了 Internet 的用户视图和典型内部结构。Internet 起源于美国，并由美国扩展到世界其他地方。在这个网络中，其核心的几个最大的主干网络组成了 Internet 的骨架，它们主要属于美国的 Internet 服务供应商，如 GTE、MCI、Sprint 和 AOL 等。通过主干网络之间的相互连接，建立起一个非常快速的通信网络，承担了网络上大部分的通信任务。每个主干网络间都有许多交汇的节点，这些节点将下一级较小的网络和主机连接到主干网络上，这些较小的网络再为其服务区域的公司或个人提供连接服务。

从应用角度来看，Internet 是一个世界规模的巨大的信息和服务资源网络，它能够为每一个 Internet 用户提供有价值的信息和其他相关的服务。也就是说，通过使用 Internet，世界范围的人们既可以互通消息、交流思想，又可以从中获得各方面的知识、经验和信息。

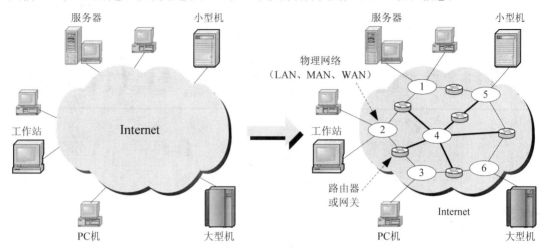

图 7-1　Internet 的用户视图和典型内部结构

7.1.1　Internet 的管理机构

Internet 不受某一个政府或个人控制，但它本身却以自愿的方式组成了一个帮助和引导 Internet 发展的最高组织，称为 "Internet 协会"（Internet Society，ISOC）。该协会成立于 1992 年，是非营利性的组织，其成员是由与 Internet 相连的各组织和个人组成的。Internet 协会本身并不经营 Internet，但它支持 Internet 体系结构委员会（Internet Architecture Board，IAB）开展工作，并通过 IAB 进行实施。

IAB 负责定义 Internet 的总体结构（框架和所有与其连接的网络）和技术上的管理，对 Internet 存在的技术问题及未来将会遇到的问题进行研究。IAB 下设 Internet 研究任务组（IRTF）、Internet 工程任务组（IETF）和 Internet 网络号码分配机构 IANA。

- Internet 研究工作组（IRTF）的主要任务是促进网络和新技术的开发与研究。
- Internet 工程任务组（IETF）的主要任务是解决 Internet 出现的问题，帮助和协调 Internet 的改革和技术操作，为 Internet 各组织之间的信息沟通提供条件。
- Internet 网络号码分配机构（IANA）的主要任务是对诸如注册 IP 地址和协议端口地址等 Internet 地址方案进行控制。

Internet 的运行管理可分为两部分：网络信息中心 InterNIC 和网络操作中心 InterNOC。网络信息中心负责 IP 地址分配、域名注册、技术咨询、技术资料的维护与提供等。网络操作中心负责监控网络的运行情况以及网络通信量的收集与统计等。

几乎所有关于 Internet 的文字资料，都可以在 RFC（Request For Comments）中找到，它的意思是 "请求评论"。RFC 是 Internet 的工作文件，其主要内容除了包括对 TCP/IP 协议标准和相关文档的一系列注释和说明外，还包括政策研究报告、工作总结和网络使用指南等。

7.1.2　Internet 的资源与应用

Internet 是一个信息资源的大海洋，为了更加充分地利用 Internet 这个得天独厚的信息资源，人们发明和开发了各种各样的软件工具，从而使 Internet 为人们提供的信息服务越来越完善。

7.1.2.1　Internet 上的信息资源

Internet 作为一个整体，它为使用者提供了越来越完善的信息服务。信息是 Internet 上最重要的资源，也是进入 Internet 的人们希望得到的东西。

不少人在 Internet 上查找自己所需要的信息资源时，往往只注意到通过计算机系统获取信息，却忽略了从 Internet 上的 "人" 资源那里获取信息。事实上，在 Internet 上，可以找到能够提供各种信息的人，其他包括教育家、科学家、工程技术专家、医生、律师以及具有各种专长和爱好的人们。Internet 对所有的网上用户提供在完全平等条件下进行交流和讨论的渠道。只要你愿意，几乎在所有可能想到的题目下都能够找到进行讨论和交流的专题小组。对于 Internet 的一般用户来说，他们即使不属于任何特定的专题小组成员，也同样可以就任何问题寻求有关专家或其他用户的帮助，从他们那里获得咨询信息。另外，只要自己愿意，每个用户也能成为信息的提供者。

在 Internet 上，大量的信息资源存储在各个具体网络的计算机系统上，所有计算机系统存储的信息组成信息资源的大海洋。信息的内容几乎无所不包，有科学技术领域的各种专业信息，也有与大众日常工作和生活息息相关的信息；有知识性和教育性的信息，也有娱乐性和消遣性的信息；有历史题材的信息，也有现实生活的信息等。信息的载体几乎涉及所有媒体，例如，文档、表格、图形、影像、声音以及它们之间的合成。信息的容量小到几行字，大到一份报纸、一本书甚至一个图书馆。信息分布在世界各地的计算机系统上，并以各种可能的形式存在，例如，文件、数据库、公告牌、目录文档和超文本文档等。用户如果希望获得这些信息资源，一般需要知道信息资源所在的计算机系统的地址。所以对于经常使用 Internet 的用户来说，一项重要的任务就是要积累信息资源的地址，也就是说，需要知道存储信息的资源服务器（或数据库）的地址、访问资源的方式（包括应用工具、进入方式、路径和选择项等）。

应当指出，在 Internet 上有数千万人在从事信息活动，Internet 本身又在急剧的扩展，所以网上的信息资源几乎每天都在增加和更新，重要的是要掌握信息资源的查找方法。另外，由于历史的原因，Internet 上的信息资源主要来自美国，反映其他国家和地区的信息资源相对较少。随着 Internet 在我国的发展，特别是国内各大骨干网的建成和互连，为中文信息大规模上网提供了良好的国内网络环境。

7.1.2.2　Internet 提供的主要服务

Internet 是一个庞大的互联系统，它通过全球的信息资源和入网的 170 多个国家的数百万个网点，向人们提供了包罗万象、瞬息万变的信息。由于 Internet 本身的开放性、广泛性和自发性，可以说，Internet 上的信息资源是无限的。

人们可以在 Internet 上迅速而方便地与远方的朋友交换信息，可以把远在千里之外的一台计算机上的资料瞬间拷贝到自己的计算机上，可以在网上直接访问有关领域的专家，针对感兴趣的问题与他们进行讨论。人们还可以在网上漫游、访问和搜索各种类型的信息库、图书馆甚至实验室。很多人在网上建立自己的主页（Homepage），定期发布自己的信息。所有这些都应当归功于 Internet 所提供的各种各样的服务。

Internet 的应用给人们提供了一种交流方式上的一次新的革命。人们为了访问和获取网上的各种信息资源，为了更加充分地利用 Internet 这个得天独厚的信息交流环境，发明和创造了各种各样的软件工具，大大地方便了人们在 Internet 上访问和搜索网上信息资源以及进行彼此间的交流。从数据传输方式的角度来说，Internet 提供的主要服务包括：网络通信、远程登录、文件传送以及网上信息服务等。

1. 网络信息服务

网络信息服务主要指信息查询服务和建立信息资源服务。Internet 上集中了全球的信息资源，是存储和发布信息的地方，也是人们查询信息的场所。信息资源是 Internet 最重要的资源。信息分布在世界各地的计算机上，主要内容有：教育科研、新闻出版、金融证券、医疗卫生、计算机技术、娱乐、贸易、旅游、商业和社会服务等。

Web 是在 Internet 上运行的信息系统，Web 是 WWW（World Wide Web）的简称，译为万维网，又称全球信息网。Web 将世界各地信息资源以超文本或超媒体的形式组织成一个巨大的信息网络，它是一个全球性的分布式信息系统，用户只要使用 Web 浏览器的软件，用鼠标点取有关的文字或图形，就可以随心所欲地在万维网中漫游，获取感兴趣的信息。因而，WWW 服务是目前使用最普及、最受欢迎的一种信息服务形式。

2. 电子邮件（E-mail）服务

电子邮件又称电子信箱，它是网上的邮政系统，是一种以计算机网络为载体的信息传输方式。电子邮件与普通邮政邮件的投递方式很类似，在普通邮政邮件系统中，每个人有一个地址和信箱，如果你要发信，把信写好后，在信封上写明发信人和收信人的地址，再将信件投入邮筒，邮政部门就会把信送给收信人。

在电子邮件系统中，如果你是 Internet 用户或者是与 Internet 相连的网络上的电子邮件用户，在互联网系统中就有一个属于你的电子信箱和电子信箱的地址，这些信箱的地址在 Internet 上是唯一的。Internet 上的用户按你的信箱地址向你发送的电子信件，都会送到你的电子信箱中。每个电子邮件都有一个标明寄件人的地址和收件人的信箱地址的"信封"。寄件人可以随时随地发送邮件，如果对方正在使用计算机，那么他可以马上阅读邮件。如果对方没有打开计算机，邮件就存放在收件人的电子信箱中，收件人开机后，就可以打开信箱，把邮件取回本机，阅读信件。使用电子邮件，同一个信件可以发给一个、多个或预先定义的一组用户。接到信件后可以进行阅读、打印、转发、回答或删除。与传统的邮政系统相比，电子邮件具有速度快、信息量大、价格便宜、信息易于再使用等优点。如果需要，还可以对邮件进行加密。

3. 文件传输服务

文件传输是在 Internet 上把文件准确无误地从一个地方传输到另一个地方。利用 Internet 进行交流时，经常需要传输大量的数据和各种信息，所以文件传输是 Internet 的主要用途之一。在 Internet 上，许多 FTP 服务器对用户都是开放的，有些软件公司在新软件发布时，常常将一些试用软件放在特定的 FTP 服务器上，用户只要把自己的计算机连入 Internet，就可以免费下载这些软件。

4. 远程登录服务

远程登录是将用户本地的计算机通过网络连通到远程计算机上，从而可以使用户像坐在远程计算机面前一样使用远程计算机的资源，并运行远程计算机的程序。一般来说，用户正在使用的计算机为本地计算机，其系统为本地系统，而把非本地计算机看作是远程计算机，其系统为远程系统。远程与本地的概念是相对的，不根据距离的远近来划分。远程计算机可能和本地计算机在同一个房间、同一校园，也可能远在数千公里以外。通过远程登录可以使用户充分利用各方资源。

5. 电子公告牌服务

计算机化的公告系统允许用户上传和下载文件以及讨论和发布通告等。电子公告牌使网络用户很容易获取和发布各种信息，例如问题征答和发布求助信息等。

6. 网络新闻服务

在 Internet 上还可以建立各种专题讨论组，趣味相投的人们通过电子邮件讨论共同关心的问题。当你加入一个组后，可以收到组中任何人发出的信件，当然，你也可以把信件发给组中的其他成员。利用 Internet，你还可以收发传真、打电话甚至国际电话，在高速宽带的网络环境下甚至可以收看视频广播节目以及召开远程视频会议等。

7.1.3　Internet 在中国的发展

Internet 在中国的发展可以追溯到 1986 年。当时，中科院等一些科研单位通过长途电话拨号到欧洲一些国家，进行国际联机数据库检索，这可以说是我国使用 Internet 的开始。1990 年，中科院高能所、北京计算机应用研究所、电子部华北计算所、石家庄五十四所等单位，先后将自己的计算机与 CNPAC(X.25) 相连接。利用欧洲国家的计算机作为网关，在 X.25 网与 Internet 之间进行转接，实现了中国 CNPAC 科技用户与 Internet 用户之间的 E-mail 通信等。

1993 年 3 月，中科院（CAS）高能所（IHEP）为了支持国外科学家使用北京正负电子对撞机做高能物理实验，开通了一条 64 kbit/s 国际数据信道，连接高能所和美国斯坦福线性加速器中心（SLAC）。

1994 年 4 月，中国科学院计算机网络信息中心（CNIC，CAS）正式接入 Internet。该网络信息中心于 1990 年开始主持一项世界银行贷款和国家科委共同投资项目"中国国家计算与网络设施"(NCFC)，在北京中关村地区建设一个超级计算中心，为了便于各单位使用超级计算机，将中科院中关村地区的 30 多个研究所以及北大、清华两所高校全部用光缆互连在一起。1994 年 4 月，64 kbit/s 国际线路连到美国，开通路由器，正式接入 Internet。自 1994 年初我国正式加入 Internet 并成为 Internet 的第 71 个成员单位以来，入网用户数量增长很快。据 CNNIC 公布的网上调查，截止到 2013 年 12 月底，我国网络用户规模达 6.18 亿，移动互联网用户规模达 5 亿。

我国目前已经建成中国电信（Chinanet）、中国联通互联网（UNInet）、中国移动互联网（Cmnet）、中国中国教育和科研计算机网（CERnet）和中国科技网（CSTnet）等互联网提供商，截至 2013 年 12 月，中国互联网主要骨干网络国际出口带宽 2 098 150 Mbit/s，其中中国电信 1 118 249 Mbit/s，中国联通 677 205 Mbit/s，中国移动 244 594 Mbit/s，中国教育和科研计算机网 35 500 Mbit/s，中国科技网 22 600 Mbit/s。

7.2　域名系统

在 Internet 中，由于采用了统一的 IP 地址，使得网络上任意两台主机的应用程序都可以很方便地使用 IP 地址进行通信。但 IP 地址是一个具有 32 bit 长的二进制数，即便使用 4 个十进制数来表示，对于一般用户来说，要记住这类抽象数字的 IP 地址还是十分困难的。为了向一般用户提供一种直观明了的主机识别符（主机名），TCP/IP 协议专门设计了一种字符型的主机命名机制，也就是给每一台主机一个由字符串组成的名字，这种主机名相对于 IP 地址来说是一种更为高级的地址形式，这就是本节所要讨论的域名系统。

Internet 的域名系统一方面可以给每台主机一个容易记忆的名字，另外一方面，还可以建立主机名与 IP 地址之间的映射关系。域名系统还能够完成咨询主机各种信息的工作。几乎所有的应用层软件都要使用域名系统，例如，远程登录协议 Telnet、文件传输协议 FTP 和简单邮件传输协议 SMTP 等。

7.2.1 层次型域名系统命名机制及管理

给网络上的主机命名，最简单的方法就是每一台主机的名字由一个字符串组成，地址解析通过网络信息中心 NIC 中的主机名与 IP 地址映射表来解决，然后由 NIC 负责主机名字的分配、确认和回收等工作，这种称为"无层次命名机制"的方法，它从表面上看起来是比较简单的。但实际上，它无法应用于 Internet 这类规模很大的网络，根本原因在于这种命名机制没有结构性。

随着 Internet 网上主机的数量不断增加，主机重名的可能性越来越大，网络信息中心的负担越来越重，而且地址映射表的维护也将越来越困难。因此，Internet 采取了一种层次型结构的命名机制。对 Internet 上主机的命名，一般必须考虑 3 个方面的问题：第一，主机名字在全局的唯一性，即能在整个 Internet 上通用；第二，要便于管理；第三，要便于映射。由于用户级的名字不能为使用 IP 地址的协议所接受，而 IP 地址也不容易为一般用户理解，因此，两者之间存在着映射需求，映射的效率是一个关键问题。对以上 3 方面问题的特定解决方法便构成了一种特定的命名机制——层次型命名机制。所谓"层次型"是指在名字中加入了层次型结构，使它与层次型名字空间（Hierarchy Name Space）管理机制的层次相对应。名字空间被分成若干个部分并授权相应的机构进行管理。该管理机构又有权对其所管辖的名字空间进一步划分，并再授权相应的机构进行管理。如此下去，名字空间的组织管理便形成一种树状的层次结构。各层管理机构以及最后的主机在树状结构中被表示为节点，并用相应的标识符来表示。

域名系统是一个分布式的主机信息数据库，它管理着整个 Internet 的主机名与 IP 地址。域名系统是采用分层管理的，因此，这个分布式主机信息数据库也是分层结构的，它类似于计算机中文件系统的结构。整个数据库是一棵倒立的树形结构，如图 7-2 所示。顶部是根，根名为空标记""，但在文本格式中写成"."，树中的每一个节点代表整个数据库的一部分，也就是域名系统的域，域可以进一步划分为子域。每一个域都有一个域名，用来定义它在数据库中的位置。在域名系统中，域名全称是从子域名向上直到根的所有标记组成的串，标记之间由"."分隔开。

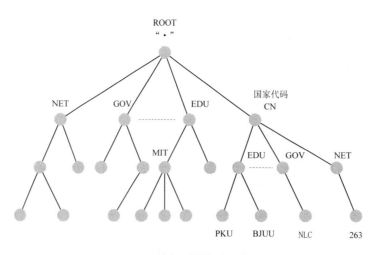

图 7-2　域名系统数据库示意图

在层次型命名机制管理中，最高一级名字空间的划分是基于"网点名"（Site name）的。一个网点作为整个 Internet 的一部分，由若干网络组成，这些网络在地理位置或组织关系上联系非常紧密，因此，Internet 将它们抽象成一个"点"来处理。例如，商业组织 COM、的教育机构 EDU、某一个国家代码<Country Code>等。在各个网点内又可以分出若干个"管理组"（Administrative group），因此，第二级名字空间的划分是基于"组名"（Group Name）的，在组名下面才是各主机的"本地名"。一般情况下，一个完整而通用的层次型主机名由如下 3 部分组成，如图 7-3（a）所示。

有时主机的本地名部分可能是一个具体的机构或网络，称为"子域"。在子域前面可标有主机名，因而，层次型主机名可表示为：主机名·本地名·组名·网点名，如图 7-3（b）所示。例如，一台主机名为 www.nlc.gov.cn，则它表示的是中国国家图书馆的一台主机的名字。

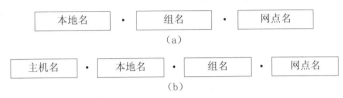

图 7-3　层次型主机名的结构

7.2.2　Internet 域名系统的规定

Internet 所实现的层次型名字管理机制被称为"域名系统"，即 DNS（Domain Name System）。为了保证域名系统具有通用性，Internet 制定了一组正式的通用标准代码作为第一级域名，如表 7-1 所示。

表 7-1　　　　　　　　　　　　　　　Internet 第一级域名的代码及意义

域 名 代 码	意　　义
COM	商业组织
EDU	教育机构
GOV	政府部门
MIL	军事部门
NET	网络支持中心
ORG	其他组织
ARPA	临时 ARPA(未用)
INT	国际组织
<Country Code>	国家代码
1997 新增加的第一级代码	
FIRM	商业公司
STORE	商品销售企业
WEB	与 WWW 相关的单位
ARTS	文化和娱乐单位
REC	消遣和娱乐单位
INFO	提供信息服务的单位
NOM	个人

在第一级域名代码中，前面 8 个域名对应于组织模式，接下来的一个域名对应于地理模式。组织模式是按组织管理的层次结构划分所产生的组织型域名，由 3 个字母组成，如 EDU、COM 等，1997 年又新增加了 7 个第一级域名 FIRM、STORE、WEB、ARTS、REC、INFO 和 NOM。而地理模式则是按国别地理区域划分所产生的地理型域名，这类域名是世界各国和地区的名称，并且规定由两个字母组成，表 7-2 列出了一些地区代码。

表 7-2　　　　　　　　　　　　国家或地区代码

地 区 代 码	国家或地区	地 区 代 码	国家或地区
AU	澳大利亚	JP	日本
BR	巴西	KR	韩国
CA	加拿大	MO	中国澳门
CN	中国	RU	俄罗斯
FR	法国	SG	新加坡
DE	德国	TW	中国台湾
HK	中国香港	UK	英国

中国的 Internet 的最高级域名为"CN"，二级域名共 40 个，分为 6 个"类别域名"，包括 AC、COM、EDU、GOV、NET 和 ORG，34 个"行政区域名"，例如 BJ（北京）、SH（上海）、TJ（天津）、ZJ（浙江）等。

7.2.3　域名系统的工作原理

7.2.3.1　域名解析

用人们熟悉的自然语言去标识一台主机的域名，自然要比用数字型的 IP 地址更容易记忆。但是主机域名不能直接用于 TCP/IP 协议的路由选择之中。当用户使用主机域名进行通信时，必须首先将其映射成 IP 地址。因为 Internet 通信软件在发送和接收数据时都必须使用 IP 地址，这种将主机域名映射为 IP 地址的过程叫做域名解析。域名解析包括正向解析（从域名到 IP 地址）以及反向解析（从 IP 地址到域名）。Internet 的域名系统 DNS 能够透明地完成此项工作。

Internet 域名到 IP 地址的映射是由一组既独立又协作的域名服务器来完成的。域名服务器实际上是一种域名服务软件。它运行在指定的机器上，完成域名与 IP 地址之间的映射。

7.2.3.2　域名系统的组成

域名系统由解析器和域名服务器组成。

1．解析器

在域名系统中，解析器为客户方，它与应用程序连接，负责查询域名服务器、解释从域名服务器返回的应答以及把信息传送给应用程序等。

2．域名服务器

域名服务器用于保存域名信息，一部分域名信息组成一个区，域名服务器负责存储和管理一个或若干个区。为了提高系统的可靠性，每个区的域名信息至少由两台域名服务器来保存。

7.2.3.3 域名系统的工作过程

一台域名服务器不可能存储 Internet 中所有的计算机名字和地址。一般来说，服务器上只存储一个公司或组织的计算机名字和地址。例如，当中国的一个计算机用户需要与美国麻省理工大学的一台名为 www 的计算机通信时，该用户首先必须指出那台计算机的名字。假定该计算机的域名地址为"www.mit.edu"。中国这台计算机的应用程序在与计算机 www 通信之前，首先需要知道 www 的 IP 地址。为了获得 IP 地址，该应用程序就需要使用 Internet 的域名服务器。具体的解析步骤如图 7-4 所示。

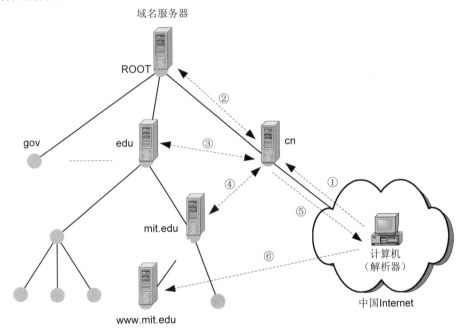

图 7-4　域名解析的过程

① 首先，假定解析器向中国的本地域名服务器发出请求，查寻"www.mit.edu"的 IP 地址。

② 中国的本地域名服务器先查询自己的数据库，若发现没有相关的记录，则向根"."域名服务器发出查寻"www.mit.edu"的 IP 地址请求；根域名服务器给中国本地域名服务器返回一个指针信息，并指向 edu 域名服务器。

③ 中国的本地域名服务器向 edu 域名服务器发出查找"mit.edu"的 IP 地址请求，edu 域名服务器给中国的本地域名服务器返回一个指针信息，并指向"mit.edu"域名服务器。

④ 经过同样的解析过程，"mit.edu"域名服务器再将"www.mit.edu"的 IP 地址返回给中国的本地域名服务器。

⑤ 中国本地域名服务器将"www.mit.edu"的 IP 地址发送给解析器。

⑥ 解析器使用 IP 地址与 www.mit.edu 进行通信。

整个过程看起来相当繁琐，但由于采用了高速缓存机制，所以查询过程非常快。由上述例子可以看出，本地域名服务器为了得到一个地址，往往需要查找多个域名服务器。因此，在查寻地址的同时，本地域名服务器也就得到许多其他域名服务器的信息。例如，IP 地址、负责的区域等。本地域名服务器将这些信息连同最近查到的主机地址全部都存放到高速缓存中，以便将来参考。

7.2.3.4　中国互联网络的域名规定

我国为了适应 Internet 的迅速发展，特地成立了"中国互联网络信息中心"，并颁布了中国互联网络域名新规定。国务院信息化工作领导小组办公室于 1997 年 6 月 3 日在北京主持召开"中国互联网络信息中心成立暨《中国互联网络域名注册暂行管理办法》发布大会"，宣布中国互联网络信息中心（China Network Information Center，CNNIC）成立，并发布《中国互联网络域名注册暂行管理办法》和《中国互联网络域名注册实施细则》。CNNIC 负责我国境内的互联网络域名注册、IP 地址分配、自治系统号分配、反向域名登记等注册服务，同时还将提供有关的数据库服务及相关信息与培训服务。CNNIC 作为一个非盈利性管理和服务机构，负责对我国互联网络的发展、方针、政策及管理提出建议，并协助国务院信息办实施对中国互联网络的管理。

7.3　主机配置协议

当一个网络的规模非常庞大时，对于网络中的每一台客户机进行配置和管理的工作是非常困难的，比如说，采用手工的方式去配置 TCP/IP 协议信息，它包括设置不同的 IP 地址、子网掩码、路由器地址、域名服务器地址等，工作量非常大，而且通过手工配置的方法还可能出现各种各样的问题，比如，分配了相同的 IP 地址、造成 IP 地址冲突等。另外，对于没有硬盘的主机（无盘工作站）还存在如何配置的问题。因此，处理这些问题的方法涉及 TCP/IP 协议集中的两个应用层协议，即引导程序协议 BOOTP 和动态主机配置协议 DHCP。

7.3.1　引导程序协议 BOOTP

引导程序协议（BOOTstrap Protocol，BOOTP）可以为一个无盘工作站自动获取配置信息。当一个无盘工作站要获取相关配置信息时，通过协议软件广播一个 BOOTP 请求报文。收到请求报文的 BOOTP 服务器查找发出请求的计算机的各项配置信息，将配置信息放入一个 BOOTP 回答报文中，并将应答报文返回给提出请求的无盘工作站。这样，一台计算机就获得了所需的配置信息，包括 IP 地址、子网掩码、路由器地址和域名服务器地址。

由于计算机发送 BOOTP 请求报文时自己还没有 IP 地址，因此，它使用全"1"广播地址（255.255.255.255）作为目的地址，而用全"0"地址（0.0.0.0）作为源地址。这时，BOOTP 服务器可使用广播方式将回答报文返回给该计算机或使用收到广播数据帧上的硬件地址进行单播（Unicast）。

7.3.2　动态主机配置协议 DHCP

虽然 BOOTP 可以为一个无盘工作站进行配置，但还没有彻底解决配置问题。当一个 BOOP 服务器收到一个请求时，就在其信息库中查找该计算机。但使用 BOOTP 的计算机不能从一个新的网络上启动，除非管理员手工修改数据库中的信息。

动态主机配置协议（Dynamic Host Configuration Protocol，DHCP）比 BOOTP 更进了一步，它提供了一种机制允许一台计算机加入新的网络和获取 IP 地址而不用手工参与。实际上，DHCP 并不是一个新的协议而是扩展了的 BOOTP，它们所使用的报文格式都很相似。

DHCP 对运行客户软件和服务器软件的计算机都适用。当运行客户软件的计算机移至一个新的网络时，就可使用 DHCP 获取其配置信息而不需要手工干预。DHCP 给运行服务器软件而位置固定的计算机指派一个永久地址，当这台计算机重新启动时其地址不变。

　　DHCP 采用客户/服务器的工作方式。当一台计算机启动时就广播一个 DHCP 请求报文，DHCP 服务器收到请求报文后返回一个 DHCP 应答报文。DHCP 服务器先在其数据库中查找该计算机的配置信息。若找到，则返回找到的信息；若找不到，则从服务器的按需分配的地址库中取一个地址分配给该计算机，如图 7-5 所示。

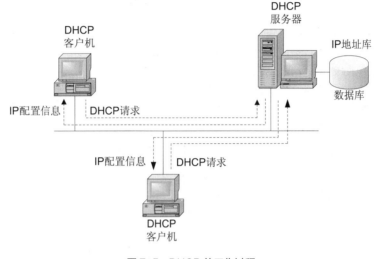

图 7-5　DHCP 的工作过程

7.4　简单网络管理协议 SNMP

7.4.1　SNMP 的概念

　　简单网络管理协议（Simple Network Management Protocol，SNMP）是在使用 TCP/IP 协议互连的网络中重要的组成构件，同时也是目前应用最为广泛的计算机网络管理协议。

　　对网络及其设备的管理有 3 种方式：本地终端方式、远程仿真终端登录 Telnet 命令方式和基于 SNMP 的管理方式。

- 本地终端方式：通过被管理设备的 RS-232 接口与用于管理的计算机相连接，进行相应的监控、配置、计费以及性能和安全等管理的方式。这种方式一般适用于管理单台的重要网络设备，例如路由器等。

- 远程仿真终端登录 Telnet 命令方式：通过计算机网络对已知地址和管理口令的设备进行远程登录，并进行各种命令操作和管理。这种方式也只适用于对网络中的单台设备进行管理。与本地终端方式管理的区别是，远程 Telnet 命令方式可以异地操作，不必亲临现场。本地终端方式和远程 Telnet 命令方式都只能针对某台具体设备，且无法提供网络运行情况的自动监视与跟踪功能，缺少根据用户需要而开发的用于管理的图形界面。因此，计算机网络的管理大都采用了基于 SNMP 的网管方式。

- 基于 SNMP 的网管方式：也称 SNMP 网络管理模型，由网络管理站（Manager）、网络管理代理（Agent）、管理信息库（Management Information Base，MIB）以及 SNMP 协议组成，如图 7-6 所示。

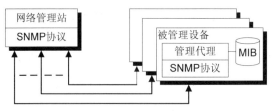

图 7-6　SNMP 网络管理模型

网络管理代理实际上是运行在被管理设备中的 SNMP 软件，一方面向网络管理站汇报被管设备的运行状态，另一方面要接受网络管理站发来的操作指令，并完成相应的操作。被管网络设备的种类可以包括交换机、路由器、网桥、网关、服务器和工作站等。

在网络中至少有一个网络管理站，并作为网络的控制中心。它运行一些特殊的网络管理软件，以定时或动态地通过管理代理向各被管设备发送请求信息，搜集各被管设备的运行状态，完成用户所需要的各种网管功能，并以非常友好的图形界面提供给用户。图 7-7 给出了一个实际网络系统中使用网络管理站和管理代理进行网络管理的示意图。

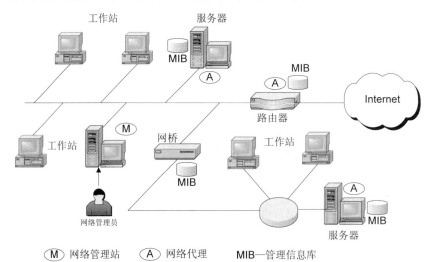

图 7-7　用网络管理站和管理代理管理网络

MIB 是每个被管设备中网管代理所维持的状态信息的集合，例如，报文分组计数、出错计数、用户访问计数、路由器中的 IP 路由选择表等。

SNMP 协议则用于网络管理站与被管设备的网管代理之间交互管理信息。网络管理站通过 SNMP 协议向被管设备的网管代理发出各种请求报文，而网管代理则在接收这些请求后完成相应的操作。SNMP 协议在 TCP/IP 之上运行，它可被看作 TCP/IP 协议之上的一个应用系统。

网络管理站通过 SNMP 协议与被管设备进行交互。管理站按照 SNMP 协议向被管设备发出各种请求，例如，读取被管设备内部对象的状态，必要时还可修改一些对象的状态；被管设备执行完指定的操作之后，向管理站返回相应的回答。绝大部分网络管理操作都是以这种请求/响应的模式进行的。

7.4.2　网络管理的功能

网络管理的功能主要包括故障管理、配置管理、性能管理、安全管理和计费管理。

1. 故障管理（Fault Management）

对网络中被管对象故障的检测、定位和排除。故障并非一般的差错，而是指网络已无法正常运行或出现的过多的差错。网络中的每个设备都必须有一个预先设定好的故障门限（但此门限必须能够调整），以便确定是否出了故障。

2. 配置管理（Configuration Management）

用来定义、识别、初始化以及监控网络中的被管对象，改变被管对象的操作特性，报告被管对象状态的变化。

3. 性能管理（Performance Management）

以网络性能为准则，保证在使用最少网络资源和具有最小时延的前提下，网络能提供可靠、连续的通信能力。

4. 安全管理（Security Management）

保证网络不被非法使用。

5. 计费管理（Accounting Management）

记录用户使用网络资源的情况并核收费用，同时也统计网络的利用率。

7.5　WWW 服务

7.5.1　WWW 的发展

WWW（World Wide Web）的简称是 Web，也称为"万维网"，是一个在 Internet 上运行的全球性的分布式信息系统。WWW 是目前 Internet 上最方便和最受用户欢迎的信息服务系统，它的影响力已远远超出了专业技术范畴，并且已经进入到广告、新闻、销售、电子商务与信息服务等各个行业。WWW 通过 Internet 向用户提供基于超媒体的数据信息服务。它把各种类型的信息（文本、图像、声音和影视）有机地集成起来，供用户浏览和查阅。

在 WWW 出现之前，最常用的 Internet 信息检索方式是菜单方式（如 Gopher 系统）。菜单驱动的应用程序可以看成是一种树型结构。使用菜单方式操作时，用户总是从主菜单（根）开始搜索，一步一步通过子菜单（枝），最后延伸到被检索的信息内容（叶）。这种检索方式的缺点是用户在"叶"上找不到预期的信息时必须返回到根，然后重新搜索，因此，搜索的效率较低，用户使用不便。

WWW 的信息结构是网状的，它是一种纵横交错的网状系统。WWW 诞生于瑞士日内瓦的"欧洲粒子物理实验室"（CERN），CERN 的加速器和科研人员分布在许多国家，研究工作需要的时间也比较长，所以需要一种方法来传输研究资料，以便于研究人员相互联系和沟通。CERN 的一位物理学家在 1989 年 3 月提出了链接文档的设想，实现了第一个基于文本的 Web 原型，并将它作为高能物理学界科学家们之间交流的工具。WWW 问世之初并没有引起太多的重视，直到第一个设计新颖、使用方便的 WWW 浏览器 Mosaic 问世以后，它才开始被广泛地使用。目前，已经有很多 Web Server 分布在世界各地，大到一个国际组织或政府结构的 Web Server，小到一个用户个人的 Web Server，并且它的数量正在以惊人的速度增长。

7.5.2 WWW 的相关概念

7.5.2.1 超文本与超链接

对于文字信息的组织，通常是采用有序的排列方法，比如一本书，读者一般是从书的第一页到最后一页顺序地查阅他所需要了解的知识。随着计算机技术的发展，人们不断推出新的信息组织方式，以方便人们对各种信息的访问，超文本就是其中之一。所谓"超文本"就是指它的信息组织形式不是简单地按顺序排列，而是用由指针链接的复杂的网状交叉索引方式，对不同来源的信息加以链接。可以链接的有文本、图像、动画、声音或影像等，而这种链接关系则被称为"超链接"。图 7-8 显示了 WWW 中各种信息网状交叉索引的关系。

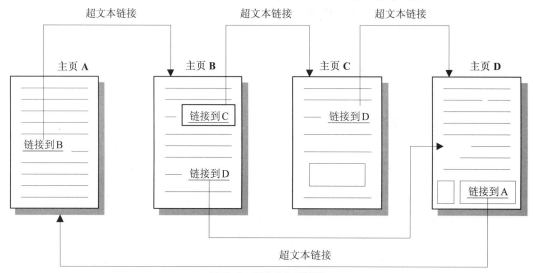

图 7-8 超文本与超链接

7.5.2.2 什么是主页

主页（Homepage）是指个人或机构的基本信息页面，用户通过主页可以访问有关的信息资源。主页通常是用户使用 WWW 浏览器访问 Internet 上的任何 WWW 服务器（即 Web 主机）所看到的第一个页面。

主页通常是用来对运行 WWW 服务器的单位进行全面介绍，同时它也是人们通过 Internet 了解一个学校、公司、政府部门的重要手段。WWW 在商业上的重要作用就体现在这里，人们可以使用 WWW 介绍一个公司的概况、展示公司新产品的图片、介绍新产品的特性，或利用它来公开发行免费的软件等。

7.5.2.3 超文本传输协议 HTTP

由于 WWW 支持各种数据文件，当用户使用各种不同的程序来访问这些数据时，就会变得非常复杂。此外，对于用户的访问，还要求具有高效性和安全性。因此，在 WWW 系统中，需要有一系列的协议和标准来完成复杂的任务，这些协议和标准就称为 Web 协议集，其中一个重要的协议就是 HTTP。

超文本传输协议 HTTP 负责用户与服务器之间的超文本数据传输。HTTP 是 TCP/IP 协议组中的应用层协议，建立在 TCP 之上，它面向对象的特点和丰富的操作功能，能满足分布式系统和多种类型信息处理的要求。HTTP 会话过程包括 4 个步骤。

- 使用浏览器的客户机与服务器建立连接。
- 客户机向服务器提交请求，在请求中指明所要求的特定文件。
- 如果请求被接受，那么服务器便发回一个应答。在应答中至少应当包括状态编号和该文件内容。
- 客户机与服务器断开连接。

7.5.2.4 统一资源定位器 URL

统一资源定位器 URL 是一种标准化的命名方法，它提供一种 WWW 页面地址的寻找方式。对于用户来说，URL 是一种统一格式的 Internet 信息资源地址表达方法，它将 Internet 提供的各种服务统一编址。我们也可以把 URL 理解为网络信息资源定义的名称，它是计算机系统文件名概念在网络环境下的扩充。用这种方式标记信息资源时，不仅要指明信息文件所在的目录和文件名本身，而且要指明它存在于网络上的哪一台主机上以及可以通过何种方式访问它，甚至在必要时还要说明它具有的比普通文件对象更为复杂的属性。例如，它可能深藏于某个数据库系统内部、只有使用数据库查询语句才能获取的信息等。URL 由 3 部分构成。

> "信息服务方式：//信息资源的地址/文件路径"

1．信息服务方式

目前，在 WWW 系统中编入 URL 中最普遍的服务连接方式有如下几种。

HTTP：使用 HTTP 协议提供超级文本信息服务的 WWW 信息资源空间。

FTP：使用 FTP 协议提供文件传送服务的 FTP 资源空间。

FILE：使用本地 HTTP 协议提供超级文本信息服务的 WWW 信息资源空间。

TELNET：使用 Telnet 协议提供远程登录信息服务的 Telnet 信息资源空间。

2．信息资源地址

信息资源地址是指提供信息服务的主机在 Internet 上的域名。例如，"www.nlc.gov.cn"是中国国家图书馆 WWW 服务器的主机域名。

在一些特殊情况下，信息资源地址由域名和信息服务所用的端口号［：port］组成，具体格式如下所示。

> 主机域名：端口号

"端口号"是指 Internet 用于说明使用特定服务的软件标识，用数字表示。当使用不同的信息服务方式时，对应的端口号也不相同。缺省情况下，HTTP 的端口号为 80、TELNET 的端口号是 23、FTP 的端口号为 21 等。在一般的情况下，由于常用的信息服务程序采用的是标准的端口号，用户在 URL 中可以不必给出，比如，http://www.nlc.gov.cn 和 http://www.nlc.gov.cn:80是完全相同的。但是，当某些信息服务使用非标准的端口时，就要求用户必须在 URL 中进行端口号的说明。

3．文件路径

文件路径指的是资源在主机中存放的具体位置。根据查询要求不同，在给出 URL 时这一部分可有可无。如果在查询中要求包括文件路径，那么，在 URL 中就要具体指出要访问的文件名称，例如：

"http://home.Microsoft.com/intel/cn"表示使用超文本传输协议 HTTP 访问信息资源，且信息储存在域名为 home.Microsoft.com 的主机上，该资源在主机中的路径为 intel/cn，文件名使用了缺省文件名，即 index.htm 或 default.htm。它提供服务时使用缺省端口号，缺省值是 80。

"ftp://mesky.net:22/pub/readme.txt"表示使用文件传送协议 FTP 传输文件资源。主机域名为 meskey.net，使用的不是缺省的 FTP 端口号 21，而是 22。资源在主机中存放的路径和文件名为 "/pub/readme.txt"。

7.5.3　WWW 的工作方式

WWW 以超文本标记语言 HTML 与超文本传输协议 HTTP 为基础，能够提供面向 Internet 服务的、一致的用户界面的信息浏览系统。WWW 的工作是采用浏览器/服务器体系结构，它主要由两部分组成，Web 服务器和客户端的 Web 浏览器。服务器负责对各种信息按超文本的方式进行组织，并形成一个存储在服务器上的文件，这些文件既可放置在同一服务器上，也可放置在不同地理位置的服务器上，对于这些文件或内容的链接由统一资源定位器 URL 来确定。Web 浏览器安装在用户的计算机上，用户通过浏览器向 Web 服务器提出请求，服务器负责向用户发送该文件，当客户机接收到文件后，解释该文件并显示在客户机上，WWW 的工作方式如图 7-9 所示。

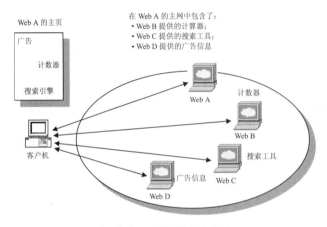

图 7-9　WWW 的工作方式

7.5.4　WWW 浏览器

WWW 的客户端程序被称为 WWW 浏览器，它是用来浏览 Internet 的 WWW 主页的软件。WWW 浏览器是采用 HTTP 通信协议与 WWW 服务器相连的，而 WWW 主页是按照 HTML 语言制作的。WWW 浏览器用户要想浏览 WWW 服务器上的主页内容，就必须先按照 HTTP 协议从服务器上取回主页，然后按照与制作主页时相同的 HTML 语言阅读主页。因此，借助于标准的 HTTP 协议与 HTML 语言，任何一个 WWW 浏览器都可以浏览任何一个 WWW 服务器中存放的 WWW 主页，这样就给用户提供了很大的灵活性。

WWW 的广泛应用要归功于第一个 WWW 浏览器 Mosaic 的问世。自 Mosaic 之后，各种浏览器软件层出不穷。目前，最流行的浏览器软件主要是 Netscape Navigator 和 Microsoft Internet Explorer。

WWW 浏览器不仅为用户打开了寻找 Internet 上内容丰富、形式多样的主页信息资源的便捷途径，也提供了 Internet 新闻组、电子邮件与 FTP 协议等功能强大的通信手段，而且现在的 WWW 浏览器的功能非常强大，它几乎可以访问 Internet 上的所有信息。比如，用户可以以主页的形式直接访问电子邮件服务器，浏览自己的电子邮件，也可以通过表单的形式以一种十分接近于电子邮件界面的方式来查询与处理电子邮件。主页制作人员在 WWW 主页中嵌入 SQL 语句后，用户可以通过 WWW 浏览器直接检索数据库中的数据。用户通过动态主页输入的信息也可以自动传送到数据库中进行处理，这样，用户可以实时地看到数据库中数据的动态变化，而无需求助于数据库专业人员通过复杂的 SQL 查询来得到所需数据，大大提高了效率，同时也减小了差错率。

随着 WWW 浏览器技术的发展，WWW 浏览器开始支持一些新的特性。例如，通过支持 VRML（虚拟现实的 HTML 格式），用户可以通过 WWW 浏览器看到许多动态的主页，如旋转的三维物体等，并且可以随意控制物体的运动，从而大大地提高了用户的兴趣。目前绝大多数 WWW 浏览器都支持 Java 语言，它可以通过一种小的应用程序 Applet 来扩充 WWW 浏览器的功能，用户无须安装更新的 WWW 浏览器就可以通过 Applet 来执行一些以前不能支持的任务。更重要的是，现在流行的 WWW 浏览器基本上都支持多媒体特性，声音、动画以及视频都可以通过 WWW 浏览器来播放，使得 WWW 世界变得更加丰富多彩。

7.5.5 WWW 的语言

7.5.5.1 超文本标记语言 HTML

1. HTML 的概念

超文本标记语言 HTML 是一种用来定义信息表现方式的格式，它告诉 WWW 浏览器如何显示文字和图形图像等各种信息以及如何进行链接等。一份文件如果想通过 WWW 主机来显示，就必须要求它符合 HTML 的标准。实际上，HTML 是 WWW 上用于创建和制作网页的基本语言，通过它就可以设置文本的格式、网页的色彩、图像与超文本链接等内容。

通过标准化的 HTML 规范，不同厂商开发的 WWW 浏览器和 WWW 编辑器等各类软件可以按照同一标准对主页进行处理，这样，用户就可以自由地在 Internet 上漫游了。

1999 年所制定的 HTML 4.0 支持多媒体选项、脚本语言、样式表、打印功能以及使得文档能被残疾人用户更容易地访问。最新版的 HTML 5 用于取代 HTML 4.0 和 XHTML 1.0 标准；HTML 5 强化了 Web 网页的表现性能，而且追加了本地数据库等 Web 应用的功能。实际上 HTML 5 是包括 HTML、CSS 和 JavaScript 在内的一套技术组合。

支持 Html 5 的浏览器包括 Firefox（火狐浏览器），IE 9 及其更高版本，Chrome（谷歌浏览器），Safari，Opera 等；国内的傲游浏览器（Maxthon），以及基于 IE 的 360 浏览器、搜狗浏览器、QQ 浏览器、猎豹浏览器等国产浏览器同样具备支持 HTML5 的能力。

2. HTML 文档

HTML 文档，通常称为网页，其扩展名通常是 htm 和 html。能够阅读 HTML 文档的客户端程序被称为浏览器。HTML 文档内容的显示风格、字符的大小、行间距等都由浏览器决定。但是 HTML 3.0 中已把很多功能扩展进来。浏览器按从左到右、由上到下的顺序自动分行显示文件。由于浏览器种类很多，同一个 HTML 文档的显示形式可能不同。HTML 文档和简单的文本文件一样可以在多种文件编辑器上编辑。

HTML 文档实际上是使用一些标记将各种元素（如文本和图像）组合在一个文件中，这些标记遵循着 HTML 标准所指定的规范。因此，Web 浏览器能智能地在许多不同设备上处理它们。每个 HTML 文件都用<html>……</html>开始和结束，文件可以分成"头"和"正文"两部分，分别用<head>……</head>和<body>……</body>括起来，如以下 HTML 文档所示。

```
<html>
<head>
<title>简单的 HTML 文件</title>
</head>
<body>
    这是一个简单的 HTML 文件
</body>
</html>
```

在"头"中的标题部分（<title>）通常显示在浏览器的标题区，而"头"中的其余部分都不会显示。

HTML 文档可以分为静态 HTML 和动态 HTML。

静态 HTML 文档是指网页中的内容是"固定不变"的。当浏览器通过 Internet 的 HTTP 协议，向站点服务器要求提供网页的内容时，站点服务器收到要求后，就传送已设计好的 HTML 文档给浏览器，如图 7-10 所示。若要更新网页的内容，必须手动地来更新其 HTML 的文件数据。

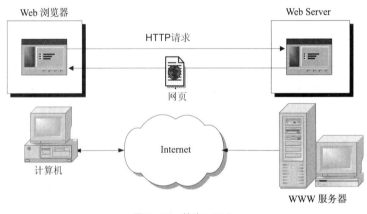

图 7-10　静态 HTML

动态 HTML 文档指的是网页是交互式的，内容是通过动态脚本更新的。当在浏览器上填好表单（form）的输入数据并提出 HTTP 请求时，可以在 Web 服务器中执行应用程序，而不仅仅是一个 HTML 文件。Web 服务器收到要求执行的应用程序，由应用程序分析表单的输入数据，将执行的结果以 HTML 的格式传送给浏览器。因此，动态 HTML 文档是在收到 Web 浏览器的请求后动态生成的，生成动态 HTML 文档的程序称为"服务器端扩展"。在此过程中，Web 服务器本身不参与动态产生文档的过程，只是简单地把对网页的请求传递到服务器扩展程序，再把扩展程序产生的 HTML 文档返回给 Web 浏览器，如图 7-11 所示。

一个动态的 Web 站点（比如一个数据库应用）经常是同时使用这两种方法，用静态 HTML 来产生输入表单而用动态 HTML 来显示查询结果。Web 主页用表单域中的各种输入域来接收用户输入。用户把数据输入到这些域中，然后按提交（Submit）按钮，Web 浏览器就将输入的数据发送到 Web 服务器进行处理。在 HTML 标准中，用标记<form>……</form>表示表单。表单可以很简单，只要一个表单域，也可以很复杂，包括各种表单域，比如文本输入框、单选按钮、复选按钮、下拉菜单等。

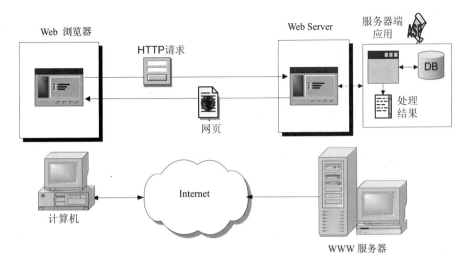

图 7-11　动态 HTML

3. 脚本语言

在 HTML 文档中可以嵌入脚本语言（Script），如 JavaScript 和 VBScript。JavaScript 是由 Netscape 公司开发的，起初叫做 LiveScript。Netscape 在同 SUN 协商后，把 LiveScript 改成 JavaScript，并作为"非程序员的语言"。最早它是与 Netscape 2.0 一起发行的。

JavaScript 不是 Java。JavaScript 在语法上同 Java 相同，但比 Java 更简单有效，且具有 Java 的许多特性。JavaScript 是一种解释性脚本语言，不需要编译，它可以直接插入到 HTML 文档中。JavaScript 必须嵌入到 HTML 文档中，随同网页被下载到客户端，由浏览器解释执行。使用 JavaScript 能很容易地设计与用户交互的界面，而且还可以有效地扩充网页的功能，产生动态的效果，比如进行计算、检查数据的合法性、改变页面的颜色、产生飘动的字符串、动态地显示当前的时间等，总之，它的使用相当广泛。

注 意　Java 是一种面向对象的编程语言，它摒弃了 C++中的许多弱点。Java 具有跨平台特性，Java 源程序编写好后，可以在任何一个支持 Java 虚拟机的环境上使用（Java 虚拟机集成在客户端的系统中）。Java 程序有两类：一类是 Java 应用程序（Java Application），它是具有自己的运行入口点的独立程序；另一类是 Java 小程序（Java Applet），它只能嵌入到网页中运行。Java 小程序可以提供动画、音频和音乐的多媒体服务。

JavaScript 也能在服务器端运行。它在服务器端运行时，可以访问服务器端的文件和数据库，目前很多厂商的服务器都提供了对主要的数据库的支持，包括 Informix、Oracle 和 Sybase。服务器端的 JavaScript 允许在 HTML 中嵌入 SQL 语句，用于访问数据库中的记录。

VBScript 是微软公司推出的网页编程脚本语言，它是 Visual Basic for Applications 的子集，并继承了很多 Visual Basic 的语言特征。像 JavaScript 一样，VBScript 也需要嵌入到 HTML 文档中，随同网页下载到客户端，由浏览器解释执行。VBScript 可以与 ActiveX 控件集成，允许 ActiveX 的控件像 OLE 控件（OCX）一样被调用，用于开发交互式的网页。

4. DHTML、CSS 和 DOM

目前，对于 HTML 文档有很多扩展，如动态 HTML（DHTML）、级联样式表（CSS）和文档对象模式 DOM 等。

（1）动态 HTML（DHTML）

DHTML 的目的在于为浏览者提供丰富的、具有动态效果的图形图像和数据，而且通过 DHML 可以非常容易地获取用户的反馈。DHTML 现在正经历着标准化机构之间的竞争，因为微软和 Netscape 都在谋求 W3C 批准各自的要求来形成规范。DHTML 有 3 个最主要的优点，即动态样式、动态内容和动态定位。动态样式能使开发商改变内容的外部特征；动态内容可以保证在交互式应用中，对用户的鼠标和键盘操作做出响应，并动态地显示网页上的文本或图像；动态定位则是让页面制作者在设计网页时，采用自动方式或对用户的操作做出响应的方式移动网页上的文本和图像。

（2）级联样式表 CSS

CSS 能够让某个网页继承其他网页的属性，使站点中所有的网页保持相同的风格。目前，CSS 是用 HTML 实现的。CSS 可以使页面布局和格式比 HTML 更精确。CSS 的新版本（CSS 2）已经发布，W3C 关于 CSS 2 的报告草案增加了专门介绍听觉样式表的部分。HTML 文档的听觉描绘将有助于为弱视用户存取 Web 内容提供方便。它还可以用于其他场合，比如在汽车内使用、在家庭娱乐系统上表演和教授单词的发音等。

（3）文档对象模式 DOM

DOM（Document Object Model）给 HTML 文档定义了一个与平台无关的程序接口。使用该接口可以控制文档的内容、结构和样式。Web 开发人员借助 DOM 可以在其 Web 页面中引入动态和交互式内容，而不必依赖于 Web 服务器来提供新的内容或改变现有内容的显示方式。W3C 将为 DOM 绑定在 Java 中，而各个公司也将自己的产品绑定了 DOM，如 Perl、C++和 VBScript 等。

DOM 将允许 HTML 和 XML 脚本及其他程序在程序控制下访问结构化数据。DOM 还为页面设计和布局增加了对象方向。例如，HTML 的各个元素表现为属性和方法的对象或集合。开发商可以用 DOM 和脚本语言（如 JavaScript 或 VBScript）来控制 DOM，从而实现动态的样式、内容和定位。脚本可以控制定位属性，从而在 HTML 页面上生成动画。

5．HTML 的缺点

由于旧版本 HTML 对链接的支持不足，缺乏空间描述，处理图形、图像、声音及视频等媒体能力较弱，图文混排功能简单，没有时间信息，且不能表示多种媒体之间的同步关系。因此，HTML 很难用于表示大规模的、复杂的超媒体数据。

随着 Web 文件的越来越大和越来越复杂，HTML 也暴露出越来越多的缺点，尤其是它在下面 3 个重要方面存在严重不足。

- 扩展性方面：HTML 不允许用户设定自己文件的标签或者属性，扩展性不好。
- 结构方面：HTML 不支持描述数据库和面向对象层次的深层结构规范。
- 数据确认方面：HTML 不支持检查输入数据合法性的语言规范。

因而，HTML 过分限制了 Web 文件的复杂性和灵活性。为了克服这些不足之处，人们已经开发出了大量可扩展 HTML 语言功能的解决方案，包括浏览器指定的插件、Java 应用程序，以及新一代的 HTML 5 等。

7.5.5.2 扩展标记语言 XML

1．XML 发展的历史

扩展标记语言（eXtensible Markup Language，XML）是特别为 Web 应用设计的。XML 的

历史可追溯到 1996 年，由万维网协会（W3C）编制 XML 草案，1996 年 11 月推出 XML 的第一个规范，但当时只有很少的人注意到它。1997 年 2 月，微软和 Netscape 公司公开表示对 XML 感兴趣。1998 年 2 月 10 日，W3C 正式公布了 XML1.0 的规格说明，并将它作为关于扩展标记语言的第一份推荐标准，这标志着 XML 的发展进入了一个新的阶段。现在越来越多的人开始关注 XML。

2. XML 的组成

事实上，XML 在可扩展性、结构以及数据确认方面具有很多的优点，它可支持建立用户定义的 Web 文件类型。但本质上它不是一种编程语言，而是一种元语言。使用 XML 时，开发者可以建立自己的标注结构，定义自己的文件类型，从而使文件的内容可以更丰富、更复杂，而且程序员也可以更容易地编写处理这种文件的程序。

XML 描述了被称为 XML 文档的数据对象，并且部分地描述了处理文档的计算机程序的行为。扩展标记语言是一种基于文本格式的语言，它允许开发者描述、传递以及在应用程序与客户间交换结构化数据，并进行本地显示和操作。XML 也可以在服务器间转换数据。

XML 文档由称为实体的存储单元组成，实体中包含可解析或不可解析的数据。可解析的数据由字符组成，这些字符组成了字符数据或标志。标志编码了对文档的存储设计和逻辑结构的描述。XML 提供了向存储设计和逻辑结构施加限制的机制。

XML 处理器是一个软件模块，它用于阅读 XML 文档和提供对文档内容和结构的访问。可以认为 XML 处理器是从另一种模块（即应用程序模块）的角度出发来工作的。

XML 是 Web 上定义数据的通用语言，它为开发者从多个应用程序将结构化数据传递到桌面进行本地化的计算和显示提供了强大功能，XML 允许为指定的一群应用程序创建一致的数据格式，它同样也是服务器间传送数据的理想格式。

XML 文件通常有两个部分：一部分是 XML 标签及其内容；另一部分是定义标签及其相互关系（文件定义类型，Document Type Definition，DTD）。DTD 可以和 XML 资源存放在同一个文件内，但也可以单独存放。

7.6 电子邮件服务

7.6.1 电子邮件的特点

电子邮件简称为 E-mail，它是一种通过 Internet 与其他用户进行联系的快速、简便、价廉的现代化通信手段，也是目前 Internet 用户使用最频繁的一种服务功能。电子邮件与传统的通信方式相比，具有以下明显的优点。

● 电子邮件比传统邮件传递迅速，可达到的范围广，且比较可靠。
● 电子邮件可以实现一对多的邮件传送，这样可以使得一位用户向多人发出通知的过程变得很容易。
● 电子邮件可以将文字、图像、语音等多种类型的信息集成在一个邮件中传送，因此，它将成为多媒体信息传送的重要手段。

7.6.2 电子邮件的传送过程

电子邮件系统采用"存储转发"（Store and Forward）的工作方式，一封电子邮件从发送端计算机发出，在网络传输的过程中，经过多台计算机的中转，最后到达目的计算机，传送到收信人的电子邮箱。电子邮件的这种传递过程有点像传统邮政系统中常规信件的传递过程。当用户给远方的朋友写好一封信投入邮政信箱以后，信件将由当地邮局接收下来，通过分检和邮车运输，中途可能需要经过一个又一个邮局转发，最后到达收信人所在的邮局，再由邮递员交到收信人手里或者投入他的信箱中。

在 TCP/IP 电子邮件系统中，还提供了一种"延迟传递"（Delayed Delivery）的机制，它也是电子邮件系统突出的优点之一。有了这种机制，当邮件在 Internet 主机（邮件服务器）之间进行转发时，若远端目的主机暂时不能被访问（可能是由于关机），发送端的主机就会把邮件存储在缓冲储存区中，然后不断地进行试探发送，直到目的主机可以访问为止。

7.6.3　电子邮件的相关协议

7.6.3.1　SMTP 协议和 POP3 协议

在 TCP/IP 协议集中，提供了两个电子邮件协议：简单邮件传送协议（Simple Mail Transfer Protocol，SMTP）和（Post Office Protocol，POP）协议。SMTP 协议包括两个标准子集，一个标准定义电子邮件信息的格式，另一个就是传输邮件的标准。在 Internet 中，电子邮件的传送是依靠 SMTP 进行的，也就是说，SMTP 的主要任务是负责服务器之间的邮件传送。它的最大特点就是简单，因为它只规定了电子邮件如何在 Internet 中通过发送方和接收方的 TCP 协议连接传送，对于其他操作如与用户的交互、邮件的存储、邮件系统发送邮件的时间间隔等问题均不涉及。

在电子邮件系统中，SMTP 协议是按照客户机/服务器方式工作的。发信人的主机为客户方，收信人的邮件服务器为服务器方，双方机器上的 SMTP 协议相互配合，将电子邮件从发信方的主机传送到收信方的信箱中。在传送邮件的过程中，需要使用 TCP 协议进行连接（默认端口号为 25）。SMTP 协议规定了发送方和接收方双方进行交互的动作，如图 7-12 所示。发送主机先将邮件发送到本地 SMTP 服务器上，该服务器与接收方的邮件服务器建立可靠的 TCP 连接，建立了从发送方主机到接收方邮件服务器之间的直接通道，因而保证了邮件传送的可靠性。

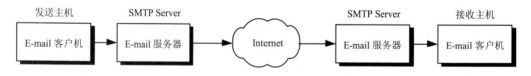

图 7-12　SMTP 协议简单交互模型

邮政代理协议 POP，目前主要使用的是 POP 第三版，即 POP3。POP3 的主要任务是实现当用户计算机与邮件服务器连通时，将邮件服务器的电子邮箱中的邮件直接传送到用户本地计算机上，如图 7-13 所示。这个功能类似于邮政局暂时保存邮件，用户可以随时取走邮件。如果不使用 POP3 协议，用户只能通过远程登录的方式连接到本地邮件服务器去查看邮件，要想将邮件传递到本地计算机上，操作起来是比较麻烦的。

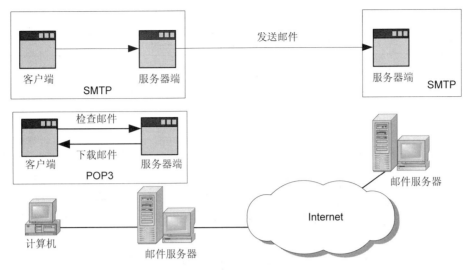

图 7-13　POP 协议与 SMTP 协议

7.6.3.2　多目的 Internet 邮件扩展（MIME）

MIME（Multipurpose Internet Mail Extensions）是 IETF 于 1993 年 9 月通过的一个电子邮件标准，它是为了使 Internet 用户能够传送二进制数据而制定的标准。该标准是对现有邮件消息格式（RFC 822）的扩展。MIME 能满足人们对多媒体电子邮件和使用本国语言发送邮件的需求。

在现有的邮件消息格式中仅规定了文本消息格式，它只允许 7 位 ASCII 码正文作为邮件体内容。而 MIME 是一种新型的邮件消息格式，在邮件体中不仅允许 7 位 ASCII 文本消息，而且允许 8 位文本信息以及图像、语音等非文本的二进制信息。

由于 SMTP 电子邮件传输协议规定邮件传输只能传送 7 位码信息，因此，要实现多种信息格式的传输还必须进行代码转换，也就是重新编码。在发送方需将 8 位码重新编码为 7 位码格式，在接收方再将 7 位码解码为 8 位码格式。而 MIME 提供 5 种编码机制："7 位"、"8 位"、"二进制"（Binary）、"基本 64" 和 "Quoted Printable"。

"7 位"、"8 位" 和 "二进制" 只用来表示邮件体内容的数据类型，并不进行编码。

"Quoted Printable" 用可打印的 ASCII 字符对 8 位码重新编码，这是一种常用的编码方法。使用 MIME 标准的这种编码方式可以直接收发中文电子邮件。

"基本 64" 是用 ASCII 码的 65 个字符（其中包括 64 个可打印字符和 1 个 "=" 字符）对 8 位码数据进行编码。它可表示任意的 8 位比特流。

MIME 所规定的信息格式可以表示各种类型的消息（如汉字、多媒体等），并且可以对各种消息进行格式转换，所以 MIME 的应用很广泛。只要通信双方都使用支持 MIME 标准的客户端邮件收发软件，就可以互相收发中文电子邮件、二进制文件以及图像、语音等多媒体邮件。

7.6.4　电子邮件的地址与信息格式

7.6.4.1　电子邮件地址的组成

电子邮件与传统邮件一样也需要一个地址。在 Internet 上，每一个使用电子邮件的用户都必须在各自的邮件服务器上建立一个邮箱，拥有一个全球唯一的电子邮件地址，也就是邮箱地址。每台邮件服务器就是根据这个地址将邮件传送到每个用户的邮箱中。Internet 电子邮件地址由用户名和邮件服务器的主机名（包括域名）组成，中间用@隔开，其格式如下所示。

Username@Hostname．Domain–name

- Username 表示用户名，代表用户在邮箱中使用的账号。
- Hostname 表示用户邮箱所在的邮件服务器的主机名。
- Domain–name 表示邮件服务器所在的域名。

例如，某台邮件服务器的主机名为 mail，该服务器所在的域名为 buui.ac.cn，在该服务器上有一个邮件用户，用户名为 cnb，那么该用户的电子邮件地址为“cnb@mail.buui.ac.cn”。

7.6.4.2　电子邮件的信息格式

SMTP 协议规定电子邮件的信息由封皮（Envelope）、邮件头（Headers）和邮件体（Body）组成。

封皮就像传统邮件系统中的信封。它被邮件服务器使用来传输电子邮件。RFC822 定义了封皮的内容和含义以及用于通过 TCP 连接交换邮件的协议。封皮中包括发信人和收信人的电子邮件地址。当用户将一封邮件发送到本地的邮件服务器上时，该服务器必须使用封皮将邮件发送到远端的邮件服务器（收信人电子邮件地址中的域名）上。

邮件头被客户端的邮件应用程序使用，并将邮件头内容显示给用户。用户可以了解邮件的来源、来信日期、时间等有关信息。邮件头的内容是可读的文本信息，一般它有许多行组成，每行开头是关键词，其后跟一个冒号，在冒号后边是该关键词域的值，图 7–14 显示了一封邮件的邮件头。RFC 822 定义了邮件头的内容、格式和含义，但其中 X 域由用户定义。

Received:from anheng.com ([168.160.186.34])
　　by rays.cma.gov.cn (8.9.3/8.9.3) with SMTP id KAA11273
　　for<yaoh@ rays.cma.gov.cn>;Sat,30Oct2021 10:15:37+0800 (BST)
接收邮件的路径(包括发信人和收信人的邮件服务器域名或 IP 地址、转发邮件服务器的域名或 IP 地址)、时间、日期等
Message-Id:<202110300215.KAA11273@ rays.cma.gov.cn>
表示分配给该邮件的唯一标识
Date:Tue,30Oct2001 10:7:20+0800
邮件发送的日期和时间
From:marketing atanheng <seminar@ anheng.com>
发信人的姓名和电子邮件地址
To:yaoh@ rays.cma.gov.cn
收信人的电子邮件地址
Subject:《网络现场故障诊断实战光盘》!
邮件的主题
Organization:安恒公司网络维护与故障诊断邮件列表
X-mailer:FoxMail4.0 beta 2 [cn]
发信人使用的客户端电子邮件应用程序
Mime-Version:1.0
Content-Type:text/plain;charset=″GB2312″
Content-Transfer-Encoding:8bit
MIME 的版本号，MIME 的信息格式(字符格式、编码类型)以及编码的转换等
X-MIME-Autoconverted:form base64 to 8bitby rays.cm a.gov.cn id KAA11273
X-UIDL:72b1fed0a0b80c3650b54c9f8580d55f

图 7–14　电子邮件的邮件头

邮件体是用户要传送的信息，也就是邮件的内容。RFC822 定义邮件体为 7 位的 ASCII 正文，使用 MIME 的邮件体可以是 8 位的二进制数据。

发送邮件的过程为：用户写好一封邮件后，由客户端的邮件应用程序将邮件体加上邮件头传送给邮件服务器，该服务器在邮件头再加上一些信息，并加上封皮，然后传送给另一台邮件服务器。

7.7 文件传输服务

7.7.1 文件传输的概念

在 Internet 中，文件传输服务提供了任意两台计算机之间相互传输文件的机制，它是广大用户获得丰富的 Internet 资源的重要方法之一。在 UNIX 系统中，最基本的应用层服务之一就是文件传输服务，它是由 TCP/IP 的文件传输协议 FTP（File Transfer Protocol）支持的。文件传输协议负责将文件从一台计算机传输到另一台计算机上，并且保证其传输的可靠性。因此，人们将这一类服务称为 FTP 服务。通常，人们也把 FTP 看做是用户执行文件传输协议所使用的应用程序。

Internet 由于采用了 TCP/IP 协议作为它的基本协议，所以两台与 Internet 连接的计算机无论地理位置上相距多远，只要它们都支持 FTP 协议，它们之间就可以随时随地地相互传送文件。这样做不仅可以节省实时联机的通信费用，而且可以方便地阅读与处理传输来的文件。更为重要的是，Internet 上许多公司、大学的主机上都存储有数量众多的公开发行的各种程序与文件，这是 Internet 上巨大和宝贵的信息资源。利用 FTP 服务，用户就可以方便地访问这些信息资源。

同时，采用 FTP 传输文件时，不需要对文件进行复杂的转换，因此具有较高的效率。Internet 与 FTP 的结合等于使每个连网的计算机都拥有了一个容量巨大的备份文件库，这是单台计算机所无法比拟的。

7.7.2 文件传输协议 FTP

文件传输协议 FTP 是 TCP/IP 应用层的协议。FTP 协议是以客户机/服务器模式进行工作的。客户端提出请求和接受服务，服务器端接受请求和执行服务。在利用 FTP 进行文件传输时，即在本地计算机上启动 FTP 客户程序，并利用它与远地计算机系统建立连接，激活远地计算机系统上的 FTP 服务程序，因此，本地 FTP 程序就成为一个客户，而远地 FTP 程序成为服务器，它们之间要经过 TCP 协议（建立连接，默认端口号为 21）进行通信。每次用户请求传送文件时，服务器便负责找到用户请求的文件，利用 TCP 协议将文件通过 Internet 网络传送给客户。而客户程序收到文件后，将文件写到用户本地计算机系统的硬盘上。一旦文件传送完成之后，客户程序和服务器程序便终止传送数据的 TCP 连接。

与其他的客户机/服务器模式不同，FTP 协议的客户机与服务器之间需要建立双重连接，一个是控制连接，一个是数据连接，如图 7-15 所示。将控制和数据传输分开可以使 FTP 工作的效率更高。控制连接主要用于传输 FTP 控制命令以及服务器的回送信息。数据连接主要用于数据传输，完成文件内容的传输。

利用控制命令，客户可以向服务器提出请求，比如传输一组文件。客户每提出一个请求，服务器就与客户建立一个数据连接，并进行实际的文件数据传输。一旦数据传输完毕，数据连接便相继撤销，但是控制连接仍然存在，客户可以继续发出传输文件的请求，直到客户使用关闭命令（Close）撤销控制连接，再使用退出连接命令（Quit），此时客户机与服务器之间的连接才算完全终止。

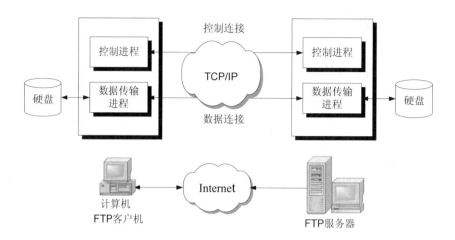

图 7-15　FTP 的工作模式

7.7.3　FTP 的主要功能

当用户计算机与远端计算机建立 FTP 连接后，就可以进行文件传输了，FTP 的主要功能如下。

（1）把本地计算机上的一个或多个文件传送到远程计算机上（上载），或从远程计算机上获取一个或多个文件（下载）。传送文件实质上是将文件进行复制，然后上载到远程计算机上，或者是下载到本地计算机上，对源文件不会有影响。

（2）能够传输多种类型、多种结构、多种格式的文件，比如，用户可以选择文本文件（ASCⅡ）或二进制文件（Binary）。此外，还可以选择文件的格式控制以及文件传输的模式等。用户可根据通信双方所用的系统及要传输的文件确定在文件传输时选择哪一种文件类型和结构。

（3）提供对本地计算机和远程计算机的目录操作功能。可在本地计算机或远程计算机上建立或删除目录、改变当前工作目录以及打印目录和文件的列表等。

（4）对文件进行改名、删除、显示文件内容等。

可以完成 FTP 功能的客户端软件种类很多，有字符界面的，也有图形界面的，通常用户可以使用的 FTP 客户端软件有以下几种。

● Windows 95/98 操作系统中的 FTP 实用程序。
● 各种 WWW 浏览器程序也可以实现 FTP 文件传输功能。
● 使用其他客户端的 FTP 软件，如 Cuteftp、WS-ftp 等。

7.7.4　匿名 FTP 服务

使用 FTP 进行文件传输时，要求通信双方必须都支持 TCP/IP 协议。当一台本地计算机要与远程 FTP 服务器建立连接时，出于安全性的考虑，远程 FTP 服务器会要求客户端的用户出示一个合法的用户账号和口令，进行身份验证，只有合法的用户才能使用该服务器所提供的资源，否则拒绝访问。

实际上，Internet 上有很多的公共 FTP 服务器，也称为匿名 FTP 服务器，它们提供了匿名 FTP 服务。匿名 FTP 服务的实质是，提供服务的机构在它的 FTP 服务器上建立一个公共账户，并赋予该账户访问公共目录的权限。若用户要登录到匿名 FTP 服务器上时，无须事先申请用户账户，可以使用"anonymous"作为用户名，并用自己的电子邮件地址作为用户密码，匿名 FTP 服务器便可以允许这些用户登录，并提供文件传输服务。

采用匿名 FTP 服务的优点有以下几点。

（1）用户可以不需要账户就可以方便地获得 Internet 上许多公司和大学主机的大量有价值的文件。

（2）FTP 服务器的系统管理员可以掌握用户的情况，以便在必要时同用户进行联系。

（3）为了保证 FTP 服务器的安全，匿名 FTP 对公共账户 anonymous 做了许多的目录限制，其中主要有以下两点。

- 该账户只能在一个公共目录中查找文件（大多数公共目录起名为/PUB），当用户试图转到其他目录时，系统会出现"Access denied"的错误警告。
- 使用匿名 FTP 服务的用户仅可以获得在公共目录中拥有读权限的文件，但在服务器上没有写权限，任何写操作（比如向服务器传输文件、修改服务器中的文件）都是不允许的。

目前，世界上有很多文件服务系统为用户提供公用软件、技术通报、论文研究报告，这就使 Internet 成为目前世界上最大的软件与信息流通渠道。Internet 是一个资源宝库，保存有很多的共享软件、免费程序、学术文献、影像资料、图片以及文字与动画，它们都可以被用户使用 FTP 下载下来。

7.8 远程登录服务

7.8.1 远程登录的概念与意义

在分布式计算环境中，我们常常需要调用远程计算机的资源同本地计算机协同工作，这样就可以用多台计算机来共同完成一项较大的任务。这种协同操作的工作方式就要求用户能够登录到远程计算机中去启动某个进程，并使进程之间能够相互通信。为了达到这个目的，人们开发了远程终端协议，即 Telnet 协议。Telnet 协议是 TPC/IP 协议的一部分，它精确地定义了远程登录客户机与远程登录服务器之间的交互过程。

远程登录是 Internet 最早提供的基本服务功能之一。Internet 中的用户远程登录是指用户使用 Telnet 命令，使自己的计算机暂时成为远程计算机的一个仿真终端的过程。一旦用户成功地实现了远程登录，用户使用的计算机就可以像一台与对方计算机直接连接的本地终端一样进行操作。

远程登录允许任意类型的计算机之间进行通信。远程登录之所以能提供这种功能，主要是因为所有的运行操作都是在远程计算机上完成的，用户的计算机仅仅是作为一台仿真终端向远程计算机传送击键信息和显示结果。

Internet 的远程登录服务的主要作用有如下几点。

- 允许用户与在远程计算机上运行的程序进行交互。
- 当用户登录到远程计算机时，可以执行远程计算机上的任何应用程序，并且能屏蔽不同型号计算机之间的差异。
- 用户可以利用个人计算机去完成许多只有大型计算机才能完成的任务。

7.8.2　Telnet 协议与工作原理

TCP/IP 协议集中有两个远程登录协议 Telnet 协议和 rlogin 协议。

系统的差异性是指不同厂家生产的计算机在硬件或软件方面的不同。系统的差异性给计算机系统的互操作性带来了很大的困难。Telnet 协议的主要优点之一是能够解决多种不同的计算机系统之间的互操作问题。

不同计算机系统的差异性首先表现在不同系统对终端键盘输入命令的解释上。例如，有的系统的行结束标志为 return 或 enter，有的系统使用 ASCII 字符的 CR，有的系统则用 ASCII 字符的 LF。键盘定义的差异性给远程登录带来了很多的问题。为了解决系统的差异性，Telnet 协议引入了网络虚拟终端（Network Virtual Terminal, NVT）的概念，它提供了一种专门的键盘定义，用来屏蔽不同计算机系统对键盘输入的差异性。

rlogin 协议是 Sun 公司专为 BSD UNIX 系统开发的远程登录协议，它只适用于 UNIX 操作系统，因此还不能很好地解决异质系统的互操作性。

Telnet 同样也是采用了客户机/服务器模式。在远程登录过程中，用户的实终端采用用户终端的格式与本地 Telnet 客户机程序通信；远程主机采用远程系统的格式与远程 Telnet 服务器进程通信。通过 TCP 连接，Telnet 客户机程序与 Telnet 服务器程序之间采用了网络虚拟终端 NVT 标准来进行通信。网络虚拟终端 NVT 格式将不同的用户本地终端格式统一起来，使得各个不同的用户终端格式只与标准的网络虚拟终端 NVT 格式打交道，而与各种不同的本地终端格式无关。Telnet 客户机程序与 Telnet 服务器程序一起完成用户终端格式、远程主机系统格式与标准网络虚拟终端 NVT 格式的转换，如图 7-16 所示。

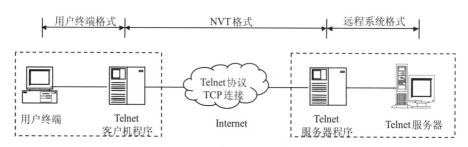

图 7-16　Telnet 的工作模式

7.8.3　Telnet 的使用

使用 Telnet 的条件是用户本身的计算机或向用户提供 Internet 访问的计算机是否支持 Internet 命令。用户进行远程登录时有两个条件。

● 用户在远程计算机上应该具有自己的用户账户，包括用户名与用户密码。

● 远程计算机提供公开的用户账户，供没有账户的用户使用。

用户在使用 Telnet 命令进行远程登录时，首先应在 Telnet 命令中给出对方计算机的主机名或 IP 地址，然后根据对方系统的询问正确键入自己的用户名与用户密码。有时还要根据对方的要求回答自己所使用的仿真终端的类型。

Internet 有很多信息服务机构提供开放式的远程登录服务，登录到这样的计算机时，不需要事先设置用户账户，使用公开的用户名就可以进入系统。这样，用户就可以使用 Telnet 命令，使自己的计算机暂时成为远程计算机的一个仿真终端。一旦用户成功地实现了远程登录，用户就可以像远程主机的本地终端一样地进行工作，并可使用远程主机对外开放的全部资源，如硬件、程序、操作系统、应用软件及信息资源。

Telnet 也经常用于公共服务或商业目的。用户可以使用 Telnet 远程检索大型数据库、公众图书馆的信息资源库或其他信息。

7.9 Internet 的接入技术

7.9.1 公用电话网 PSTN

7.9.1.1 PSTN 技术

公用电话交换网（Public Switch Telephone Network，PSTN），也被称为"电话网"，是人们打电话时所依赖的传输和交换网络。PSTN 是一种以模拟技术为基础的电路交换网络。在众多的广域网互连技术中，通过 PSTN 进行互连所要求的通信费用最低，但其数据传输质量及传输速度也最差，同时 PSTN 的网络资源利用率也比较低。PSTN 提供的是一个模拟的专有通道，通道之间经由若干个电话交换机连接而成。当两个主机或路由器设备需要通过 PSTN 连接时，在两端的网络接入侧（即用户端）必须使用调制解调器来实现信号的模/数、数/模转换。从 OSI7 层模型的角度来看，PSTN 可以看成是物理层的一个简单的延伸，它没有向用户提供流量控制、差错控制等服务。而且，由于 PSTN 是一种电路交换的方式，所以，一条通路自建立直至释放，其全部带宽仅能被通路两端的设备使用，即使它们之间并没有任何数据需要传送。因此，这种电路交换的方式不能实现对网络带宽的充分利用。尽管 PSTN 在进行数据传输时存在一定的问题，但它仍是一种不可替代的连网技术。

通过公用电话交换网可以实现下面的功能。

- 拨号接入 Internet/Intranet/LAN。
- 实现两个或多个 LAN 之间的互连。
- 和其他广域网的互连。

7.9.1.2 通过 PSTN 进行网络互连

图 7-17 所示的是一个通过 PSTN 连接两个局域网的网络互连的例子。在这两个局域网中各有一个路由器，每个路由器均有一个串行端口与 Modem 相连，Modem 再与 PSTN 相连，从而实现了这两个局域网的互连。

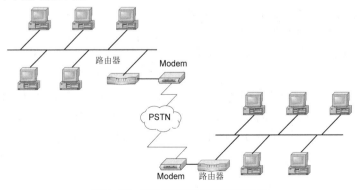

图 7-17　两个局域网通过 PSTN 互连

PSTN 的入网方式比较简便灵活，通常有以下几种选择方式。

1. 通过普通拨号电话线入网

只要在通信双方原有的电话线上并接 Modem，再将 Modem 与相应的上网设备相连即可。目前，大多数上网设备（如 PC 机）都提供有若干个串行端口。串行口和 Modem 之间采用 RS-232 等串行接口规范。Modem 的数据传输速率最大能够提供到 56 kbit/s。由于速率较低，这种连接方式的目前已经不再使用。

2. 通过租用电话专线入网

与普通拨号电话线方式相比，租用电话专线可以提供更高的通信速率和数据传输质量，但相应的费用也较前一种方式高。使用专线的接入方式与使用普通拨号线的接入方式没有什么太大的区别，但是省去了拨号连接的过程。通常，当决定使用专线方式时，用户必须向所在地的电信局提出申请，由电信局负责架设和开通。

7.9.2 综合业务数字网 ISDN

7.9.2.1 ISDN 的基本概念

由于公共电话网络 PSTN 对于非话音业务传输的局限性，使得 PSTN 不能满足人们对数据、静止图形和图像乃至视频图像等非话音信息的通信需求，而电信部门所建设的网络基本上都只能提供某种单一的业务，比如用户电报网、电路交换数据网、分组交换网以及其他专用网等。尽管花费大量的资金和时间建设的上述专网在一定程度上解决了问题，但是上述这些专用网由于通信网络标准不统一，仍然无法满足人们对通信的需求。因此，20 世纪 70 年代初，欧洲国家的电信部门开始试图寻找新技术来解决问题，这种新技术就是 ISDN。ISDN 的出现立即引起了业界的广泛关注。但由于通信协调和政策方面的障碍，直至 20 世纪 90 年代 ISDN 才开始在全世界范围内得以真正的普及应用。1993 年年底，由 22 个欧洲国家的电信部门和公司发起和倡议使得欧洲 ISDN 标准（Euro-ISDN）最终得以统一，这是 ISDN 发展史上的一个重要里程碑。

就技术和功能而言，ISDN 是目前世界上技术较为成熟、应用较为普及和方便的综合业务广域通信网。在协议方面，Euro-ISDN 已逐渐成为世界 ISDN 通信的标准。

7.9.2.2 ISDN 的技术与组成

ISDN 将多种业务集成在一个网内，为用户提供经济有效的数字化综合服务，包括电话、传真、可视图文及数据通信等。ISDN 使用单一入网接口，利用此接口可实现多个终端（ISDN 电话、终端等）同时进行数字通信连接。从某种角度来看，ISDN 具有费用低廉、使用灵活方便、高速数据传输且传输质量高等优点。

ISDN 的组成部件包括用户终端、终端适配器、网络终端等设备，如图 7-18 所示。ISDN 的用户终端主要分为两种类型：类型 1 和类型 2。其中，类型 1 终端设备（TE1）是 ISDN 标准的终端设备，通过 4 芯的双绞线数字链路与 ISDN 连接，如数字电话机和 4 类传真机等；类型 2 终端设备（TE2）是非 ISDN 标准的终端设备，必须通过终端适配器才能与 ISDN 连接。如果 TE2 是独立设备，则它与终端适配器的连接必须经过标准的物理接口，如 RS-232C、V.24 和 V.35 等。

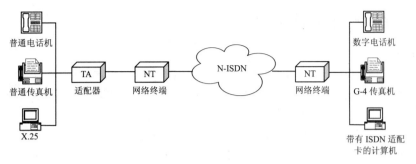

图 7-18　ISDN 的组成部件

ISDN 基本速率接口 BRI 提供两个 B 通道和一个 D 通道，即 2B＋D。B 通道的传输速率为 64 kbit/s，通常用于传输用户数据。D 通道的传输速率为 16 kbit/s，通常用于传输控制和信令信息。因此，BRI 的传输速率通常为 128 kbit/s，当 D 通道也用于传输数据时，BRI 的传输速率可达 144 kbit/s。

ISDN 基群速率接口 PRI 提供的通道情况根据不同国家或地区采用的 PCM 基群格式而定。在北美洲和日本，PRI 提供 23B+D，总传输速率为 1.544 Mbit/s。在欧洲、澳大利亚、中国和其他国家或地区，PRI 提供 30B+D，总传输速率为 2.048 Mbit/s。由于 ISDN 的 PRI 提供了更高速率的数据传输，因此，它可实现可视电话、视频会议或 LAN 间的高速网络互连。

图 7-19 显示了一个 ISDN 应用的典型实例：家庭个人用户通过一台 ISDN 终端适配器连接个人电脑、电话机等，这样，个人电脑就能以 64/128 kbit/s 速率上 Internet，同时照样可以打电话。对于中小型企业，将企业的局域网、电话机、传真机通过一台 ISDN 路由器连接到一条或多条 ISDN 线路，以 64/128 kbit/s 或更高速率接入 Internet。

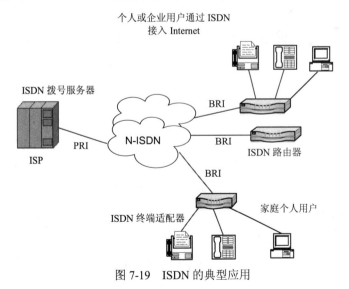

图 7-19　ISDN 的典型应用

由于互联网发展的推动，用户对网络的需求日益增加，要求网络的接入速率越来越高，ISDN 也满足不了用户的需求，而目前使用最为广泛的就是 x DSL 接入技术。

7.9.2.3 通过 PPP 接入 Internet

1.PPP 协议

点对点协议（Point to Point Protocol，PPP）是为串行链路上传输数据帧的链路层协议。PPP 提供全双工操作，并按照顺序传输数据帧。使用 PPP 协议，通过拨号或专线方式建立点对点链路发送数据，为各种主机、网桥和路由器之间的简单连接提供一种连接方式。

PPP 为在点对点链路上传输多协议数据帧提供了一个标准方法，替代了原来非标准的仅支持 IP 协议的串行线路网际协议（Serial Line Internet Protocol，SLIP）。除了 IP 协议外，PPP 还支持其他的网络层协议，例如 DECnet 和 Novell 的 Internet 网包交换（IPX）等。

PPP 协议包括链路控制协议（Link Control Protocol，LCP）和网络控制协议（Network Control Protocol，NCP）。LCP 是一种扩展链路控制协议，用于建立、配置、测试和管理数据链路连接。NCP 用于协商该链路上所传输的数据包格式与类型，建立、配置不同的网络层协议；为了建立点对点链路通信，PPP 链路的每一端，必须首先发送 LCP 数据帧以便设定和测试数据链路。在链路建立，LCP 所需的可选功能被选定之后，PPP 必须发送 NCP 数据帧以便选择和设定一个或更多的网络层协议。一旦所选择的网络层协议都设定好了，来自每个网络层协议的数据报就能在链路上发送了。在通信过程中，链路将保持不变，直到有 LCP 和 NCP 关闭链路，或者是发生异常错误导致中断。

2.PPP 接入过程

当用户通过调制解调器拨号连接到 PSTN 或 ISDN，如图 7-20 所示，ISP 的远程拨号服务器（或路由器）的拨号服务器（也是调制解调器）对拨号做出确认，并建立一条物理连接。计算机向拨号服务器发送一系列的 LCP 分组（封装成多个 PPP 帧）。通过 PAP 或 CHAP 安全认证后，这些分组及其响应选择一些 PPP 参数，进行网络层配置，NCP 给新接入 PC 机的 PPP 虚拟适配器分配资源，包括临时的 IP 地址，网关地址和域名服务器等，使 PC 机可以使用 PPP 虚拟适配器（虚拟网卡）完成数据帧的收发。通信完毕时，NCP 首先释放网络层连接，收回分配给 PPP 适配器上的 IP 地址，然后 LCP 释放数据链路层连接，最后释放物理层的连接。

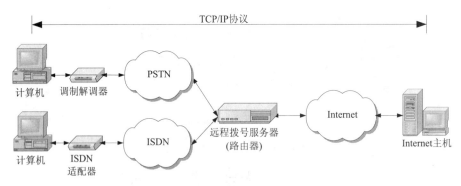

图 7-20 以 PPP 方式接入 Internet

从网络安全的角度，PPP 协议需要链路两端的节点通过握手来确保建立链路的安全性，有两种握手认证协议，一种是 PAP，另一种是 CHAP。PAP 在传输密码时采用明文的，而 CHAP 在传输过程中使用具有唯一值的哈希值（有关哈希散列值的介绍将在第 9 章中介绍）。PAP 认证是通过两次握手实现的，CHAP 则是通过 3 次握手实现的，CHAP 的认证方式安全性高于 PAP，在实际应用中被广泛使用。

7.9.3 xDSL 宽带接入

7.9.3.1 xDSL 的概念

随着互联网的普及，对于高速线路的要求已经不再是大型公司的专利，中小企业以及普通家庭用户对此也提出了日益迫切的需求。为了满足人们以更快的速度获取更多信息的渴望，各大厂商和标准化组织纷纷提出了多种新的宽带高速接入技术。Bellcore 公司在 1987 年首先提出了 xDSL 技术，它是基于公共电话网（PSTN）的扩充方案，可以最大限度地保护已有的投资。

DSL 是数字用户环路（Digital Subscriber Line）的简称，它是以铜质电话双绞线为传输介质的点对点传输技术。DSL 利用软件和电子技术的结合，并使用在电话系统中没有被利用的高频信号传输数据以弥补铜线传输的一些缺陷。xDSL 中的 x 可表示 A/H/S/ I/V/RA 等不同数据调制实现方式，利用不同的调制方式使数据或多媒体信息可以更高速地在铜质双绞线上传送，避免由于数据流量过大而对中心机房交换机和公共电话网（PSTN）造成拥塞。xDSL 只是利用现有的公用电话网中的用户环路部分，而不是整个网络，采用 xDSL 技术需要在原有话音线路上叠加传输，在电信局和用户端分别进行合成和分解，为此需要配置相应的局端设备。为过，应当指出，传输距离越长，信号衰减就越大，也就越不适合高速传输，因此，xDSL 只能工作在用户环路上，故传送距离有限。

目前，xDSL 的发展非常迅速，其主要原因在于：xDSL 可以充分利用现有已经铺设好的电话线路，而无须重新布线、构建基础设施；xDSL 的高速带宽可以为服务提供商增加新的业务，而宽带服务应用主要在于高速的数据传输业务，如高速 Internet 接入、小型家庭办公室局域网访问、异地多点协作、远程教学、远程医疗以及视频点播等。以 Internet 接入为例，现在 Internet 的接入方式主要是采用 56 kbit/s 或更为低速的 Modem，其缺点主要表现在：传输速率较低，通信建立时间过长，由于用户上网时间一般都比较长，随着上网用户的增加，交换机的阻塞率会大大上升，造成后来的用户无法使用等。而采用 xDSL 则可大大提高数据的传输速率，在很短的时间内建立连接。此外，由于数据业务不通过语音交换机承载，因此不会对线路交换产生影响。据相关统计，1997 年，全球 xDSL 用户线数为 6.9 万线，到 2003 年这一数字将会超过1900 万。

xDSL 的主要特点有以下几个方面。

1. xDSL 支持工业标准

由于处在物理层，因此，它支持任意数据格式或字节流数据业务。在 xDSL 工作的同时不影响打电话，因此，各种数据类型的业务，如视频、图像、多媒体等可以直接应用这种传输介质而无须设计新标准，这是一种新技术无缝连接的关键所在。

2. xDSL 是一种 Modem

xDSL 与 Modem 的相似之处是它也进行调制与解调，在铜线的两端安装 xDSL 设备，接收基带数据，然后通过调制技术形成高速模拟信号进行传输。目前，使用在 xDSL 的调制技术有 3 种方式，即 2B1Q、无载波幅相调制（Carrier-less Amplitude Phase，CAP）和离散多音频调制（Discrete Multitone，DMT）。该技术把频率分割成 3 部分，分别用于 POTS（普通电话服务）、上行和下行高速宽带信号。

3. 对称与非对称之分

xDSL 有对称与非对称之分，分别用于满足不同的用户需求。所谓对称与非对称是指上行与下行的带宽是否相同，即是单向还是双向需要高带宽。如应用于两个局域网之间的互连应用则应选择使用对称 xDSL，而用户连接 ISP 就可以使用非对称 xDSL。当使用浏览器时，用户发出的查询命令只需较窄的带宽就够了，但从服务器传来的数据则应该需要高带宽。POTS 也是一种对称需求。

7.9.3.2　xDSL 的种类

1. 对称的 DSL 有 HDSL、SDSL 和 IDSL

（1）高速率数字用户线路（High-bit-rate Digital Subscriber Line，HDSL）

HDSL 是高速对称 4 线 DSL。这种技术可在两对铜线上提供 1.544 Mbit/s（全双工方式）的速度，在 3 对铜线上提供 2.048 Mbit/s（全双工方式）的速度。由于 HDSL 采用了高速自适应滤波技术和先进的信号处理器，因而可以自动处理环路中的近端串音及噪声对信号的干扰和损伤，在使用 0.4~0.6 mm 的铜线时，无须安装再生中继器就可使传输距离可达到 3~5km。与传统的数字中继线技术相比，HDSL 的价格更为便宜而且容易安装（数字中继线要求每隔 0.9~1.8 km 就要安装一个昂贵的信号再生中继器）。

（2）单线数字用户线路（Single-pair DSL，SDSL）

SDSL 是 HDSL 的单对线版本，也被称为 S-HDSL。S-HDSL 是高速对称二线 DSL，可以提供双向高速可变比特率连接，速率范围从 160 kbit/s 到 2.084 Mbit/s，它支持多种速率，用户可根据数据流量选择最经济合适的速率，最高可达 2.048 Mbit/s 速率，比用 HDSL 节省一对铜线，在 0.4 mm 双绞线上的最大传输距离为 3 km 以上。由于只使用一对线，S-HDSL 技术可以直接应用在家庭或办公室里而无须进行任何线路的申请或更改，同时实现 POTS 和高速数据通信。

（3）IDSL（ISDN 数字用户线）

这种技术通过在用户端使用 ISDN 终端适配器及 ISDN 接口卡，可以提供 128 kbit/s 上下行速率的服务。

2. 非对称的 DSL 有 ADSL、RADSL 和 VDSL

（1）非对称数字用户线路（Asymmetric Digital Subscriber Line，ADSL）

非对称数字用户线路 ADSL 在两个传输方向上的速率是不一样的。它使用单对电话线，为网络用户提供很高的传输速率，从 32 kbit/s 到 8.192 Mbit/s 的下行速率和从 32 kbit/s 到 1.088 Mbit/s 的上行速率，同时在同一根线上可以提供语音电话服务，支持同时传输数据和语音。

ADSL 的调制技术主要有离散多音频调制技术 DMT 和无载波调幅调相技术 CAP 两种。CAP 是最早的标准，已推向市场的 ADSL 产品大部分采用 CAP 调制方式。DMT 把数字信号进行分段调制以实现更高的带宽，它的性能更强，而且可以实现不同厂家 ADSL 设备之间的互连。考虑到不同用户，DMT 有两个标准，一个是全频段的 G.DMT（8 Mbit/s 下行，1.088 Mbit/s 上行），另一个是简化版的 G.Lite（1.5 Mbit/s 下行，640 kbit/s 上行）。采用 DMT 技术的 ADSL 的下行速率已可达 9 Mbit/s。ADSL 本身具有一路对一路的特点，即用户端的一个 Modem 对应中心设备端的一个相应的端口，因此，发展 ADSL 时，在某一用户处采用某一标准并不影响在另一用户处采用另一标准。若中心设备端设备采用 CAP，则用户端设备也采用 CAP；若中心端采用 DMT，则用户端也应是 DMT。采用 CAP 的用户和采用 DMT 的用户是没有关系的。所以，ADSL 与 56 K Modem 等其他技术不同，不需等所有标准统一就能提供服务。从目前的情况看，CAP 和 DMT 对于用户来说所实现的速率差别不大。DMT 的优势在于将来中心端如果采用统一的设备，则用户端设备可以使用不同厂家的产品，而不同厂商的 CAP 设备无法兼容。

ADSL 不但具有 HDSL 的所有优点，而且还具有下面的特点。

- 仅使用一对用户线，以相应减轻用户的压力，其市场主要是分散的住宅居民用户，也可以扩展至企业集团用户。
- 具有普通电话信道，即使 ADSL 设备出现故障也不影响普通电话业务。
- 下行速率大，不但能够满足目前的 Internet 用户的需要，而且还可满足将来广播电视、视频点播以及多媒体接入业务的需要。

ADSL2 在速率、覆盖范围上拥有比第一代 ADSL 更优的性能。ADSL2 下行最高速率可达 12 Mbit/s，上行最高速率可达 1 Mbit/s。而新一代的 ADSL2+除了具备 ADSL2 的技术特点外，还扩展了 ADSL2 的下行频段，提高了短距离内线路上的下行速率，在 2.2 MHz 的下行频段，ADSL2+在短距离（1.5 km 内）的下行速率达到 20 Mbit/s 以上。

ADSL 服务的典型结构是：在用户端安装 ADSL 设备（内置了 Modem），用户数据可通过有线或无线链路发送到 ADSL 设备，经过调制变成 ADSL 信号，再通过普通双绞铜线传送到局端。如果要在铜线上同时传送电话，就要加一个分离器，分离器能将话音信号和调制好的数字信号放在同一条铜线上传送。用户端的 ADSL 信号传送到局端交换局后，再通过一个分路器将话音信号和 ADSL 数字调制信号分离出来，把话音信号交给中心局交换机，ADSL 数字调制信号交给 ADSL 中心设备（也称为 DSLAM，ADSL 数字用户线路接入复用器，属于 ADSL 局端设备），由中心设备处理，变成信元或数据包后再交给骨干网，如图 7-21 所示。

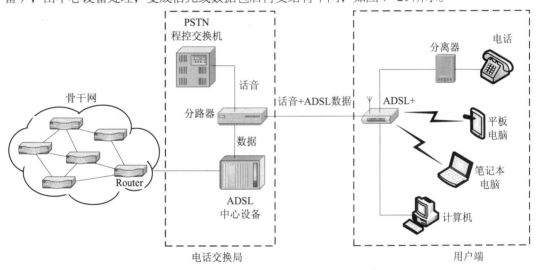

图 7-21　ADSL 的典型连接结构

（2）RADSL（Rate Adaptive Digital Subscriber Line）

RADSL 为速率自适应数字用户环路，是 ADSL 的一种扩充，它允许服务提供者调整 xDSL 连接的带宽以适应实际需要并且解决线长和质量问题。它利用一对双绞线传输，支持同步和非同步传输方式，速率自适应，下行速率从 640 kbit/s 到 12 Mbit/s，上行速率从 128 kbit/s 到 1 Mbit/s，支持同时传输数据和语音。RADSL 能够提供的速度范围与 ADSL 基本相同，但它可以根据双绞铜线的质量和传输的距离动态地调整用户的访问速度。

（3）VDSL（Very-High-bit-rate Digital Subscriber Line）

VDSL 甚高速数字用户环路是一种极高速非对称的数据传输技术。它是在 ADSL 的基础上发展起来的 xDSL 技术，可以将传输速率提高到 25～52 Mbit/s，应用前景更广。它与 ADSL 有许多相似之处，也采用频分复用方式，将普通电话 POTS、ISDN 及 VDSL 上下行信号放在不同的频带内。接收时采用无源滤波器就可以滤出各种信号。VDSL 采用的调制技术有 CAP、DMT、DWMT（离散子波多音频调制技术）等，上下行信号的复用方式也与 ADSL 相似。VDSL 的速率比 ADSL 高约 10 倍，但传输距离比 ADSL 要短得多。例如，ADSL 在速率为 2.048 Mbit/s 时的传输距离约为 5 000 m，而 VDSL 在速率为 13 Mbit/s 时传输距离约为 1 500 m，在 52 Mbit/s 时传输距离只有 300 m 左右。所以，VDSL 适用于光纤网络中与用户相连的最后一段线路，在用户回路长度小于 1 300 m 的情况下，可以提供的速率高达 13 Mbit/s，甚至更高，这种技术可作为光纤到路边网络结构的一部分。

7.9.3.3 通过 PPPoE 接入 Internet

xDSL 是目前用户广泛使用的 Internet 宽带接入方法，而 xDSL 采用的链路层协议就是在 PPP 基础发展而来的 PPPoE。

1. PPPoE 协议

以太网上的点对点协议 PPPoE（Point-to-Point Protocol over Ethernet）是将点对点协议（PPP）封装在以太网（Ethernet）框架中的一种网络隧道协议，允许在以太广播域中的两个以太网接口之间创建点对点的隧道。由于 PPPoE 协议中集成了 PPP 协议，所以实现了传统以太网不能提供的身份验证、加密以及压缩等功能，也可用于缆线调制解调器（cable modem）和数字用户线路（xDSL）等使用以太网协议提供用户接入 Internet 服务的协议体系。

2. PPPoE 的工作过程

PPPoE 协议的工作过程包含 PPPoE 发现和 PPP 会话两个阶段。主机开始 PPPoE 会话时，首先进行发现阶段，以识别局端的以太网 MAC 地址，并建立一个 PPPoE SESSION-ID。在 PPPoE 发现阶段，主机可以发现多个 DSLAM，允许用户选择其中一个。发现阶段完成之后，主机和选择的 DSLAM 都获取到在以太网上建立 PPP 连接的信息。发现阶段一直保持无状态的 Client/Server 模式。

PPP 会话阶段与前面介绍 PPP 工作流程一样，要完成 LCP、认证、NCP 这 3 个协议的协商过程。LCP 阶段主要完成建立、配置和检测数据链路连接，认证协议类型由 LCP 协商(CHAP 或者 PAP)。NCP 协议族用于配置不同的网络层协议，常用的是 IP 控制协议(IPCP)，它负责配置用户的 IP 和 DNS 等工作。一旦 PPP 会话建立，主机和 DSLAM 都必须为 PPP 虚拟适配器分配 IP 资源。

7.9.4　光纤接入

由于 ADSL 技术已经相当成熟，成本相对更为低廉，是目前广泛使用的宽带接入方式。随着市场对互联网网速要求的不断提高，铜资源的日益匮乏，光纤成本的不断降低，光纤接入技术将迟早取代 ADSL 技术，成为宽带接入的最终发展目标。

光纤接入网是指以光纤为传输介质的网络环境。光纤接入网从技术上可分为 2 大类，即有源光网络(Active Optical Network，AON)和无源光网络(Passive Optical Network，PON)。有源光网络又可分为基于 SDH 的 AON 和基于 PDH 的 AON；无源光网络可分为窄带 PON 和宽带 PON。有源光接入技术适用带宽需求大、对通信保密性高的企事业单位的接入。无源光接入技术 PON 既可以用来解决企事业用户的接入，也可以解决住宅用户的接入。目前，一些运营商已经使用"PON+xDSL"混合接入方案，解决住宅用户或企事业用户的宽带接入。窄带 PON 服务范围不超过 20 公里，其应用主要面向住宅用户或中小型企事业用户的接入。

由于光纤接入网使用的传输媒介是光纤，因此根据光纤深入用户群的程度，可将光纤接入网分为 FTTC（光纤到路边）、FTTZ（光纤到小区）、FTTB（光纤到大楼）、FTTO（光纤到办公室）和 FTTH（光纤到户），统称为 FTTx。FTTx 不是具体的接入技术，而是光纤在接入网中的推进程度或使用策略。对于用户而言，采用光纤接入方式接入 Internet 时，就像使用局域网一样简单，不需要拨号，也无须 PPP/PPPoE 协议，就可以达到 Gbit/s 或 Mbit/s 的带宽。

7.10　企业内联网 Intranet

7.10.1　企业网技术的发展

Internet 对信息技术的发展、信息市场的开拓以及信息社会的形成起着十分重要的作用。近年来，遍布在 Internet 上的 WWW 的建立和发展大大充实了 Internet 的信息资源。基于图形的客户浏览器的开发更加推动了环球信息网技术的发展。

随着 Internet 用户数的迅速增长，TCP/IP 作为协议标准已被各个计算机厂商、网络制造厂商和广大用户普遍接受。另一方面，在 20 世纪 90 年代，企业网络已经成为连接企业、事业单位内部各部门并与外界交流信息的重要基础设施。基于局域网和广域网技术发展起来的企业网络技术也得到了迅速的发展，尤其是企业网络开放系统集成技术受到人们的普遍重视。在市场经济和信息社会中，企业网络对企业的综合竞争能力的增强有着十分重要的作用。

激烈的市场竞争是所有的企业都在面临的一个共同的问题。为了适应这种形势的需要，增强企业对市场变化的适用能力，提高管理效益，必须将计算机技术引入到企业管理之中。企业应用计算机技术经历着以下 3 个阶段：单机应用、企业网应用和企业内部网应用。

企业的管理部门一般是由生产、设计、销售、财务、人事等多个部门组成的。早期的企业计算机应用主要是针对每个部门内部的事务管理，例如财务管理、人事管理、生产计划管理、销售管理等。这一阶段计算机应用的特点是以单机应用为主。

随着企业管理水平的提高与计算机应用的不断深入，单机应用逐渐不能满足企业管理的要求，人们希望用局域网将分布在企业不同部门的计算机连接起来，以构成一个支持企业管理信息系统的局域网环境。由于局域网覆盖范围的限制，这一阶段的局域网应用主要是解决一幢办公大楼、一个工厂内部的多台计算机之间的互连问题。

随着企业经营规模的不断扩大，一个企业可能在世界各地都要设立分支机构。同时，企业生产所需要的原料要来自世界各地，企业的客户也分布在世界各地，企业要实现对分布在全球范围内的生产、原料、劳动力与市场信息的全面管理，就必须通过各种公用通信网将多个局域网互连起来构成企业网（Enterprise Network）。这个阶段的企业网的特点有以下几点。

- 建设企业网的主要目的仍然着眼于企业内部的事务管理，它是利用网络互连技术将分布在各地的分公司、工厂、研究机构以及销售部门的多个相对独立的部门管理信息系统连接起来，以构成大型的、覆盖整个企业的管理信息系统。
- 企业网一般是采用各种公用数据通信网或远程通信技术将分布在不同地理位置的多个局域网连接起来，构成一个大型互联网系统，互联网主要用于企业内部管理信息的交换。
- 企业网应用软件的开发一般是采用 Client/Server 计算模式，开发者要为不同的客户需求开发各种专用的客户端应用程序。一般的系统外部用户如果没有这种专用的客户端应用程序是无法进入系统的。

很多大型企业的各个下属机构可能分布在不同的地方，并且各个下属机构都已经建立了一些典型的企业网结构、各自的局域网且开发了各自的管理信息系统，如图 7-22 所示。

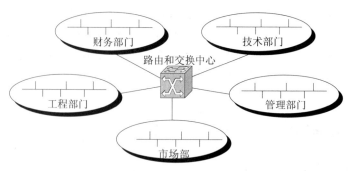

图 7-22　企业网的典型结构

组成覆盖整个企业的大型企业网有两种可能的方法。

- 利用公用数据通信网将多个局域网互连起来。
- 利用公用电话交换网将多个局域网互连起来。

在上述两种方法中，利用公用电话交换网和调制解调器的简单远程通信技术来实现多个局域网互连的方法，一般只适用于信息量小的通信环境，对于具有一定规模的企业网，这种方法是不适用的。

利用公用数据网实现局域网互连的方法是组建企业网的基本方法。公用数据网的类型主要有：帧中继网、DDN 网、ISDN 与 ATM 网。目前，很多单位都采用 DDN 的方式实现互连，即通过 DDN 互连局域网构成大型企业网，如图 7-23 所示。由于企业网能够满足当时企业管理的需要，因此，企业网在 20 世纪 90 年代得到了迅速发展。

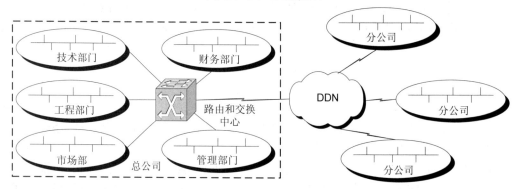

图 7-23　大型企业网示意图

传统的企业网一般还只是独立的实体。不管是什么样的企业，企业网规模有多大，也只是为某一个群体服务的。Internet 的出现改变了企业网的组网方法。Internet 的应用正在改变着人们的工作方式与企业的运行模式，Internet 在金融、商务、信息发布、通信等方面的应用使得传统的企业网面临着新的挑战。原有的企业网内部用户希望能方便地访问 Internet，企业网中的很多产品信息也需要通过 Internet 向分布在世界各地的用户发布。Internet 在国际上的重大影响使得所有的企业网都希望接入 Internet。企业的领导层已经认识到 Internet 的应用将会给企业带来巨大的经济效益，这种社会需求也导致了新型的企业内部网 Intranet 的出现。

7.10.2　Intranet 的概念

Intranet 是利用 Internet 技术建立的企业内部信息网络。Intranet 包含以下的内容。

- Intranet 是一种企业内部的计算机信息网络，而 Internet 是一种向全世界用户开放的公共信息网络，这是二者在功能上的主要区别之一。

- Intranet 是一种利用 Internet 技术、开放的计算机信息网络。它所使用的 Internet 技术主要有 WWW、电子邮件、FTP 与 Telnet 等，这是 Internet 与 Intranet 二者的共同之处。

- Intranet 采用了统一的 WWW 浏览器技术去开发用户端软件。对于 Intranet 用户来说，他所面对着的用户界面与普通 Internet 用户界面是相同的，因此，企业网内部用户可以很方便地访问 Internet 和使用各种 Internet 服务。同时，Internet 用户也能够方便地访问 Intranet。

- Intranet 内部的信息分为两类：企业内部的保密信息与向社会公众公开的企业产品广告信息。企业内部的保密信息不允许任何外部用户访问，而企业产品广告信息则希望社会上的广大用户尽可能多地访问，防火墙就是用来解决 Intranet 与 Internet 互连安全性的重要手段之一。

7.10.3 Intranet 的主要技术特点

Intranet 的核心技术之一是 WWW。WWW 是一种以图形用户界面和超文本链接方式来组织信息页面的先进技术，它的 3 个关键组成部分是 URL、HTTP 与 HTML。将 Internet 技术引入企业内部网 Intranet，使得企业内部信息网络的组建方法发生了重大的变化。同时，也使 Intranet 具有以下几个明显的特点。

1. Intranet 为用户提供了友好的统一的浏览器界面

在传统的企业网中，用户一般只能使用专门为他们设计的用户端应用软件。这类应用软件的用户界面通常是以菜单方式工作的。由于 Intranet 使用了 WWW 技术，用户可以使用浏览器方式方便地访问企业内部网的 Web Server 或者是外部 Internet 上的 Web Server，这将给企业内部网的用户带来很大的方便。用户可以通过 WWW 的主页方便地访问企业内部网与 Internet 上的各种资源。

2. Intranet 可以简化用户培训过程

由于 Intranet 采用了友好和统一的用户界面，因此，用户在访问不同的信息系统时可以不需要进行专门的培训。这样，既可以减少用户培训的时间，又可以减少用户培训的费用。

3. Intranet 可以改善用户的通信环境

由于 Intranet 中采用了 WWW、E-mail、FTP 与 Telnet 等标准的 Internet 服务，因此 Intranet 用户可以方便地与企业内部网用户或 Internet 用户通信，实现信件发送、通知发送、资料查询、软件与硬件共享等功能。

4. Intranet 可以为企业最终实现无纸办公创造条件

Intranet 用户不但能发送 E-mail，而且可以利用 WWW 发布和阅读文档。文档的作者可以随时修改文档内容和文档之间的链接，且不需要打印就可以在各地用户之间传送与修改文档、查询文件。企业管理者可以通过 Intranet 实现网络会议和网上联合办公。企业产品的开发者还可以用协同操作方式，并通过 Intranet 实现网上联合设计。这些功能都为最终实现企业的办公自动化与无纸办公创造了有利的条件。

7.10.4 Intranet 网络的组成

与传统的网络系统一样，完整的 Intranet 网络系统组成的平台应包括网络平台、网络服务平台、网络应用平台、开发平台、数据库平台、网络管理平台、网络安全平台、网络用户平台、环境平台和通信平台。Intranet 网络系统平台的结构如图 7-24 所示。对 Intranet 网络的建立、开发者来讲，其任务就是选择和开发符合自己要求的平台，并使所开发的系统获得最好的性价比。

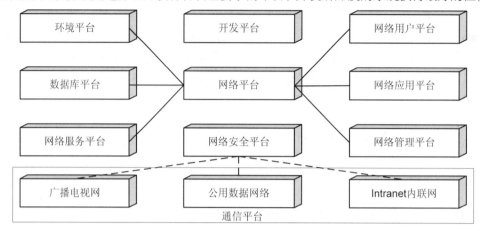

图 7-24　Intranet 网络系统平台

1. 网络平台

网络平台是整个 Intranet 网络系统的核心和中枢，所有平台都运行其上。主要有网络传输设备、接入设备、网络互连设备、交换设备、布线系统、网络操作系统、服务器和网络测试设备等。

2. 网络服务平台

网络服务平台为网络用户提供各种信息服务。目前，信息服务种类有信息点播、信息广播、Internet 服务、远程计算及其他服务类型，其中 Internet 服务是 Intranet 网络建设中的重点，它包括 Web 服务、E-mail 服务、FTP、News、Telnet、消息查询和信息检索等。

3. 网络应用平台

Intranet 网络系统上的应用平台主要有管理信息系统（MIS）、办公自动化系统、多媒体监测系统和远程教育等。

4. 开发平台

开发平台由一些应用开发工具组成，利用这些开发工具，用户可以根据需要开发各种应用平台。开发工具可分为通用开发工具、Web 开发工具、Java 开发工具以及数据库开发工具等。

5. 数据库平台

数据库平台主要对用户数据信息资源的组织管理和维护。数据库平台主要有 Oracle、Informix、DB2、Sybase、Windows SQL Server 等。

6. 网络管理平台

网络管理平台用于实现对网络资源的监控和管理。

7. 网络安全平台

网络安全平台对于企业内部 Intranet 网络系统非常重要。目前，常用的安全措施主要有分组过滤、防火墙、代理技术、加密认证技术、网络监测和病毒检测。

8. 网络用户平台

网络用户平台是最终用户的工作平台。一般网络用户平台包括办公软件、浏览器软件等。

9. 环境平台

环境平台的功能主要有维持网络正常运行的合适的温、湿度环境，并保证地线、电源等的可靠性。

10. 通信平台

通信平台为网络通信提供所需的环境。

7.10.4.1 Intranet 网络的拓扑结构

Intranet 网络是 Internet 技术、Web 技术、LAN 技术和 WAN 技术的集成，它在硬件结构上继承了局域网 LAN 和广域网 WAN 的特点。

网络硬件设备是构成 Intranet 网的基本组成单元，有的实现网络上基本的信息传输功能，有的实现网上信息的安全转发功能，通过它们的有机整合才可以构成一个完整的网络。Intranet 网络的硬件包括路由和交换设备（网桥、路由器、以太网/快速以太网/千兆以太网交换机、ATM 交换机）、服务器（PC 服务器、UNIX 小型机和大型主机）、接入设备（调制解调器、远程访问服务器）、网络互连设备（网关）和防火墙设备（Firewall）等。

Internet 是一种公用信息网，它允许任何人从任何一个站点访问它的资源。而 Intranet 作为一种企业内部网，其内部信息必须严格加以保护，它必须通过防火墙与 Internet 连接起来。而防火墙是指一个由软件系统和硬件系统组合而成的专用"屏障"，它的功能是防止非法入侵、非法使用系统资源以及执行安全管制措施等。图 7-25 给出了 Intranet 的基本结构示意图。

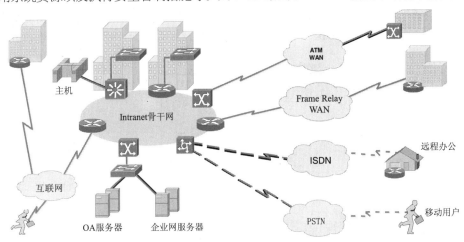

图 7-25　Intranet 的基本结构

7.10.4.2 Intranet 网络的软件结构

Intranet 网的技术基础是 Internet 技术，其软件结构与 Web 技术结构模式密切相关。Web 结构的基础模式为浏览器/服务器（B/S）的模式。通过 Web 技术，企业内部网一方面可以实现信息的发布和接收，另一方面也可以通过公共网关接口（Common Gateway Interface，CGI）实现与其他外部应用软件（如数据库）的连接。

1. Web 服务器

Web 服务器用于存储和管理网页，并提供 Web 服务。目前市场上流行的 Web 服务器软件很多，比较著名的有 Microsoft 公司的 IIS、Netscape 公司的 Netscape Enterprise Server 等。

Web 服务器使用超文本标记语言 HTML 来描述网络上的资源，并以 HTML 数据文件的形式存放在 Web 服务器中。HTML 语言利用 URL 表示超链接，并在文本内指向其他网络资源 URL。URL 能够指向网络文件、HTTP、FTP、Telnet 以及 News 等网络资源。

2. 代理服务器

在实际应用中，与 Web 服务器相关的另一类服务器是代理服务器（Proxy Server）。代理服务器的作用主要有以下两个：一方面是作为防火墙，它不但实现 Intranet 与 Internet 的互连，而且可以防止外部用户非法访问 Intranet 的保密资源；另外一方面，它作为 Web 服务的本地缓冲区，将 Intranet 用户从 Internet 中访问过的网页或文件的副本存放在代理服务器中，用户下一次访问时可以直接从代理服务器中取出，这样可以大大提高用户访问速度，节省费用。Web Server 与 Proxy Server 软件属于服务器端软件。

3. 电子邮件服务器软件

电子邮件服务器软件可分为服务器端与客户端两部分。服务器端的电子邮件系统有 Microsoft 或 IBM 的邮件系统。应当指出的是，当企业中的邮件系统使用单一邮件系统软件时，一般来说会工作得很好，但如果同时使用多种邮件软件系统时，就必须配置网关互连各种邮件服务。大部分 Web 浏览器软件都包含有电子邮件的客户端功能。用户可以通过网页去查询和处理电子邮件，也可以用电子邮件中插入的 Web 网页链接来调用相关网页。除了浏览器可以作为客户端软件外，还有一些专用的电子邮件客户端应用程序，比如微软的 Outlook、IBM 的 Notes 和 Foxmail 等。

在 Intranet 中，Web 服务器与 E-mail 服务器都要与外部的 Internet 连接。Web 服务器一般是通过防火墙或代理服务器与 Internet 连接；E-mail 服务器可以通过防火墙与 Internet 连接，也可以直接与 Internet 连接。Intranet 的内部客户端和服务器端以及与外部 Internet 连接的逻辑关系如图 7-26 所示。

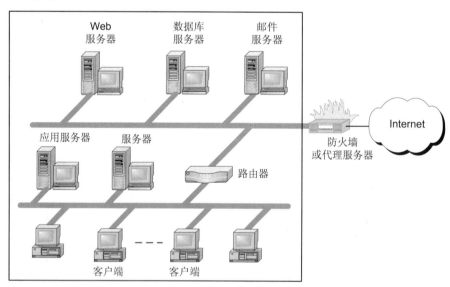

图 7-26　Intranet 的逻辑结构

4. 客户端软件

客户端软件主要有 Web 浏览器软件、网页制作软件与网页转换软件等。Web 浏览器是 Intranet 网上提供给最终用户（客户机）的应用界面管理软件。网络浏览器的用户界面基于 HTTP。通过浏览器，用户可以通过 URL 来指定被访问资源的 WWW 地址。目前，市场上较为流行的浏览器产品有 Netscape 公司的 Navigator、Microsoft 公司的 Internet Explorer 等。

5. 数据库管理系统

数据库服务器（Database Server）也是 Intranet 的重要组成部分。数据库管理系统完成对企业内部信息资源的维护和管理。对 Intranet 网络来讲，企业的信息资源是企业的关键数据，具有极高的商业价值。对企业的生产和经营活动至关重要。所以，Intranet 网上企业内部数据库管理的好坏与数据信息的安全性、可靠性程度等因素将直接影响到整个 Intranet 网的成败。企业的各种数据在系统中进行存储和计算，并通过 CGI/Script 接口为浏览器提供数据的存储和更新操作。

由于数据库与 Web 服务器之间的必然联系，许多数据库厂商都开发了支持 Web 的数据库，比如 Oracle、Sybase、Informix 和微软的 Web 中间件产品（IIS 和 ODBC）。在 Intranet 中，Web Server 一般是通过（Open DataBase Connection，ODBC）接口与数据库连接。开放数据库接口 ODBC 是微软公司制定的一种数据库标准接口，目前已被大多数数据库厂家所接受。无论是大型数据库（Oracle、Informix 或 DB/2）还是小型数据库（Dbase、Access），它们都提供了相应的 ODBC 接口。各种常见的数据库都可以通过 Web 形式显示。网页制作人员可通过在 Web 网页中嵌入 SQL 语句，用户可以直接通过网页去访问数据库文件。

为了适应 Internet/Intranet 中 Web 与数据库链接的要求，很多公司纷纷推出了数据库 Web 数据转换工具、数据库 Web 开发工具、报表生成工具等。比如，微软公司提供了 Access 数据库向 Web 转换的工具软件 Internet Assistant for Access，它可以直接将 Access 数据库中的数据取出，并转换成 Web 文档。在 Office 2007/2010 软件包中，Internet Explorer 浏览器可以直接浏览 Access 数据库中的数据。在 Informix Web Server、Windows SQL Server 的 Web Assist for SQL Server 中，数据库用户可以方便地使用 Web 浏览器浏览数据。使用 Visual Basic、Power Builder 等工具开发的应用程序以及在 Internet Information Server 中使用 Visual Basic 或 CGI 编程，都可以方便地通过 Web 浏览器存取数据库的数据。使用一些常用的报表生成工具，如 BusinessObjects，加上相应的接口程序后，用户就可以将 Oracle、Informix、Sybase 数据库中的数据取出，并将其转换成相应的 Web 文档。

6. 公共网关接口 CGI

公共网关接口（Common Gateway Interface，CGI）是对外进行信息服务的标准接口，提供动态变化的信息，比如各种搜索软件。CGI 一般用 C 或 C++语言编写，是一种使 HTTP 服务器与外部应用程序共享信息的方法。当服务器接收到某一浏览器用户的请求要求启动一个网关程序（通常称为 CGI 脚本）时，它把有关该请求的信息综合到环境变量中，然后，CGI 脚本程序将检查这些环境变量，找出哪些为响应请求所必要的信息。此外，CGI 还为脚本程序定义了一些标准的方法，以确定如何为服务器提供必要的信息。CGI 脚本负责处理从服务器请求一个动态响应必需的所有任务。CGI 的主要用途是使用户能够编写与浏览器相交互的程序。借助 CGI 可以动态地创建新的 Web 页面、处理 HTML 表单输入以及在 Web 和其他服务之间架设沟通的渠道。

CGI 接口管理软件实现 Web 服务器与外部程序的连接，这些外部程序可以是后台数据库应用管理软件等。CGI 用来弥补 Web 服务器本身的不足，完成 Web 服务器所不能达到的目标。

7. 网络操作系统

网络操作系统为所有运行在 Intranet 网上的应用提供支持和网络通信服务，选用的网络操作系统应能满足计算机网络系统的功能、性能要求，做到易维护、易扩充和高可靠性，具备容错功能，具有广泛的第三方厂商的产品支持，安全且费用低。目前 Intranet 中常用的网络操作系统是 Windows 2003/2008 Server、Novell NetWare 和 UNIX 或 Linux。

7.10.5 Intranet 的 VPN 与 NAT

Intranet 是企业根据需求组建的内部网络，当企业规模比较庞大，企业内部的不同部门分布在不同的城市时，每个地点都有自己的网络，如果这些网络之间要互联通信时，要么租用电信的通信线路建立专线，但是费用比较昂贵；要么利用公用的 Internet 来连接企业内部的网络，虽然费用较低，但是 Internet 的安全性很低，为了确保企业内部网络之间能够安全，就可以采用虚拟专用网络，在不安全的网络中建立一条安全的通道实现网络互连。而且企业员工在企业外部需要访问企业内部的资源时，也可以通过 VPN 技术实现。另外由于 IPv4 地址的匮乏，企业所能申请到的合法的全球 IP 地址已经不能满足企业的需求，基于这种状况，网络地址转换在 Intranet 中广泛使用。

7.10.5.1 虚拟专用网 VPN

虚拟专用网络（Virtual Private Network，VPN）是指在公用网络上建立专用网络的技术。之所以称为虚拟网，是因为整个 VPN 网络的任意两个节点之间的连接并没有传统专网所需的端到端的物理链路，而是架构在公用网络服务商所提供的网络平台，如 Internet、异步传输模式 ATM、帧中继 Frame Relay 等之上的逻辑网络，用户的数据包在逻辑链路中传输。VPN 可采用隧道技术实现的，典型的链路层的隧道协议有 PPTP 和 L2TP。

以下举例说明如何使用 IP 隧道技术实现虚拟专用网，如图 7-27 所示。假定某个企业在北京和上海都有自己的子公司，其网络地址分别为专用地址 10.10.0.0/16 和 10.20.0.0/16。现在分别在这两个城市的子公司需要通过公用的 Internet 构成一个 VPN。每一个网络至少要有一个路由器具有合法的全球 IP 地址，路由器 R1 和 R2 和 Internet 的接口地址必须是合法的全球 IP 地址。路由器 R1 和 R2 和内部网络的接口地址是本地地址。

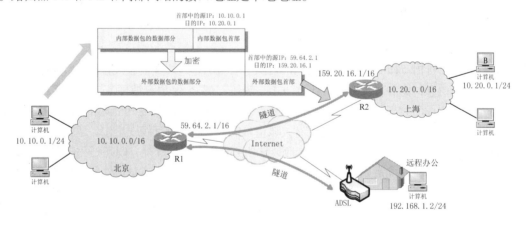

图 7-27　用隧道技术实现虚拟专用网

北京和上海的两个内部网络的通信量都不经过因特网。如果北京的主机 A 要和上海的主机 B 通信，那么就必须经过路由器 R1 和 R2。主机 A 向主机 B 发送的 IP 数据包的源地址是 10.10.0.1，目的地址是 10.20.0.1，这个数据包先作为本企业的内部数据包从 A 发送到与因特网连接的路由器 R1，路由器 R1 收到内部数据包后，发现其目的网络必须通过 Internet 才能到达，就把整个的内部数据包进行加密，然后重新加上数据包的首部，封装成为在 Internet 上发送的外部数据包，其源地址是路由器 R1 的全球地址 59.64.2.1/16，而目的地址是路由器 R2 的全球地址 159.20.16.1/16。路由器 R2 收到数据包后将其数据部分取出进行解密，恢复出原来的内部数据包，内部数据包首部的目的地址是 10.20.0.1，交付给主机 B。因此，虽然 A 向 B 发送的数据包是通过了公用的 Internet，但在效果上就好像是在本企业内部的专用网传送一样。如果主机 B 要向 A 发送数据包，那么所经过的步骤也是类似的。

使用 VPN 降低了成本，通过公用网来建立 VPN，节省了大量的通信费用，而不必投入大量的人力和物力去安装和维护 WAN（广域网）设备和远程访问设备。由于采用了加密及身份验证等安全技术，保证连接用户的可靠性及传输数据的安全和保密性。虚拟专用网使用户可以利用 ISP 的设施和服务，同时又完全掌握着自己网络的控制权。用户只利用 ISP 提供的网络资源，对于其它的安全设置、网络管理变化可由自己管理。在企业内部也可以自己建立虚拟专用网。

7.10.5.2 网络地址转换 NAT

由于全球 IPv 4 的地址非常匮乏，为了满足企业规模的不断扩大，解决地址资源短缺最好的方法是采用网络地址转换 NAT。网络地址转换（Network Address Translation，NAT）是一种将私有地址转化为合法的全球 IP 地址的转换技术，一个局域网只需使用少量 IP 地址（甚至是 1 个）就可实现私有地址网络内所有计算机与 Internet 的通信需求，NAT 广泛应用于各种类型 Internet 接入方式和各种类型的网络中。NAT 不仅解决了 IP 地址不足的问题，而且还能够有效地避免来自网络外部的攻击，隐藏并保护网络内部的计算机。

图 7-28 给出了 NAT 路由器的工作原理。图中内部专用网 192.168.1.0/24 内所有主机的 IP 地址都是本地 IP 地址。NAT 路由器至少要有一个全球 IP 地址，才能和 Internet 相连，图中 NAT 路由器的全球 IP 地址为 59.61.10.1/24。NAT 路由器收到从专用网内部的主机 A 发往因特网上主机 B 的 IP 数据包：源 IP 地址是 192.168.1.10/24，而目的 IP 地址是 202.112.101.5/24。NAT 路由器把 IP 数据包的源 IP 地址 192.168.1.10/24，转换为新的源 IP 地址（即 NAT 路由器的全球 IP 地址）59.61.10.1/24，然后转发出去。因此，主机 B 收到这个 IP 数据包时，以为 A 的 IP 地址是 59.61.10.1/24。当 B 给 A 发送应答时，IP 数据包的目的 IP 地址是 NAT 路由器的 IP 地址 59.61.10.1/24。B 并不知道 A 的专用地址 192.168.1.10/24。当 NAT 路由器收到因特网上的主机 B 发来的数据包时，还要进行一次 IP 地址的转换。通过 NAT 地址转换表，就可把 IP 数据包上的 IP 地址 59.61.10.1/24，转换为新的内网目的 IP 地址 192.168.1.10/24。

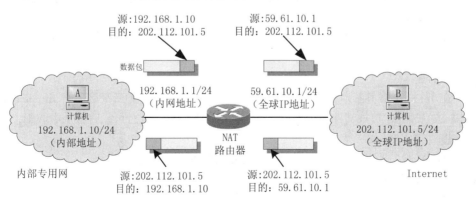

图 7-28　NAT 的工作流程

NAT 的实现方式有 3 种，即静态转换（Static Nat）、动态转换（Dynamic Nat）和端口多路复用（Port address Translation）。

静态转换是指将内部网络的私有 IP 地址转换为公有 IP 地址，IP 地址对是一对一的，是一成不变的，某个私有 IP 地址只转换为某个公有 IP 地址。借助于静态转换，可以实现外部网络对内部网络中某些特定设备的访问。

动态转换是指将内部网络的私有 IP 地址转换为公用 IP 地址时，IP 地址是不确定的，是随机的，所有被授权访问 Internet 的私有 IP 地址可随机转换为任何指定的合法 IP 地址。也就是说，只要指定哪些内部地址可以进行转换，以及用哪些合法地址作为外部地址时，就可以进行动态转换。动态转换可以使用多个合法外部地址集。当 ISP 提供的合法 IP 地址略少于网络内部的计算机数量时。可以采用动态转换的方式。

端口多路复用（PAT)是指改变外出数据包的源端口并进行端口转换。采用端口多路复用方式，内部网络的所有主机均可共享一个合法外部 IP 地址实现对 Internet 的访问，从而可以最大限度地节约 IP 地址资源。同时，又可隐藏网络内部的所有主机，有效避免来自 Internet 的攻击。因此，目前网络中应用最多的就是端口多路复用方式。

练习题

1．填空题

（1）HTTP 协议是基于 TCP/IP 之上的，WWW 服务所使用的主要协议，HTTP 会话过程包括连接、_____ 、应答和_____。

（2）WWW 客户机与 WWW 服务器之间的应用层传输协议是_____；_____是 WWW 网页制作的基本语言。

（3）FTP 能识别的两种基本的文件格式是_____文件和_____文件。

（4）在一个 IP 网络中负责主机 IP 地址与主机名称之间的转换协议称为_____，负责获取与某个 IP 地址相关的 MAC 地址的协议称为_____。

（5）在 Internet 中 URL 的中文名称是_____；我国的顶级域名是_____。

（6）Internet 中的用户远程登录，是指用户使用_____命令，使自己的计算机暂时成为远程计算机的一个仿真终端。

（7）在一个 IP 网络中负责主机 IP 地址与主机名称之间的转换协议称为_____，负责 IP 地址与 MAC 地址之间的转换协议称为_____。

（8）发送电子邮件需要依靠_____协议，该协议的主要任务是负责邮件服务器之间的邮件传送。

2．选择题

（1）在 Intranet 服务器中，_____作为 WWW 服务的本地缓冲区，将 Intranet 用户从 Internet 中访问过的主页或文件的副本存放其中，用户下一次访问时可以直接从中取出，提高用户访问速度，节省费用。

A．WWW 服务器　　　　　　B．数据库服务器
C．电子邮件服务器　　　　　D．代理服务器

（2）HTTP 是_____。

A．统一资源定位器　　　　　B．远程登录协议
C．文件传输协议　　　　　　D．超文本传输协议

（3）ARP 协议的主要功能是_____。

A. 将物理地址解析为 IP 地址　　B. 将 IP 地址解析为物理地址

C. 将主机域名解析为 IP 地址　　D. 将 IP 地址解析为主机域名

（4）使用匿名 FTP 服务，用户登录时常常使用_____作为用户名。

A. anonymous　　　　　　　　B. 主机的 IP 地址

C. 自己的 E-mail 地址　　　　　D. 节点的 IP 地址

3. 简答题

（1）简要说明 Internet 域名系统（DNS）的功能。举一个实例解释域名解析的过程。

（2）请使用一个实例解释什么是 URL。

（3）电子邮件的工作原理是什么？

（4）远程登录 Telnet 服务中，用户端计算机是以什么方式登录到 Internet 主机上的？它是如何解决异型计算机系统的互操作问题的？

（5）什么是 VPN 和 NAT？其主要的应用场合是什么？

PART 8

第 8 章
无线网络

本章提要

- 无线网络的特性、标准以及关键技术；
- 无线网络的产生、种类和发展；
- 无线网络的连接设备及典型业务应用。

无线网络（Wireless Network），既包括允许用户建立远距离无线连接的全球语音和数据网络，也包括近距离无线连接的红外线技术及射频技术，与有线网络的用途相似，不同主要在于传输媒介的不同，利用无线电波取代网线。在网络接入方面，无线网络比有线网络更为灵活，在实际组网中，无线网络可与有线网络互为备份使用。无线网络主要分为：无线个人区域网、无线局域网、无线城域网、无线广域网等。本章主要讨论的是无线局域网、无线城域网，在章节最后对另外两种无线网络做了简要介绍。

8.1 无线局域网 WLAN

无线局域网 WLAN（Wireless Local Area Network）是利用射频的技术取代原有的网线（双绞线）所构成的局域网络，具有更好的灵活性和移动性。网络设备的布设更加灵活，在无线信号覆盖区域内即可接入网络且移动性能强，连接到无线局域网的用户可以移动地与网络保持连接。

8.1.1 无线局域网的相关标准

20 世纪 80 年代末以来，由于人们工作和生活节奏的加快以及移动通信技术的飞速发展，无线局域网也开始进入市场。无线局域网可提供移动接入的功能，给许多需要发送数据但又时常不能坐在办公室的人员带来了方便。这种方式不仅可以节省铺设线缆的投资，而且建网灵活、快捷、节省空间。

1998 年，IEEE 制定出无线局域网的协议标准 802.11，其射频传输标准采用跳频扩频（FHSS）和直接序列扩频（DSSS），工作在 2.400 0 GHz~2.483 5 GHz。在 MAC 层则使用载波侦听多路访问/冲突避免（CSMA/CA）协议。802.11 标准主要用于解决办公室局域网和校园网中，用户与用户终端的无线接入，业务主要限于数据存取，速率最高只能达到 2 Mbit/s。由于 802.11 在速率和传输距离上都不能满足人们的需要，此后 IEEE 又推出了 802.11b、802.11a 和 802.11g 等，作为 802.11 标准的扩充，其主要差别在于 MAC 子层和物理层。

802.11b 采用 2.4 GHz 频带,调制方法采用补偿码键控(CKK),共有 3 个不重叠的传输信道。传输速率能够从 11 Mbit/s 自动降到 5.5 Mbit/s,或者根据直接序列扩频技术调整到 2 Mbit/s 和 1 Mbit/s,以保证设备正常运行与稳定。

802.11a 扩充了 802.11 标准的物理层,规定该层使用 5 GHz 的频带。该标准采用 OFDM(正交频分)调制技术,传输速率范围为 6 Mbit/s ~ 54 Mbit/s,共有 12 个不重叠的传输信道。这样的速率既能满足室内的应用,也能满足室外的应用。

802.11g 共有 3 个不重叠的传输信道,与 802.11a 一样,也运行于 2.4 GHz,调制方式为 OFDM,但网络的传输速率可以达到 54 Mbit/s。

802.1x 协议起源于 802.11,是一个基于端口的接入控制(Port-Based Network Access Control)标准,以解决无线局域网用户的接入认证问题,该标准通过对端口的控制以实现用户级的接入控制。

802.11 标准规定无线局域网的最小构件是基本服务集(Basic Service Set,BSS)。一个 BSS 包括一个基站和若干个移动站,所有的站均运行同样的 MAC 协议并以争用方式共享同样的无线传输媒体。基本服务集类似于无线移动通信的蜂窝小区。在 802.11 标准中,基本服务集中的基站称为接入点(Access Point,AP)。一个基本服务集可以是孤立的,也可通过接入点 AP 连接到一个主干分配系统(Distribution System,DS),然后再接入到另一个基本服务集,这样就构成了一个扩展的服务集 ESS,如图 8-1 所示。主干分配系统可采用常用的有线以太网或其他的无线连接。接入点 AP 的作用与网桥相似,使扩展的服务集 ESS 成为一个在 LLC 子层上的逻辑局域网。802.11 标准还定义了 3 种类型的站。一种是仅在一个 BSS 内移动,另一种是在 BSS 之间移动但仍在一个 ESS 之内,还有一种是在不同的 ESS 之间移动。

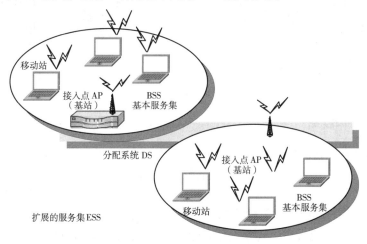

图 8-1 IEEE 802.11 的基本服务集和扩展服务集

8.1.2 无线局域网的结构

IEEE 802.11 标准的无线局域网允许使用不需授权的 ISM 频段中 2.4 GHz 或 5 GHz 射频波段进行无线连接。

8.1.2.1 简单的家庭无线 WLAN

使用家庭 ADSL 无线路由器接入 Internet 就是无线局域网最通用和最便宜的例子,使用一台 ADSL 设备既可以作为一个无线接入点、交换机、路由器，还可以作为防火墙。无线路由器可以提供广泛的功能，通过防火墙保护家庭网络远离外界的入侵；允许家庭多台计算机使用交换式以太网相互连接，为多个移动终端提供无线接入点，还可以共享一个 ISP 提供的单一 IP 地址，访问 Internet。家用普通无线路由器使用 2.4 GHz 的扩频通信，802.11 b/g 标准，而更高端的无线路由器提供双波段 2.4 GHz 802.11b/g/n Wi-Fi 和 5.8 GHz 802.11a 性能、高速 MIMO 性能，最高速率可到 150 Mbit/s 或 300 Mbit/s。

8.1.2.2 无线桥接

有时候需要为有线网络建立一条冗余链路时，或者使用有线网络很难实现或成本很高的情况下，比如连接桥梁两侧的网络，都可以使用无线网络实现，而无线的桥接技术就可以解决这个问题。使用无线桥接的优点是简单、易实现，缺点是速度慢和存在干扰。

无线桥接主要设备构成：无线网桥、高增益室外定向或者全向天线、避雷接地设施。对于室外远距离站点的无线网络互连需要配合使用高增益室外定向或者全向天线，定向天线可实现点对点连接，全向天线可实现点对多点的连接。无线桥接示意如图 8-2 所示。

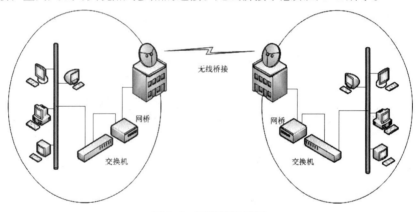

图 8-2　无线桥接示意图

8.1.2.3 中型 WLAN

中等规模的企业网络适合采用无线网络方式构建。设计简单、布设灵活方便，只需在相应区域内设置无线接入设施即可，根据有效覆盖范围进行设计和安装。无线覆盖区域内合理安排和提供多个接入点。一旦需要接入点的数量超过一定限度，网络会变得难以管理。大部分的这类无线局域网允许用户在接入点之间漫游，因为具有相同的以太子网和 SSID 配置，比如在校园内利用 WLAN 接入校园主干网。从管理的角度看，每个接入点以及连接到它的接口都被分开管理，使用 VLAN 通道来连接多个访问点，但需要以太网连接具有可管理的交换端口。在交换机上进行相应配置，实现在单一端口上支持多个 VLAN。

从安全的角度来看，每个接入点必须配置为能够处理自己的接入控制和认证。可采用 RADIUS 服务器完成这项任务，接入点可以将访问控制和认证交给网络信息中心的 RADIUS 服务器来完成。值得一提的是，当接入点的数量过多时，服务会变得非常复杂。

8.1.2.4 大型可交换 WLAN

1. 瘦身 AP 和无线控制器

传统的无线网络由于存在着局限性，已经不能满足那些大规模无线局域网的发展，而且对新一代的无线网络也提出了新的特性要求。首先，无线网络需要的是整体解决方案，能够统一管理的系统；其次，无线网络实施要简单，如能够通过工具自动地得出在什么位置放置 AP 最好、使用哪个频段最佳等；再有，无线网络一定是安全的无线网络；另外，无线网络要能够支持语音和多业务。基于这种需求，诞生了新一代的基于无线控制器的解决方案。

传统的无线网络里面，没有集中管理的控制器设备，所有的无线接入点 AP 都通过交换机连接起来，每个 AP 分单独负担射频 RF、通信、身份验证、加密等工作，因此需要对每一个 AP 进行独立配置，难以实现全局的统一管理和集中的 RF、接入和安全策略设置。在基于无线控制器的新型解决方案中，无线控制器能够地解决这些问题，将所有 AP 的功能简化（Fit AP，瘦 AP），每个 Fit APAP 只单独负责 RF 和通信的工作，相当于 Fit AP 只是个基于硬件的 RF 底层传感设备，所有 Fit AP 接收到的 RF 信号，经过 802.11 的编码之后，通过不同厂商制定的加密隧道协议穿过以太网络并传送到无线控制器，再由无线控制器集中对编码流进行加密、验证、安全控制等更高层次的工作。因此，基于 Fit AP 和无线控制器的无线网络具有统一管理的特性，并能够完成自动 RF 规划、接入和安全控制策略等工作。

2．可交换无线局域网

在大型可交换无线局域网中，如图 8-3 所示，每个 Fit AP 通过网络信息中心机架式核心交换机上的无线控制器进行控制和管理，AP 与无线控制器之间没有物理连接，但是在逻辑上它们通过无线控制器交换和路由。支持多个 VLAN，数据以某种形式被封装在隧道中，所以即使设备处在不同的子网中，从接入点到无线控制器也都有一个直接的逻辑连接。

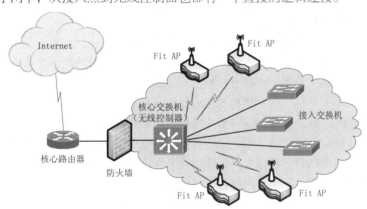

图 8-3　大型可交换无线局域网示意图

从管理的角度来看，管理员只需要管理无线控制器即可，这些控制器可以轮流控制数百接入点。这些接入点可以使用自定义的 DHCP 属性来判断无线控制器在哪里，并且自动扩展连接到无线控制器。这极大地改善了交换无线局域网的可伸缩性，因为额外接入点本质上是即插即用的。要支持多个 VLAN，接入点不需要在与它连接的交换机上需要一个特殊的 VLAN 隧道端口，并且可以使用任何交换机甚至易于管理的集线器上的端口。VLAN 数据被封装并发送到中央无线控制器，它处理到核心网络交换机的单一高速多 VLAN 连接。另外，由于所有访问控制和认证在无线控制器进行处理，而不是在每个接入点处理，所以安全管理功能更为强大。

8.1.3　无线局域网的应用领域

无线局域网与传统的局域网一样，可用于科研、教学、管理、生产、商业以及生活的各个方面。其最典型的应用领域有以下几方面。

- 接入 Internet：随着 Internet 的广泛应用，越来越多的企业或单位纷纷连入 Internet，但能够接入 Internet 的设备基本还局限在固定设备。若通过无线局域网，对于使用便携机的人员来说，就可以在本单位内的任何地方享受 Internet 的服务和搜索 Internet 上的资源。
- 办公室环境：用于实现各种办公自动化系统，利于办公室环境的整洁。现在许多计算机网应用较多的办公室常常是电缆密布，使环境显得杂乱。无线局域网的采用将会改变这种局面。
- 商业环境：构成无线的 POS 系统和 MIS 系统，利于购物环境的布局和管理。
- 工业现场：在提高可靠性的前提下，用于工业自动化的管理，可减少对现场的改造，适应车间布局变化的影响小。

8.1.4　无线局域网的特点

无线局域网的特点可以从传输方式、网络拓扑、网络接口及对移动计算的支持 4 个方面来描述。

1. 传输方式

传输方式涉及无线局域网采用的传输媒体、选择的频段及调制方式。目前，无线局域网采用的传输媒体主要有 2 种，即无线电波与红外线。采用无线电波作为传输媒体的无线局域网根据调制方式的不同，又可分为扩展频谱方式和窄带调制方式。

2. 无线局域网的拓扑结构

无线局域网的拓扑结构可分为 2 类：无中心拓扑和有中心拓扑，如图 8-4 所示。

无中心拓扑的网络属于一个孤立的基本服务集。这种拓扑结构是一个全连通的结构，采用这种拓扑的网络一般使用公用广播信道（类似于以太网），各站点都可竞争公用信道，而信道接入控制协议大多采用 CSMA。这种结构的优点是网络抗毁性好、建网容易、费用较低。但它与总线网络具有相同的缺点，因此，这种拓扑结构适用于用户数相对较少的工作群网络。

在有中心拓扑结构中，要求一个无线接入点（AP）充当中心站，所有节点对网络的访问均由其控制。这样，当网络业务量增大时，网络吞吐性能及网络时延性能的恶化并不剧烈。由于每个节点只需在中心站覆盖范围之内就可与其他站点通信，故网络中站点的布局受环境限制小。此外，中心站为接入有线主干网提供了一个逻辑接入点。这种网络拓扑结构的弱点是抗毁性差，中心站点的故障容易导致整个网络瘫痪，并且中心站点的引入增加了网络成本。

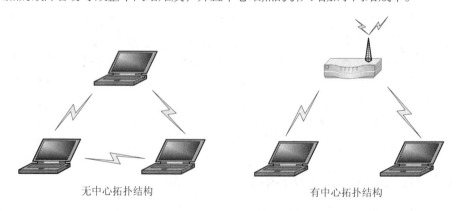

无中心拓扑结构　　　　　　　　　　有中心拓扑结构

图 8-4　无线局域网的拓扑结构

3. 网络接口

网络接口涉及无线局域网中节点从哪一层接入网络系统的问题。一般来讲，网络接口可以选择在 OSI 参考模型的物理层或数据链路层。物理层接口指使用无线信道替代通常的有线信道，而物理层以上各层不变。这样做的最大优点是上层的网络操作系统及相应的驱动程序可不做任何修改。这种接口方式在使用时一般作为有线局域网的集线器和无线转发器，以实现有线局域网间的互连或扩大有线局域网的覆盖范围。

另一种接口方法是从数据链路层接入网络。这种接口方法并不沿用有线局域网的 MAC 协议，而采用更适合无线传输环境的 MAC 协议。在实现时，MAC 层及其以下层对上层是透明的，并通过配置相应的驱动程序来完成与上层的接口，这样可保证现有的有线局域网操作系统或应用软件可在无线局域网上正常运行。目前，大部分无线局域网厂商都采用数据链路层的接口方法。

4. 支持移动计算网络

在无线局域网发展的初期阶段，无线局域网的最大特征是用无线传输媒体替代电缆线，这样可省去布线的过程，而且网络安装简便。随着笔记本型、膝上型、掌上型电脑个人数字助手（PDA）以及便携式终端等设备的普及应用，支持移动计算网络的无线局域网就显得尤为重要。

8.1.5 无线局域网的组建

8.1.5.1 无线局域网的设备

目前市场上已有一些无线局域网设备可供选择。这些设备使用的接口可能并不相同，可能是串行口、并行口，也可能像一般的网卡一样。常见的无线网络器件有以下几种。

1. 无线网络网卡

无线网络网卡多数与普通有线网卡不兼容，但也有一些公司生产的无线以太网卡与普通有线网卡兼容。无线网络网卡上通常集成了通信处理器和高速扩频无线电单元，它采用多种总线、800 kbit/s～45 Mbit/s 的传送速率，发射功率为 1 VA，在有障碍的室内通信，距离为 60 m 左右，而在无障碍的室内通信距离为 150 m 左右。

2. 无线网络网桥

无线网络网桥作为无线网络的桥接器，用于数据的收发，又称为无线接入点 AP。一个 AP 能够在几十至上百米内的范围内连接多个无线用户，在同时具有有线与无线网络的情况下，AP 可以通过标准的 Ethernet 电缆与传统的有线网络连接，作为无线和有线网络之间连接的桥梁。AP 可以桥接两个远距离的有线网络（相距 300 米～30 千米），比较适合于建筑物之间的网络连接。AP 支持 11 Mbit/s～45 Mbit/s 的点对点和点对多点连接。

8.1.5.2 无线局域网的组建形式

无线局域网的组建通常包含下面几种形式。

1. 全无线网

全无线网适用于还没有建网的用户，在建网时只需要将购置的无线网卡插入到网络节点中即可。由于无线网卡的作用范围有限，所以在网上合适的位置通常还应增设无线中继站，以扩大辐射范围。

2. 无线节点接入有线网

对于一个已存在有线网的用户，若要再扩展节点时，为了便于移动计算，可考虑扩展无线节点的方式,通常是在有线网中接入无线网AP,无线网节点可以通过无线网AP与有线网相连。

3. 两个有线网通过无线方式相连

这种组网形式适用于将两个或多个已建好的有线局域网通过无线的方式互连,比如两个相邻建筑物中的有线网无法用物理线路连接时,就可以采用这种方式。通常需要在各有线网中接入无线路由器,如图8-5所示。

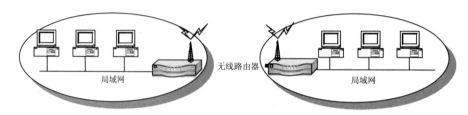

图8-5　两个有线网以无线方式相连示意图

8.2　无线城域网 WMAN

无线城域网 WMAN(Wireless Metropolitan Area Network)是连接多个无线局域网所形成的无线网络,可覆盖一个城市的部分区域或多个区域。2002年无线城域网标准 IEEE 802.16 正式通过。此外,WiMax(Worldwide Interoperability for Microwave Access)论坛,即"全球微波接入的互操作性"组织作为一个非赢利性的产业团体,是该项技术的积极推动者。WiMax 是继 IEEE 802.11 之后,一项新的宽带无线接入技术,能提供面向互联网的高速连接,数据传输距离最远可达50千米。

8.2.1　无线城域网的相关标准

IEEE 成立专门制定无线城域网标准的 802.16 工作组,IEEE 802.16 标准系列包括:802.16、802.16a、802.16c、802.16d、802.16e、802.16f 和 802.16g 等标准,其中 802.16d 和 802.16e 两个正式标准,分别是固定宽带无线接入空中接口标准、支持移动性的宽带无线接入空中接口标准。

无线城域网是一种为企业和家庭用户提供"最后一英里"的宽带无线接入方式。WiMax 论坛于 2001 年成立,积极推动了无线城域网的使用,加快 IEEE 802.16 的系列宽频无线标准的发展。图8-6 表示 802.16 无线城域网示意图。

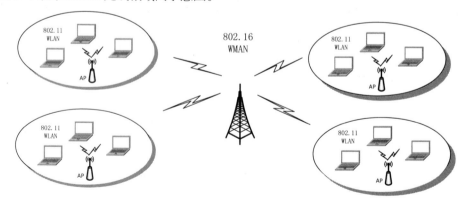

图8-6　IEEE 802.16 无线城域网示意图

IEEE 802.16 体系标准的推出受到业界的关注，伴随着 WiMax 组织的发展壮大，也加快了 802.16 标准的发展，特别是移动 WiMax 802.16e 标准的提出更加引人注意。IEEE 针对特定市场需求和应用模式提出了一系列不同层次的互补性无线标准，其中已经得到广泛应用的标准系列包括：应用于家庭互连的 IEEE 802.15 标准和应用于无线局域网的 IEEE 802.11 标准。而 IEEE 802.16 标准的提出，弥补了 IEEE 在无线城域网标准上的空白。

IEEE802.16 标准是工作于 2～66 GHz 无线频带的空中接口规范。802.16e 是一种移动宽带无线接入技术，可以实现用户在车速移动状态下的宽带接入。802.16e 无线接入网接入 IP 核心网，主要面向用户提供宽带数据业务，也可以提供 VoIP 业务。802.16e 工作在 2～6 GHz，基站覆盖范围一般为几千米，802.16e 定位的用户群主要为个人用户。

8.2.2　无线城域网的应用领域

对于电信业相对不发达的地区，只要有电话或电缆接入的地方，就可提供无线宽带互联网访问服务。WiMax 使经济不太发达的国家或城市也能提供高速互联网体验。WiMax 的应用主要可以分成两个部分，一个是固定式无线接入，另一个是移动式无线接入。802.16d（IEEE 802.16-2004）属于固定无线接入标准，而 802.16e 属于移动宽带无线接入标准。

WiMax 主要有以下应用领域。

- 对经济欠发达、信息化建设落后的地区，应用 WiMax 成本低、见效快，可为当地发展提供高效宽带信息服务，对经济建设发挥促进作用。
- 需要快速部署完成一个高速数据通信网络的大中型区域，如体育场馆等大型活动区域。
- 政府、社区、校园内部署高速无线网络，通过 WiMax 基站使整个覆盖区域实现无线信号无缝连接。
- 随着技术标准的发展，WiMax 逐步实现宽带业务的移动化，而第三代移动通信 3G 则实现移动业务的宽带化，两种网络的融合程度会越来越高。

8.2.3　无线城域网的特点

WiMax 支持移动、便携式和固定服务，可以在超出 WLAN 覆盖范围的更广阔的地域内提供"最后一英里"宽带接入，WiMax 可以为高速数据应用提供更出色的移动性。

主要特点见下。

- 可实现更远距离的数据传输、无线信号覆盖范围大。50 千米的无线信号传输距离是无线局域网所不能比拟的，网络覆盖面积是 3G 发射塔的 10 倍，只需少量基站就能实现城域覆盖。
- 可提供更高速的宽带接入。WiMax 所能提供的最高接入速度是 70 M，这个速度是 3G 所能提供的宽带速度的 30 倍。
- 可提供"最后一英里"的无线网络接入服务。可以将 WiFi 热点连接到互联网，也可作为 DSL 等有线接入方式的无线扩展，实现最后一千米的宽带接入。WiMax 可为 50 千米区域内用户提供无线接入服务，用户无需线缆即可与基站建立宽带连接。
- 可提供多媒体通信服务。由于 WiMax 比 WiFi 具有更好的可扩展性和安全性，从而能够实现电信级的多媒体通信服务。
- 对于实现在高速移动过程中的无缝切换有待提高。

8.2.4　无线城域网的组建

无线城域网的组建工作主要在于 WiMax 基站建设和在移动设备中安装 WiMax 无线网卡，网络示意如图 8-7 所示。相对于有线网络，无线城域网网络具有更为广阔的应用前景，其主要优势如下。

- 无线网络部署快，建设成本低廉。
- 无线网络具有高度的灵活性，升级方便。
- 无线网络的维护和升级费用低。
- 无线网络可以根据实际使用的需求阶段性地进行投资。

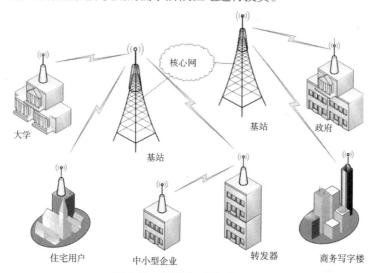

图 8-7　无线城域网的组建示意图

同广泛使用的无线局域网络相比，WiMax 技术有着自己独特的优势。WLAN 技术可以提供高达 54 Mbit/s 或 150 Mbit/s 的无线接入速度，但是它的传输距离十分有限，仅限于半径约为 100m 的范围。移动电话系统可以提供非常广阔的传输范围，但是它的接入速度却相对较低。WiMax 的弥补了这两个不足。因此，WLAN，WiMax，3G 网络三者的结合会构造出更完善的无线网络。随着无线通信技术的不断发展，集成了这 3 种技术的移动终端能够随时随地提供高速无线连接。

8.3　其他无线网络

无线网络主要分为无线个人区域网、无线局域网、无线城域网等。前面对无线局域网和无线城域网进行了讨论，以下主要介绍无线个人区域网和无线广域网。

8.3.1　无线个人区域网

无线个人区域网 WPAN（Wireless Personal Area Network），也可以简称为无线个域网，是在小范围内相互连接数个装置所形成的无线网络，通常是个人可及的范围内，网络结构如图 8-8 所示。其中，蓝牙（bluetooth）是一个开放性的、短距离无线通信技术标准，用来连接彼此距离较近的不同功能的设备，如手机、笔记本电脑、数码相机、台式计算机，甚至是汽车等。蓝牙面向的是移动设备间的小范围连接，在各种数字设备之间实现灵活、安全、低成本、小功耗的语音和数据通信。它的数据速率是 1 Mbit/s，功率 1μW。IEEE 802.15.1 标准对蓝牙技术做了定义。

图 8-8　无线个域网结构示意图

另外，超宽带无线通信 UWB 也适用于无线个域网。UWB 可以在限定的范围内高速率（480 Mbit/s）、低功率（200 μW）传输信息，性能大大强于蓝牙。能提供快速的无线外设访问来传输照片、文件、视频。可以在家里和办公室里方便地以无线的方式将视频摄像机中的内容下载到 PC 中进行编辑，然后送到 TV 中浏览，轻松地以无线的方式实现个人数字助理（PDA）、手机与 PC 数据同步、装载游戏和音频/视频文件到 PDA、音频文件在 MP3 播放器与多媒体 PC 之间传送等。

8.3.2　无线广域网

无线广域网 WWAN（Wireless Wide Area Network），是采用无线网络把物理距离极为分散的局域网（LAN）连接起来的通信方式。WWAN 连接地理范围较大，常常是一个国家或是一个洲。

IEEE 802.20 是 WWAN 的重要标准，是一种适用于高速移动环境下的宽带无线接入系统空中接口规范。IEEE 802.20 是由 IEEE 802.16 工作组于 2002 年 3 月提出的，并为此成立专门的工作小组。IEEE 802.20 技术可以有效解决移动性与传输速率相互矛盾的问题，以弥补 IEEE 802.1x 协议族在移动性上的不足。

最后介绍一下 3G 与 4G 移动通信系统。

3G 是英文 the 3rd Generation 的缩写，指第三代移动通信技术。相对第一代模拟制式手机（1G）和第二代 GSM、CDMA 等数字手机（2G），第三代手机（3G）一般是指将无线通信与国际互联网等多媒体通信结合的新一代移动通信系统。

ITU 确定 3G 通信的三大主流无线接口标准分别是 WCDMA（宽频码分多址）、CDMA 2000（多载波分复用扩频调制）和 TD-SCDMA（时分同步码分多址接入）。其中 W-CDMA 标准主要起源于欧洲和日本的早期第三代无线研究活动，该系统可现有的 GSM 网络上进行使用，该标准的主要支持者有欧洲、日本、韩国。CDMA 2000 系统主要是由美国高通北美公司为主导提出的，它的建设成本相对比较低廉，主要支持者包括日本、韩国和北美等地区和国家。TD-SCDMA 标准是由中国第一次提出并在此无线传输技术（RTT）的基础上与国际合作，完成了 TD-SCDMA 标准，成为 CDMA TDD 标准的一员，是中国对第三代移动通信发展的贡献。

在与欧洲、美国各自提出的 3G 标准的竞争中，中国提出的 TD-SCDMA 已正式成为全球 3G 标准之一，这标志着中国在移动通信领域已经进入世界领先之列。

4G 指的是第四代移动通信技术，是与现有无线通信标准互通的下一代移动多媒体通信系统。4G 集 3G 与 WLAN 于一体，能够传输高质量视频图像，它的图像传输质量与高清晰度电视不相上下。网络两点之间的数据速率达 100 Mbit/s，是 3G 网速的 40 倍～50 倍。可实现与异构网络的平滑切换、无缝的连通性以及跨网络漫游，高网络容量的、高效全 IP 分组交换网络。4G 将会有着不可比拟的优越性和广阔应用前景。

练习题

1．填空题

（1）无线网络主要分为_____、_____、_____和无线广域网。

（2）无线局域网标准是_____，主要包括_____、_____、_____等。

（3）无线局域网采用的主要传输媒体是_____、_____。

（4）无线局域网络的拓扑结构可分为两类，它们是_____、_____。

（5）无线城域网标准是_____，包括_____、_____、_____、_____、_____、_____等。

2．简答题

（1）无线局域网的结构有哪些？各有什么特点？

（2）简述无线城域网的特点和应用领域。

（3）无线个人区域网包括哪些？各有什么特点？

PART 9

第 9 章
计算机网络安全

- 计算机网络安全的概念；
- 计算机网络对安全性的要求；
- 访问控制技术和设备安全；
- 防火墙技术；
- 网络安全攻击及解决方法；
- 计算机网络安全的基本解决方案。

随着网络应用的发展，网络在各种信息系统中的作用变得越来越重要，人们也越来越关心网络安全和网络管理的问题。对于任何一种信息系统，安全性的作用在于防止未经过授权的用户使用甚至破坏系统中的信息或干扰系统的正常工作。

9.1 计算机网络安全概述

计算机网络最重要的功能是向用户提供信息服务及其拥有的信息资源。由于计算机网络的广泛应用，它对社会经济、文化以及科学和教育都产生了深远的影响，人们通过网络相互学习、交流以及从事各种活动。与此同时，网络的广泛应用也产生了一些新的问题，比如站点被攻击、信用卡被盗用、机密信息被窃取和公开等，使计算机网络的应用面临极大的挑战，这就涉及计算机网络的安全性问题。

据统计，计算机犯罪案件以每年 100 % 的速率增长，计算机网络黑客（Hacker）的攻击事件也以每年 10 倍的速度增长，而计算机病毒自从 1986 年出现以来，更是以几何级数增长。迄今为止已经发现了两万多种病毒，给计算机网络带来巨大的威胁，比如 Internet 蠕虫、红色代码，均造成 Internet 上的许多站点不得不关闭、很多网络瘫痪的灾难性后果。因此，计算机网络的安全问题引起人们的普遍重视。

对计算机网络安全性问题的研究总是围绕着信息系统进行的，其主要目标就是要保护计算资源，免受毁坏、替换、盗窃和丢失，而计算资源包括计算机及网络设备、存储介质、信息数据等。

计算机网络安全包括广泛的策略和解决方案，具体内容如下。

- 访问控制：对进入系统的用户进行控制。
- 选择性访问控制：进入系统后，要对文件和程序等资源的访问进行控制。

- 病毒和计算机破坏程序：防止和控制不同种类的病毒和其他破坏性程序造成的影响。
- 加密：信息的编码和解码，只有被授权的人才能访问信息。
- 系统计划和管理：计划、组织和管理与计算机网络相关的设备、策略和过程，以保证资源安全。
- 物理安全：保证计算机和网络设备的安全。
- 通信安全：解决信息通过网络和电信系统传输时的安全问题等。

计算机网络安全是每个计算机网络系统的重要因素之一，很多网络系统受到破坏，往往都可能与忽略了安全性的问题有关。因此，计算机网络的安全是不容忽视的大问题。

9.2 计算机网络的安全要求

一个计算机网络通常涉及很多因素，包括人、各种设施和设备、计算机系统软件与应用软件、计算机系统内存储的数据等，而网络的运行需要依赖于所有这些因素的正常工作。因此，计算机网络安全的本质就是要保证这些因素避免各种偶然的和人为的破坏与攻击，并且要求这些资源在被攻击的状况下能够尽快恢复正常的工作，以保证系统的安全可靠性。

计算机网络安全包括以下几方面的内容。

- 保护系统和网络的资源免遭自然或人为的破坏。
- 明确网络系统的脆弱性和最容易受到影响或破坏的地方。
- 对计算机系统和网络的各种威胁有充分的估计。
- 要开发并实施有效的安全策略，尽可能减少可能面临的各种风险。
- 准备适当的应急计划，使网络系统在遭到破坏或攻击后能够尽快恢复正常工作。
- 定期检查各种安全管理措施的实施情况与有效性。

一般说来，计算机网络系统的安全性越高，它需要的成本也就越高，因此，系统管理员应该根据实际情况进行权衡，并灵活地采取相应的措施使被保护的信息的价值与为保护它所付出的成本能够达到一个合理的水平。

9.2.1 计算机网络安全的要求

1. 安全性

计算机网络的安全性包括内部安全和外部安全 2 个方面的内容。

内部安全是在系统的软硬件中实现的，它包括对用户进行识别和认证，防止非授权用户访问系统；确保系统的可靠性，以避免软件的缺陷（Bug）成为系统的入侵点；对用户实施访问控制，拒绝用户访问超出其访问权限的资源；加密传输和存储的数据，防止重要信息被非法用户理解或修改；对用户的行为进行实时监控和审计，检查其是否对系统有攻击行为，并对入侵的用户进行跟踪。

外部安全包括加强系统的物理安全，防止其他用户直接访问系统；保证人事安全，加强安全教育，防止用户特别是内部用户泄密。

内部安全和外部安全是相互补充的，应该将二者有机地结合起来，以确保系统的强壮性。

2. 完整性

完整性技术是保护计算机系统内软件和数据不被非法删改的一种技术手段。它包括软件完整性和数据完整性。

（1）软件完整性

软件是计算机系统的重要组成部分，它能完成各种不同复杂程度的系统功能。软件的优点是编程人员在开发或应用过程中可以随时对它进行更改，以使系统具有新的功能，但这种优点给系统的可靠性带来了严重的威胁。

在开发应用环境下，对软件的无意或恶意修改已经成为对计算机系统安全的一种严重威胁。虽然目前人们把对计算机系统的讨论与研究都集中在信息的非法泄露上，但是在许多应用中，软件设计或源代码的泄露使系统面临着巨大的威胁。非法的程序员可以对软件进行修改，有时候这种修改是无法检测到的。例如，攻击者将特洛伊木马程序引入系统软件，在系统软件中为自己设置一个后门，导致机密信息的非法泄露；另外，非法的程序员还可以将一段病毒程序附加到软件中，一旦病毒感染系统，将会给系统带来严重的损失，甚至会对系统造成恶意的破坏，导致系统完全瘫痪，比如臭名昭著的 CIH 病毒。因此，软件产品的完整性问题对计算机系统安全的影响越来越重要。通常，人们应该选择值得信任的系统或软件设计者，同时还要有相应的软件测试工具来检查软件的完整性，以保证软件的可靠性。

（2）数据完整性

数据完整性是指存储在计算机系统中的或在系统之间传输的数据不受非法删改或意外事件的破坏，以保持数据整体的完整。

通常，可能造成数据完整性被破坏的原因有：系统的误操作、应用程序的错误、存储介质的损坏和人为的破坏等。

3. 保密性

保密性是计算机网络安全的一个重要方面，它在于防止用户非法获取关键的敏感信息，避免机密信息的泄露。

目前，政府和军事部门纷纷上网，电子商务得到日益广泛的应用，人们越来越多地通过网络传输数据来完成网络操作，因此，网络上传输的数据的机密性和敏感性也变得越来越强，如果非法用户盗取或篡改数据，将造成不可估量的损失。因此，必须保证重要数据的机密性，以避免被非法访问。

加密是保护数据的一种重要方法，也是保护存储在系统中的数据的一种有效手段，人们通常采用加密来保证数据的保密性。

4. 可用性

可用性是指无论何时，只要用户需要，系统和网络资源必须是可用的，尤其是当计算机及网络系统遭到非法攻击时，它必须仍然能够为用户提供正常的系统功能或服务。目前，在很多系统软件和上层应用软件中存在着大量的问题和漏洞，造成系统很容易受到攻击，比如邮件炸弹，当系统被攻击后，会造成暂时无法响应用户请求，甚至会使系统死机，妨碍了正常用户对系统的使用，破坏了可用性。因此，为了保证系统和网络的可用性，必须解决网络和系统中存在的各种破坏可用性的问题。

9.2.2　计算机网络的保护策略

保护计算机网络系统的策略可以分为以下几个部分。

1. 创建安全的网络环境

包括监控用户，设置用户权限，采用访问控制、身份识别/授权、监视路由器、使用防火墙程序以及其他的一些方法。

2．数据加密

由于网络黑客可能入侵系统，偷窃数据或窃听网络中的数据，而通过数据的加密可以使被窃的数据不会被简单地打开，从而减少一定的损失。

3．调制解调器的安全

如果外部的非法用户非法获取或破解了密码，并通过调制解调器连接到内部网络上，系统就变得易受攻击，因此，需要采用一些技术加强调制解调器的安全性。

4．灾难和意外计划

应该事先制定好对付灾难的意外计划、备份方案和其他方法，如果有灾难或安全问题威胁时，就能及时和有效地应对。

5．系统计划和管理

在网络系统的管理中，应当适当地计划和管理网络，以备发生任何不测。

6．使用防火墙技术

防火墙技术可以防止通信威胁，与 Internet 有关的安全漏洞可能会让侵入者进入系统进行破坏。

9.2.3　网络安全管理

1．网络安全的薄弱环节

网络中的各个环节所暴露出的脆弱点，会导致网络安全受到极大的威胁，而这些脆弱点可能包括以下内容。

- 通信设备：大多数网络通信设备都有可能存在安全隐患，例如各种设备的损坏，包括信号设备，网络设备和服务器等，从而造成网络不能正常工作。
- 网络传输介质：用于连接网络的双绞线、同轴电缆、电线或其他通信介质很容易受到毁坏、破坏和攻击。
- 网络连接：远程访问系统的好处在于网络管理员可以方便地从远端控制设备，但也正是由于远程访问系统，使得网络安全遭受巨大的威胁，而调制解调器和拨号连接方式可能就是最大的脆弱点。
- 网络操作系统：网络操作系统通过访问控制、授权和选择性控制特性帮助维护系统安全，但网络操作系统设计上存在的漏洞是网络安全的脆弱点。
- 病毒攻击：病毒是影响网络系统最重要的因素之一，由于网络系统中的各种设备都是相互连接的，如果某一个设备（如服务器）受到了病毒的攻击，它就可能影响到整个网络。
- 物理安全：网络中包括了各种复杂的硬件、软件和专用的通信设备，而对于计算机系统设备、通信与网络设备、存储设备等物理上的安全问题而言，有时候，即便是很小的问题都有可能导致灾难性的后果。因此，保护计算机系统各种设备的物理安全也是极其重要的。

2．网络安全计划与管理

尽管有许多可用的技术用来保护网络，但是如果没有详细的安全计划，没有安全管理网络的清晰策略，无论使用何种技术都可能造成事倍功半。因此，要维护网络安全，建立起有效的系统计划和管理就显得十分必要。

在制定一个网络系统的安全计划和策略时，要分析系统中的哪些部分受网络安全性的影响最大，哪些部分对网络安全性影响最大？具体要考虑以下几个问题。

- 网络中各类服务器是否安全？谁可以访问服务器以及访问哪些内容？服务器是否被保

护免受灾难和其他潜在问题的影响？服务器上是否有防止病毒的措施？谁可以具有系统管理员的权利访问网络？

- 对访问服务器的工作站或客户机是否采取了安全措施？在工作站上是否安装了访问控制？
- 恰当地使用安全措施可以严格控制对网络不同部分或对整个网络的访问。只有那些授权用户才能使用相互连接设备，如中继器、网桥、路由器和网关。
- 通常，在操作系统以及各种管理和监控软件中都内置了安全特性，用以实现系统的安全性。因此，对于网络操作系统和相关的软件，它们是否工作正常？
- 对于网络上运行的应用软件，是否需要对这些程序和数据进行保护或限制？
- 对于线缆和通信介质而言，为了避免传输的数据被拦截、损坏或其他形式的破坏，需要较好的保护传输介质，而线缆的物理损坏也会导致网络瘫痪。
- 网络上传输的信息安全程度有多大？
- 对于调制解调器而言，对调制解调器及其所提供的外部访问是否存在安全弱点？
- 对于人员而言，不同的人员在网络上具有何种访问权？它包括物理接触和系统访问。单位以前的雇员或在办公室以外的其他人员是否也能访问系统？
- 对于文本而言，有关本网络的信息是否被公开或分发？

在创建网络时，需要确定当前或计划的网络结构中哪些地方需要特别注意，即进行网络的安全分析，包括以下几个内容。

- 物理安全：网络系统中的网络硬件和软件资源的安全性。
- 访问脆弱性：网络中有许多访问点（访问入口）。系统上的工作站、拨号访问点、相互连接甚至主机都是网络的访问点。因此，需要非常清楚地知道有可能进入网络系统的地方在哪里。
- 配置问题：例如，网络服务器可能使用了很容易被猜出的口令而失去控制，如"demo"或"test"。如果这些口令用在关键的账户上就有可能导致严重的安全问题。
- 内部危险：由于网络内部的用户对网络的了解程度和对网络的访问权限比外部人员大得多，因此，对于来自网络内部的安全威胁也是一种非常重要的因素，而且是不容忽视的。

9.2.4 网络安全协议

基于计算机网络体系结构分层模型的安全协议划分，如图9-1所示。

1. 网络层IPsec协议

Internet协议安全（IP Protocol Security，IPsec）是一种开放标准的安全协议，通过使用加密的安全服务以确保在Internet协议（IP）网络上进行保密而安全的通信。IPsec由建立安全分组流的密钥交换协议和保护分组流的协议两部分组成。前者为互联网金钥交换（Internet Key Exchange，IKE）协议。后者包括鉴别首部协议（Authentication Header，AH）和封装安全有效载荷协议（Encapsulation Security Payload，ESP），是IPsec中最主要的两个协议，用于保证数据的机密性、来源可靠性（认证）、无连接的完整性并提供抗重播服务。

2. 传输层SSL协议

安全套接层协议SSL（Security Socket Layer），是Netscape公司在1994年开发出来在网络上使用的安全协议，用以保障在Internet上数据传输之安全，利用数据加密技术，可确保数据在网络上之传输过程中不会被截取及窃听。SSL可提供服务器鉴别、加密会话和客户鉴别功能，已被广泛地用于Web浏览器与服务器之间的身份认证和加密数据传输。

3．应用层安全协议

应用层安全主要涉及通信双方，如电子邮件应用，安全协议有 PGP 协议和 PEM 协议两种。其中包括加密、鉴别和数字签名等技术。应用层涉及多种加密算法，如：DES、AES、RSA 等。

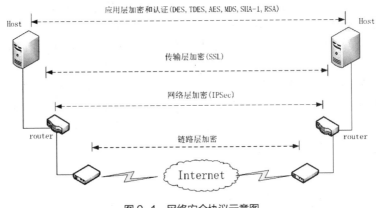

图 9-1　网络安全协议示意图

9.2.5　常用的安全工具

9.2.5.1　防火墙

防火墙是一种有效的网络安全机制，是保证主机和网络安全必不可少的工具。防火墙是在内部网与外部网之间实施安全防范的系统，它可以看作是一种访问控制机制，用于确定哪些内部资源允许外部访问以及允许哪些内部网用户访问哪些外部资源及服务等。防火墙通常安装在被保护的内部网和外部网的连接点上，从外部网或内部网上产生的任何事件都必须经过防火墙，防火墙会判断这些事件是否符合站点的安全策略，从而确定这些事件是否可以接受。

防火墙的基本类型有以下几种。

1．包过滤型

包过滤型防火墙工作在网络层，它以 IP 包为对象，对 IP 源/目的地址、封装协议、端口号等进行筛选，阻塞或允许 IP 包通过。包过滤型防火墙通常安装在路由器上，目前大多数路由器都提供了包过滤功能。另外，在 PC 机上也可以安装包过滤软件，即所谓的个人防火墙。

2．代理服务器型

代理型防火墙包括两部分：服务器端程序和客户端程序。服务器端程序作为客户与远程机器的中介，接收客户端的请求，并对请求进行认证，如果满足系统安全策略，服务器将代替用户与远程主机通信，发送请求消息，接收返回内容信息，并将结果返回给用户。客户端程序实际上是与代理服务器通信，在客户与远程目标机器之间没有建立直接的连接。服务器提供日志和审计服务。

3．堡垒主机

将包过滤和代理服务器两种方法结合起来，构造堡垒主机，对包进行过滤，并负责提供代理服务。

9.2.5.2 鉴别

在计算机系统和网络中不断地进行着各种各样的信息交换，因此，必须保证信息交换过程的合法性和有效性。身份认证是证实信息交换过程合法有效的一种重要手段，它包括 3 方面的内容。

1. 报文鉴别

报文鉴别是指在通信双方建立通信联系后，要对各自收到的信息进行验证，以保证所收到的信息是真实的。报文鉴别必须确定报文源、报文内容以及报文顺序的正确性。

对报文源的鉴别有两种办法：一种办法是发送方利用单向密码加密报文，接收方用相应的密钥解密报文，如果报文内容正确，就证明了报文是来自正确的发送方；另一种办法是用加密过的用户标识或口令作为报文源的标识，接收方在接收到报文后，解密标识得到正确的用户源。

对报文内容的鉴别是通过发送方在报文中加入鉴别码来实现的，而鉴别码是通过对报文内容进行某种运算得到的；接收方在收到报文后，用相同的算法对报文内容进行操作，得到新的鉴别码，然后比较这两个鉴别码，如果二者相同，表示报文内容没有被修改。

对报文顺序的鉴别是通过发送方和接收方共同约定的时间变量来保证的。

2. 身份认证

身份认证是指对用户身份的正确识别和校验，它包括识别和验证两方面的内容。其中识别是指要明确访问者的身份，为了区别不同的用户，每个用户使用的标识各不相同。验证则是指在访问者声明其身份后，系统对他的身份的检验，以防止假冒。目前广泛使用的有口令验证信物验证以及利用个人独有的特性进行验证等方法。

3. 数字签名

报文鉴别可以防止非法用户篡改报文内容，并确认发送者的身份，但无法解决对信息内容和信息发送者的唯一性确认。而数字签名可以有效地解决上述问题，它可以保证接收方收到的报文内容是真实的，而且还能保证发送方不能否认他所发送的报文，同时也能保证接收方不能伪造报文和签名。目前广泛使用的数字签名技术是基于非对称密钥加密算法的；考虑到安全性问题，人们也提出了利用对称密钥加密算法的数字签名技术。

数字签名（又称公钥数字签名、电子签章）是使用公钥加密技术实现在数据单元上附加一些数据，或是对数据单元做密码变换。它是一种用于鉴别数字信息的方法，它的作用类似于纸质上的签名。数字签名通常定义两种互补的运算，一个用于签名，另一个用于验证。

9.2.5.3 访问控制

访问控制的基本任务是防止非法用户进入系统以及合法用户对系统资源的非法使用，访问控制包括两个处理过程：识别与认证用户，这是身份认证的内容，通过对用户的识别和认证，可以确定该用户对某一系统资源的访问权限。目前，有 3 种访问控制方法：自主访问控制、强制访问控制、基于角色的访问控制。自主访问控制是指系统资源的所有者能够对他所有的资源分配不同的访问权限。在强制访问控制中，系统对用户和资源都分配一个特殊的安全属性，这种安全属性一般不能更改，系统比较用户和资源的安全属性来决定该用户能否访问该资源。

9.2.5.4 加/解密技术

对计算机数据的保护包括 3 个层次的内容，首先是要尽量避免非授权用户获取数据；其次要保证即使用户获取了数据，仍无法理解数据的真正意义；最后要保证用户窃取了数据后不能修改数据，或者修改了数据后也能被及时地发现。

密码学是安全领域的最基本的技术之一，它的方法和技术不仅从体制上保证了信息不被窃取和篡改，是实现数据安全的重要保障，同时，它还是其他安全技术的基础。例如，利用加密技术可以方便地实现数字签名、身份认证和 VPN 等技术。

加/解密的基本思想是"伪装"信息，使非授权者不能理解信息的真实含义，而授权者却能够理解"伪装"信息的真正含义。

加密算法通常分为对称密码算法和非对称密码算法两类。对称密码算法使用的加密密钥和解密密钥相同，并且从加密过程能够推导出解密过程，对称密码算法的优点是具有很高的保密强度，可以承受国家级破译力量的攻击，但它的一个缺点是拥有加密能力就可以实现解密，因此必须加强密钥的管理，使用最广泛的对称加密算法是 DES，它使用 64 位密钥加密信息。

非对称加密算法正好相反，它使用不同的密钥对数据进行加密和解密，而且从加密过程不能推导出解密过程，最著名的非对称加密算法是 RSA 加密算法。非对称加密算法的优点是适合开放的使用环境，密码管理方便，可以方便安全地实现数字签名和验证，缺点是保密强度远远不如对称加密算法。已发明的非对称加密算法绝大多数已被破译，剩下的几种也存在一些缺陷。

9.2.5.5　审计和入侵检测

审计通过事后追查的手段来保证系统的安全。审计对涉及系统安全的操作做了一个完整的记录，当有违反系统安全策略的事件发生时，能够有效地追查事件发生的地点及过程。审计是操作系统的一个独立的过程，它保留的记录包括事件发生的日期和时间、产生 这一事件的用户、操作的对象、事件的类型以及该事件成功与否等项。而入侵检测能够对用户的非法操作或误操作做实时的监控，并且将该事件报告给管理员。入侵检测有基于主机的和分布式的两种方式，通常它是与系统的审计功能结合使用的，能够监视系统中的多种事件，包括对系统资源的访问操作、登录系统、修改用户特权文件、改变超级用户或其他用户的口令等。

9.2.5.6　安全扫描

安全扫描是一种新的安全解决思路，它的基本思想是模仿黑客的攻击方法，从攻击者的角度来评估系统和网络的安全性。扫描器是实施安全扫描的工具，它通过模拟的攻击来查找目标系统和网络中存在的各种安全漏洞，并给出相应的处理办法，从而提高系统的安全性。

安全扫描这种方法能够更准确地向系统管理员指明系统中存在安全问题的地方以及应该加强管理的方向，而且还指出了具体的解决措施。对管理员来说，安全扫描的方法比其他安全方案更有指导性和针对性。也正因为如此，安全扫描目前得到了迅猛的发展，很多安全厂商，如NAI、ISS 和 Cisco 公司等，都开发了各自的安全扫描器。扫描器作为一个非常有效的安全管理工具已经成为安全解决方案中一个重要的组成部分。

9.3　访问控制与设备安全

访问控制是防止入侵的重要防线之一。一般来说，访问控制的作用是对访问系统及其中数据的人进行识别，并检验其身份。它包括两个主要的问题，即用户是谁？该用户的身份是否真实？

对一个系统进行访问控制的常用方法是：对没有合法用户名及口令的任何人进行限制，禁止访问系统。例如，如果某个来访者的用户名和口令是正确的，则系统允许他进入系统进行访问；如果不正确，则不允许他进入系统。另外，设备安全也是网络安全中的重要环节。包括网络接入设备、通信介质以及计算机与网络设备的物理安全等。

9.3.1 访问控制技术

一般来说，访问控制的实质就是控制对计算机系统或网络的访问。如果没有访问控制，任何人只要愿意都可以进入到整个计算机系统，并做其想做的任何事情。大多数的 PC 机对访问控制策略都做得很差。

9.3.1.1 基于口令的访问控制技术

口令是实现访问控制的一种最简单和有效的方法。没有一个正确的口令，入侵者就很难闯入计算机系统。口令是只有系统管理员和用户自己才知道的简单字符串。

只要保证口令机密，非授权用户就无法使用该账户。尽管如此，由于口令只是一个字符串，一旦被别人获取，口令就不能提供任何安全了。因此，尽可能选择较安全的口令是非常必要的。系统管理员和系统用户都有保护口令的职责。管理员为每个账户建立一个用户名和口令，而用户必须建立"有效"的口令并对其进行保护。管理员可以告诉用户什么样的口令是最有效的。另外，依靠系统中的安全系统，系统管理员能对用户的口令进行强制性修改，设置口令的最短长度，甚至可以防止用户使用太容易被猜测的口令或一直使用同一个口令。

1. 选用口令应遵循的原则

最有效的口令应该是用户很容易记住，但"黑客"很难猜测或破解的字符串。比如，对于 8 个随机字符，可以有大约 3×10^{12} 多种组合，就算借助于计算机一个一个地尝试也要几年的时间。容易猜测的口令使口令猜测攻击变得非常容易。一个有效的口令应遵循下列规则。

- 选择长口令。由于口令越长，要猜它或尝试所有的可能组合就越难。大多数系统接受 5 ~ 8 个字符串长度的口令，还有许多系统允许更长的口令，长口令有助于增强系统的安全性。
- 最好的口令是包括字母和数字字符的组合。将字母和数字组合在一起可以提高口令的安全性。
- 不要使用有明确意义的英语单词。用户可以将自己所熟悉的一些单词的首字母组合在一起，或者使用汉语拼音的首字母。对于该用户来说，应该很容易记住这个口令，但对其他人来说却很难想得到。
- 在用户访问的各种系统上不要使用相同的口令。如果其中的一个系统安全出了问题，就等于所有系统都不安全了。
- 不要简单地使用个人名字，特别是用户的实际姓名、家庭成员的姓名等。
- 不要选择不容易记住的口令。若口令太复杂或太容易混淆，就会促使用户将它写下来以帮助记忆，从而引起安全问题。

2. 增强口令安全性措施

在有些系统中，可以使用一些面向系统的控制，以减小由于非法入侵造成的对系统的改变。这些特性被称为登录/口令控制，对增强用户口令的安全性很有效，其特性如下。

- 口令更换。用户可以在任何时候更换口令。口令的不断变化可以防止有人用偷来的口令继续对系统进行访问。
- 系统要求口令更换。系统要求用户定期改变口令，例如一个月换一次。这可以防止用户一直使用同一个口令。如果该口令被非法得到就会引起安全问题。在有些系统中，口令使用过一段特定长度的时间（口令时长）后，用户下次进入系统时就必须将其更改。另外，在有些系统中，设有口令历史记录特性能将以前的口令记录下来，并且不允许重新使用原来的口令而必须输入一个新的，这也增强了安全性。

- 最短长度。口令越长就越难猜测，而且使用随机字符组合的方式猜测口令所需的时间也随着字符个数的增加而增长。系统管理员能指定口令的最短长度。
- 系统生成口令。可以使用计算机自动为用户生成的口令。这种方法的主要缺点是自动生成的口令难于记住。

3. 其他方法

除了这些方法之外，还有其他一些方法可以用来对使用口令进行安全保护的系统的访问进行严格控制。例如以下几种。

- 登录时间限制。用户只能在某段特定的时间（如工作时间内）才能登录到系统中。任何人想在这段时间之外访问系统都会被拒绝。
- 限制登录次数。为了防止非法用户对某个账户进行多次输入口令尝试，系统可以限制登录尝试的次数。例如，如果有人连续 3 次登录都没有成功，终端与系统的连接就断开。这可以防止有人不断地尝试不同的口令和登录名。
- 最后一次登录。该方法报告出用户最后一次登录系统的时间和日期，以及最后一次登录后发生过多少次未成功的登录尝试。这可以提供线索，查看是否有人非法访问过用户的账户。

4. 应当注意的事项

为了防止它们被不该看到的人看到，用户应该注意以下事项。

- 一般来说，不要将口令给别人。
- 不要将口令写在其他人可以接触的地方。
- 不要用系统指定的口令，如 "root"，"demo"，"test" 等。
- 在第一次进入账户时修改口令，不要沿用许多系统给所有新用户的缺省口令，如"1234"、"password" 等。
- 经常改变口令。可以防止有人获取口令并企图使用它而出现问题。在有些系统中，所有的用户都被要求定期改变口令。

9.3.1.2 选择性访问控制技术

访问控制可以有效地将非授权的人拒之于系统之外。当一个普通用户进入系统后，应该限制其操作权限，不能毫无限制地访问系统上所有的程序、文件、信息等，否则，就好像让某人进入一个公司，而且所有的门都敞开，他可以在每间房间里随意走动一样。

因此，对于进入系统的用户，需要限制该用户在计算机系统中所能访问的内容和访问的权限，也就是说，规定用户可以做什么或不能做什么，比如能否运行某个特别的程序，能否阅读某个文件，能否修改存放在计算机上的信息或删除其他人创建的文件等。

作为安全性的考虑，很多操作系统都内置了选择性访问控制功能。通过操作系统，可以规定个人或组的权限以及对某个文件和程序的访问权。此外，用户对自己创建的文件具有所有的操作权限，而且还可以规定其他用户访问这些文件的权限。

选择性访问控制的思想在于明确地规定了对文件和数据的操作权限。许多系统上通常采用 3 种不同种类的访问。

- 读，允许读一个文件。

- 写,允许创建和修改一个文件。

- 执行,运行程序。如果拥有执行权,就可以运行该程序。

使用这 3 种访问权,就可以确定谁可以读文件、修改文件和执行程序。用户可能会决定只有某个人才可以创建或修改自己的文件,但其他人都可以读它,即具有只读的权利。

例如,在大多数 UNIX 系统中,有三级用户权限:超级用户(root),用户集合组,以及系统的普通用户。超级用户(root)账户在系统上具有所有的权限,而且其中的很多权限和功能是不提供给其他用户的。由于 root 账户几乎拥有所有操作系统的安全控制手段,因此保护该账户及其口令是非常重要的。从系统安全角度讲,超级用户被认为是 UNIX 系统上最大的"安全隐患",因为它赋予了超级用户对系统无限的访问权。

组的概念是将用户组合在一起成为一个组。建立一个组,可以很方便地为组中的所有用户设置权限、特权和访问限制。例如,对于特定的应用程序开发系统,可以限制只有经过培训使用它的人才可以访问。对于某些敏感的文件,可以规定只有被选择的组用户才有权读这些信息。在 UNIX 系统中一个用户可以属于一个或多个组。

最后,普通用户在 UNIX 系统中也有自己的账户。尽管所有的用户都有用户名和口令,但每个用户在系统中能做些什么取决于该用户在 UNIX 文件系统中拥有的权限。

9.3.2 设备安全

9.3.2.1 调制解调器安全

很多公司的计算设备都提供了调制解调器访问方式。拨一个电话号码,就可以与远程计算机的调制解调器建立一个直接的连接,并进行通信。因此,很多网络黑客都是通过调制解调器进入到系统内部的。这也是为什么当允许用户使用调制解调器访问设备时,调制解调器安全就是一个重要的影响因子。

调制解调器安全主要是要防止对网络拨号设备的非授权访问,并限制只有授权用户才可以访问系统。有许多可用的技术可以增强调制解调器的安全性,并使非法用户很难获得对系统的访问。

任何人要通过调制解调器访问系统时,必须先与网络上的调制解调器建立一个连接。从逻辑上来说,第一道防线是使非授权用户无法得到电话号码。因此,不要公开电话号码或将它列在系统上等。为了给系统增加安全性,可以加上一个口令,从而有效地杜绝没有有效的"调制解调器"口令的人。调制解调器口令与系统登录口令应该分开,并且各自独立。

有些带有"回拨"功能的调制解调器在接到拨号访问后,并不是马上建立一个连接,而是要求对方回答登录信息,如果信息正确的话,调制解调器就会断开连接,然后使用保存在系统中的该授权用户的电话号码,并进行自动回拨。

有些特殊的调制解调器会对发出和收到的信息进行加密,即便信息在传输的过程中被截获,也不会以信息原始的格式泄密。

还有一种方法,就是限制尝试连接到系统上的次数。比如,如果来访者想登录到系统上,但尝试了 3 次都失败了,此时,系统就会断开连接,使其只能再次拨号进行访问。

9.3.2.2 通信介质的安全

就网络安全而言,连接网络的各种通信介质也是一个薄弱环节。不论是 LAN、MAN,还是 WAN,都要使用各种有线或无线的通信介质实现物理连接,而不同的介质又有各自的弱点,因此，通信介质的选择对网络安全程度也有很大的影响。

第 2 章已介绍过网络的主要通信媒介，包括双绞线、同轴电缆、光纤，以及微波和卫星通信等。所有这些介质，对毁坏、破坏和窃听的敏感程度都各不相同。对于有线的通信介质，双绞线很容易受到外界干扰信号的影响，同轴电缆在某种程度上受干扰的影响比较小，而光纤不会受到电磁和其他形式的干扰。当然，对于所有的物理线路，攻击者可以将这些线路切断或摧毁，或通过这些介质对其中的数据进行窃听。

对于无线的通信链路，微波、无线电波以及红外线传输也有自己的问题。由于其造价昂贵，这些通信方式常用于广域网和国家的主干网上。尽管这些技术不使用物理线路，但它们不但受天气和大气层影响较大，而且对外部干扰也十分敏感，还容易被窃听以及受带宽的限制等。如果传输的信息是高度机密的，那么采用无线链路虽然没有像物理线路所受到的那些限制，但也会出现许多安全问题。

网络各部分之间的通信介质连接是非常重要，因为信息有可能从这些地方泄露，就算网络的所有其他部分都非常安全也是枉然。

9.3.2.3　计算机与网络设备的物理安全

计算机安全的另一方面是计算机与网络设备的安全，也包括通信连接以及计算机和存储介质的安全。让各种计算机及其相关设备保持安全也是计算机网络安全所面对的另一个挑战。

如果攻击者可以轻易地进入机房并毁坏计算机系统的 CPU、磁盘驱动器和其他的外围设备，那么使用口令和其他方法对系统进行保护也失去了意义。攻击者可能会窃取磁带和磁盘删除文件或者彻底毁坏计算机设备等。因此，需要有备份和意外备份系统，以防止出现这种情况而造成损失。

保证设备物理安全的关键就是只让经过授权的人员接触、操作和使用设备。防止对计算机设备非法接触的方法包括：使用系统安全锁，有钥匙和口令的用户才允许访问计算机终端；进入房间时要求有访问卡，使用钥匙、令牌或"智能卡"等设备来限制接触。

9.4　防火墙技术

防火墙是用于防止网络被攻击以及防止传播病毒摧毁和破坏信息的有效方法。就像大楼里的物理防火墙，它用来限制信息在网络之间的随意流动。在实际应用环境中，并不需要将一个系统中的所有部分组成一个单一的"超级网"，而是使用防火墙将不同的网络保持相互隔离的状态，但网络之间仍可以通过路由器或网关实现所需的通信。

对于一个企业或机构的内部网，连接了许多不同的计算中心或部门，涉及几百台计算机和网络的互连。当企业内部网与 Internet 连接时，发生安全问题的可能性是非常大的，因此，必须使用防火墙进行安全隔离，而防火墙的实质就是限制什么数据可以"通过"防火墙进入到另一个网络。

防火墙使用硬件平台和软件平台来决定什么请求可以从外部网络进入到内部网络或者从内部网络进入到外部网络，其中包括的信息有电子邮件消息、文件传输、登录到系统以及类似的操作等。防火墙的示意图如图 9-2 所示。

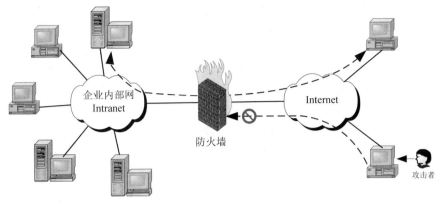

图 9-2　防火墙示意图

9.4.1　防火墙的优缺点

1.防火墙的优点

防火墙管理着一个单位的内部网络与 Internet 之间的访问。当一个单位与 Internet 连接以后，问题就不是是否会发生攻击，而是何时会被攻击。如果没有防火墙，内部网络上的每个主机系统都有可能受到来自 Internet 其他主机的攻击。内部网的安全取决于每个主机的安全性能的"强度"。只有当这个最薄弱的系统安全时，整个网络才安全。

防火墙允许网络管理员在网络中定义一个控制点：它将未经授权的用户（如黑客、攻击者、破坏者或间谍）阻挡在受保护的内部网络之外，禁止易受攻击的服务进、出受保护的网络，并防止各类路由攻击。Internet 防火墙通过加强网络安全，简化网络管理。

防火墙是一个监视 Internet 安全和预警的方便端点。网络管理员必须记录和审查进出防火墙的所有值得注意的信息。如果网络管理员不能花时间对每次警报做出反应，并按期审查记录的话，那就没有必要设置防火墙，因为网络管理员根本不知道防火墙是否已受到攻击，也不知道安全是否受到损害。

防火墙是审查和记录 Internet 使用情况的最佳点。这可以帮助网络管理员掌握 Internet 连接费用和带宽拥塞的详细情况，并提供了一个减轻部门负担的方法。

过去几年，Internet 经历了地址空间危机，它造成了注册的 IP 地址没有足够的地址资源。因而使一些想连接 Internet 的机构无法获得足够的注册 IP 地址来满足其用户总数的需要。防火墙则是设置网络地址翻译器（NAT）的最佳位置，网络地址翻译器有助于缓解地址空间不足的问题，并可使一个机构更换 Internet 服务提供商时，不必重新编号。

防火墙还可以作为向客户或其他外部伙伴发送信息的中心联系点。防火墙也是设置 WWW 和 FTP 服务的理想地点。防火墙可以配置用来允许 Internet 访问这些服务器，而又禁止外部对受保护网络上的其他系统的访问。

2.防火墙的局限性

目前的防火墙存在着许多不能防范的安全威胁。例如，Internet 防火墙还不能防范不经过防火墙产生的攻击，比如，如果允许内部网络上的用户通过调制解调器不受限制地向外拨号，就可以形成与 Internet 的直接的 SLIP 或 PPP 连接，由于这个连接绕开了防火墙，直接连接到外部网络（Internet），就有可能成为一个潜在的后门攻击渠道，如图 9-3 所示。因此，必须使用户知道，绝对不能允许这类连接成为一个机构整体安全结构的一部分。

防火墙不能防范由于内部用户不注意所造成的威胁，此外，它也不能防止内部网络用户将重要的数据拷贝到软盘或光盘上，并将这些数据带到外边。对于上述问题，只能通过对内部用户进行安全教育，了解各种攻击类型及防护的必要性。

另外，防火墙很难防止受到病毒感染的软件或文件在网络上传输。因为现在存在的各类病毒、操作系统以及加密和压缩文件的种类非常多，不能期望防火墙逐个扫描每份文件查找病毒。因此，内部网中的每台计算机设备都应该安装反病毒软件，以防止病毒从软盘或其他渠道流入。

最后说明一点，防火墙很难防止数据驱动式攻击。当有些表面看来无害的数据被邮寄或拷贝到 Internet 主机上并被执行发起攻击时，就会发生数据驱动攻击。例如，一种数据驱动的攻击可以造成一台主机与安全有关的文件被修改，从而使入侵者下一次更容易入侵该系统。

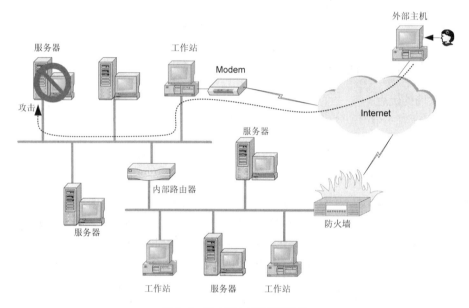

图 9-3 防火墙内部的拨号连接

9.4.2 防火墙的设计

当进行防火墙设计时，需要从以下几方面进行考虑。

1. 防火墙的基本准则

防火墙可以采取两种截然不同的基本准则。

"拒绝一切未被允许的东西"，这一准则的含义是，防火墙应该先封锁所有信息流的出入，然后只对所希望的服务或应用程序逐项解除封锁。由于防火墙只支持相关的服务，因此，通过这个准则，可以创建相对安全的环境。但这种准则的弊端是，它使用了最大程度的限制以保证系统的安全，因而限制了用户可选择的服务范围。

"允许一切未被特别拒绝的东西"，这一准则的含义是，防火墙可以转发所有的信息流，然而要对可能造成危害的服务进行删除。这种方法比前一种方法显得更灵活一些，可使用户得到更多的服务。但其弊端是，网管人员的任务太繁重，他必须知道哪些服务应该被禁止，有些时候，对禁止的内容可能并不全面。

2. 机构的安全策略

防火墙并不是孤立的，它是一个系统安全中不可分割的组成部分。安全政策必须建立在认真的安全分析、风险评估和商业需要分析的基础之上。如果一个机构没有一项完备的安全策略，大多数精心制作的防火墙可能形同虚设，使整个内部网暴露给攻击者。

3. 防火墙的费用

防火墙的费用取决于它的复杂程度以及要保护的系统规模。一个简单的包过滤式防火墙可能费用最低，因为包过滤本身就是路由器标准功能的一部分，也就是说一台路由器本身就可以作为一个防火墙。而商业防火墙系统提供的安全度更高，价格也非常昂贵。如果一个机构内部有懂行的人，可以用公开的自由软件自行研制防火墙，但从系统开发和设置所需的时间看，其代价太高。另外，所有防火墙均需要持续的管理支持、一般性维护、软件升级、安全策略修改和事故处理，这也会产生一定的费用。

9.4.3 防火墙的组成

在对防火墙的基本准则、安全策略和预算问题做出决策后，就可以决定其防火墙系统所要求的特定部件。一个典型的防火墙由以下一个或多个组件组成：包过滤路由器、应用网关（或代理服务器）和堡垒主机。

9.4.3.1 包过滤路由器

包过滤路由器也被称为屏蔽路由器。包过滤路由器可以决定对它所收到的每个数据包的取舍。路由器逐一审查每份数据包以及它是否与某个包过滤规则相匹配。过滤规则是以 IP 数据包中的信息为基础的，其中包括：IP 源地址、IP 目的地址、封装协议（TCP、UDP、ICMP 等）、TCP/UDP 源端口、TCP/UDP 目的端口、ICMP 报文类型、包输入接口和包输出接口等。如果找到一个匹配，且规则允许该数据包通过，则该数据包将根据路由表中的信息向前转发。如果找到一个匹配，且规则拒绝此数据包，则该数据包将被舍弃，如图 9-4 所示。如果无匹配规则，则一个用户配置的缺省参数将决定此数据包是向前转发还是被舍弃。

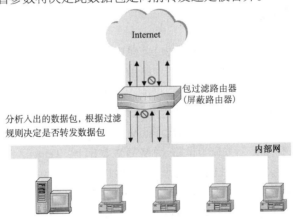

图 9-4　使用包过滤路由器进行数据包的过滤

1. 从属服务过滤

包过滤规则允许路由器以一个特殊服务为基础对信息流进行取舍，因为大多数服务检测器都监听 TCP/UDP 的默认端口。例如，Telnet 服务器在 TCP 端口 23 等待输入连接，而 SMTP 服务器则在 TCP 端口 25 等待输入连接。如果要封锁 Telnet 的输入连接（从外到内），路由器则只需舍弃数据包中 TCP 的端口值等于 23 的所有包。如要限制内部主机的 Telnet 输入连接（从内到外），路由器必须拒绝数据包中 TCP 目的端口值等于 23，且不包含被允许的主机的 IP 目的地址的所有包。

2. 独立于服务的过滤

有些类型的攻击很难用基本数据包中的信息加以鉴别，因为这些攻击与常规的服务无关。有些路由器可以用来防止这类攻击，但过滤规则需要增加一些信息，而这些信息只有通过以下方式才能获悉：研究路由选择表、检查特定的 IP 选项、校验特殊的片段偏移等。这类攻击包括有源 IP 地址欺骗攻击、源路由攻击和残片攻击等，感兴趣的读者可以参阅相关资料。

3. 包过滤路由器的优点

绝大多数防火墙系统只用一个包过滤路由器。与应用网关不同的是，执行包过滤所用的时间很少或几乎不需要什么时间。如果通信负载适中且定义过滤器规则较少，则对路由器性能没有多大影响。另外，由于包过滤路由器对终端用户和应用程序是透明的，因此不需要在每台主机上安装特别的软件。

4. 包过滤路由器的局限性

定义包过滤路由器可能是一项复杂的工作，因为网络管理员需要详细地了解 Internet 各种服务、数据包的信息格式，以及数据包中某个域的特定值。如果必须支持复杂的过滤要求，则过滤规则可能会变得很长和很复杂，从而很难管理。虽然可以使用一些自动测试软件校验过滤规则。但一般来说，路由器的信息包吞吐量随过滤器数量的增加而降低，即便对路由器进行优化，简化路由表，将数据包通过适当的端口转发，但只要使用过滤规则，路由器仍然要对每个数据包执行所有过滤规则，占用了路由器中的 CPU 资源，最终造成路由器的性能下降。

另外，包过滤器不可能对通信提供足够的控制。包过滤路由器可以允许或拒绝一项特别的服务，但它无法理解一项特别服务的上下文。例如，网络管理员可能在应用层过滤信息流以限制对 FTP 或 Telnet 的访问或封锁邮件或特定专题信息的输入，而这类控制最好由代理服务和应用网关在高层完成。

9.4.3.2 应用网关（代理服务器）

网络管理员可以利用应用网关执行比包过滤路由器更为有效的安全策略。网关上安装有特殊用途的特别应用程序，该程序也被称为代理服务或代理服务器程序。它不是依靠一般的包过滤工具来管理经过防火墙的 Internet 服务数据流。如果网络管理员使用了代理服务，则各种服务不再直接通过防火墙转发，如图 9-5 所示。对这种应用数据的转发取决于代理服务器的配置。可以将代理服务器配置为只支持一个应用程序的特定功能，同时拒绝所有其他功能，也可以配置代理程序支持所有的功能，比如，同时支持 WWW、FTP、Telnet、SMTP 和 DNS 等。

使用代理服务，网络的安全性虽然得到增强，但也产生了很大的代价，比如，需要购买网关硬件平台和代理服务应用程序、学习相关的知识、投入时间配置网关以及缺乏透明度导致系统对用户不太友好等。因此，网络管理员必须权衡系统的安全需要与用户使用方便之间的关系。

应当指出的是，可以允许用户访问代理服务，但绝对不允许用户登录到应用网关。如果允许用户登录到防火墙系统上，防火墙的安全就会受到威胁，可能会造成入侵者损害防火墙的效力。

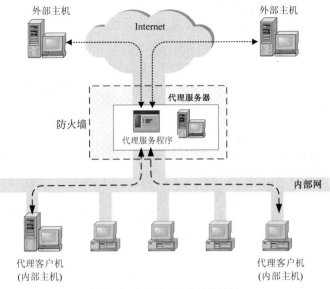

图 9-5 使用代理服务转发数据

9.4.3.3 堡垒主机

包过滤路由器允许信息包在外部系统与内部系统之间的直接流动。应用网关允许信息在系统之间流动，但不允许直接交换信息包。允许信息包在内部的网络系统与外部的网络系统之间进行交换的主要风险在于，受保护的内部网络中的各种硬件或软件系统必须能够承受得了由于提供相关服务所产生的各种威胁。而堡垒主机是 Internet 上的主机能够连接到的、唯一的内部网络上的系统，它对外而言，屏蔽了内部网络的主机系统，所以任何外部的系统试图访问内部的系统或服务时，都必须连接到堡垒主机上，如图 9-6 所示。因此，堡垒主机需保持更高级的主机安全性。

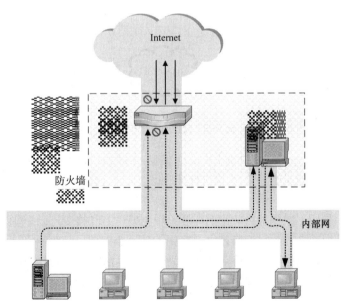

图 9-6 使用堡垒主机作为防火墙

应用网关常常被称作"堡垒主机",因为它是一个被特别"加固"的、用来防范各类攻击的专用系统。通常,堡垒主机具有以下一些特点。

● 堡垒主机的硬件平台上运行的是一个比较"安全"的操作系统,如 UNIX 操作系统,它防止了操作系统受损,同时也确保了防火墙的完整性。

● 只有那些有必要的服务才安装在堡垒主机内。一般来说,堡垒主机内只安装为数不多的几个代理应用程序子集,如 Telnet、DNS、FTP、SMTP 和用户认证等。

9.5　数据的加密和认证

计算机网络中的数据安全威胁主要来自被动攻击和主动攻击两大类,如图 9-7 所示,其中数据被截获属于被动攻击,而数据发送的中断、数据传输过程中被篡改、被伪造的数据发给目的节点等都属于主动攻击。为了避免数据传送过程被攻击,就需要使用本节介绍的数据加密、身份认证技术。

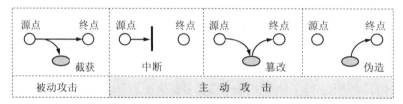

图 9-7　计算机网络数据面临的安全威胁

9.5.1　数据加密技术

数据加密技术是网络安全技术的基石,也是网络安全最有效的技术之一。数据加密解密模型如图 9-8 所示。

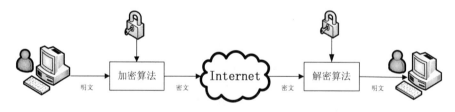

图 9-8　数据加密解密模型

数据加密(Data Encryption)技术是指将一个信息(或称明文)经过加密钥匙(Encryption key)及加密函数转换,变成无意义的密文,而接收方则将此密文经过解密函数、解密钥匙(Decryption key)还原成明文。

所谓的密钥,是用于数据加密解密而需要给数据发送方和接受方以一些特殊的信息,用它才能解除密码而获得原来的数据。换言之,密钥就是一个参数,密钥的值是从大量的随机数中选取的,它是在明文转换为密文或将密文转换为明文的算法中输入的数据。

密钥分为两种:对称密钥与非对称密钥。对应的密码体制分为对称密钥密码体制和公钥密码体制。

1．对称密钥加密

对称密钥加密，又称私钥加密，即信息的发送方和接收方用一个密钥去加密和解密数据，即同一个算法。对称密钥密码算法最有影响的是 DES 算法。它的最大优势是加/解密速度快，适合于对大数据量进行加密。对称密钥加密的主要优点是有很强的保密强度，且经受住时间的检验和攻击，但其密钥必须通过安全的途径传送。因此，其密钥的安全管理极为重要，一旦密钥丢失，则密文失效。对称密钥加密尤其在与多方通信时，因为需要保存很多密钥，使得密钥管理而变得复杂。

2．非对称密钥加密

非对称密钥加密，又称公钥加密。加密和解密时使用不同的密钥，即不同的算法，虽然两者之间存在一定的关系，但不可能轻易地从一个推导出另一个。有一个公开发布的加密密钥，即公开密钥，有多把解密密钥，由用户自己秘密保存，即私用密钥。信息发送者用公开密钥去加密，而信息接收者则用私用密钥去解密。公钥机制灵活，但加密和解密速度却比对称密钥加密慢得多。公钥密码的优点是可以适应网络的开放性要求，且密钥管理问题也较为简单，尤其可方便地实现数字签名和验证。

9.5.2 密码体制

密钥密码体制分为两类，对称密钥密码体制和公钥密码体制。

9.5.2.1 对称密钥密码体制

对称密钥密码体制，即加密密钥与解密密钥相同的密码体制，如图 9-9 所示。

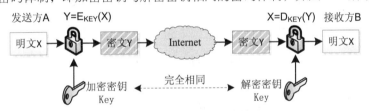

图 9-9 对称密钥密码体制

对称密钥密码体制典型的加密算法是 DES。DES 由 IBM 公司于 20 世纪 70 年代提出，该算法是公开的，其保密性仅取决于对密钥的保密。在加密前，先对明文进行分组，每组 64 位的二进制数据，然后对每个 64 位二进制数据进行加密处理，产生一组 64 位密文数据。最后将各组密文顺序连接起来，得出整个密文。密钥为 64 位，其中 56 位为密钥长度，另外 8 位是校验位。也就是说，共有 256 种可能的密钥。密钥为 128 位时，密钥长度是 $3.402\,823\,669\,209 \times 10^{38}$。

对称密钥密码体制最大的特点就是速度快，适合大容量的数据加密，64 位的 DES 目前破解不成问题，但是对于 128 位的 DES 破解在短时间内还无法做到。对称密钥密码体制的缺点在于加密和解密密钥相同，因此，如何将密钥安全地送到发送者和接收者是个问题，在实际应用中则采用公钥密码体制完成密钥的分发。

9.5.2.2 公钥密码体制

公钥密码体制也称为公开密钥密码体制或非对称密钥加密体制，其原理是加密密钥和解密密钥分离。密钥在公钥密码体制中是成对出现，每对密钥由一个公钥和一个私钥组成，用公钥加密后的数据可用私钥解密，反之亦然。在实际应用中，私钥由拥有者自己保存，而公钥则需要公布于众，如图 9-10 所示。由于公钥密码体制采用的算法非常复杂，对大容量的数据加密时间长，所以比较适合小容量的数据加密。在实际应用中，公钥密码体制主要的功能是加密和认证。

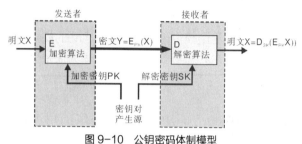

图 9-10　公钥密码体制模型

● 加密功能

以图 9-11 为例说明加密的过程。发送者 A 和接收者 B 两个用户，发送者 A 需要把一段明文通过公钥密码体制发送给接收者 B，接收者 B 有一对公钥和私钥，首先接收者 B 会把自己的公钥公开到网络上，任何用户都可以获取到，发送者 A 也可以获取到接收者 B 的公钥；然后发送者 A 用接收者 B 的公钥加密需要发送的明文 X，并将密文通过 Internet 发送给接收者 B，接收者 B 收到密文后，用自己的私钥进行解密。由于传送的密文只有拥有接收者 B 的私钥的用户才能解密，从而完成了从发送者 A 到接收者 B 的加密功能。

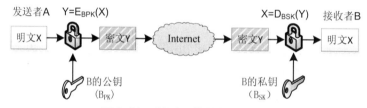

图 9-11　公钥密码体制的加密功能

● 认证功能

以图 9-12 为例说明认证的过程。发送者 A 想让接收者 B 知道自己身份是真实的，而不是假冒的，就需要进行身份的认证。发送者 A 在发送数据前，先用自己的私钥进行加密，然后将密文发送到 Internet 上，由于发送者的公钥是公开的，接收者 B 在收到密文后，使用发送者 A 的公钥进行解密。由于能用 A 的公钥解密的数据一定是用 A 的私钥加密的，而只有 A 才拥有自己的私钥，从而说明发送者 A 的身份是真实的。

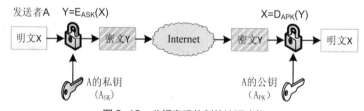

图 9-12　公钥密码体制的认证功能

公钥加密算法中使用最广的是 RSA 算法。RSA 是在 1978 年由美国三位科学家 Rivest，Shamir 和 Adleman 发表，分别取自三人的首字母。RSA 的密钥长度从 40 bit 到 2 048 bit 可变，加密时也把明文分成块，块的大小可变，但不能超过密钥的长度，RSA 算法把每一块明文转化为与密钥长度相同的密文块。密钥越长，加密效果越好，但加密解密的开销也大，所以要在安全与性能之间折中考虑，一般 64 位使用的较为广泛。RSA 应用场合是 SSL 和数字签名。在美国和加拿大 SSL 用 128 位 RSA 算法，而在我国使用的是 40 位版本（出口限制的原因）。

通常在实际应用中，将对称密钥密码和公钥密钥结合在一起使用，比如利用 DES 或者 IDEA 来加密信息，而采用 RSA 来传递会话密钥。值得注意的是，能否切实有效地发挥加密机制的作用，关键的问题在于密钥的管理，包括密钥的生存、分发、安装、保管、使用以及作废全过程。

9.5.3 数字签名

所谓数字签名，就是只有信息的发送者才能产生的别人无法伪造的特殊数据块，这个特殊数据块同时也是对信息的发送者发送信息真实性的一个有效证明。简单地说，所谓数字签名就是附加在明文数据上的一些数据，确保信息传输的完整性（防篡改）、发送者的身份认证、防止交易中的抵赖发生。数字签名是公共密钥密码体制与数字摘要技术结合的应用。

9.5.3.1 信息摘要

信息摘要（Message Digest，MD）是将任意长度的消息变成固定长度的短消息，类似于一个自变量是消息的函数，也称为哈希函数（Hash Function）。信息摘要采用单项 Hash 函数，将需要加密的明文作为输入，输出的结果为一串固定长度（128 位或 160 位）的密文。由于哈希函数的特性，即使输入不同的明文（哪怕只有一个比特的不同），输出的信息摘要也完全不同，而同样的明文其信息摘要必然一致，因此，消息摘要也被称为"数字指纹"。

常用的哈希算法有安全 Hash 算法（Secure Hash Algorithm，SHA）或 MD5(MD Standards for Message Digest)，由 Ron Rivest 所设计，编码法采用单向 Hash 函数将需加密的明文输出成一串 128 bit 的摘要。

9.5.3.2 数字签名

数字签名是将信息摘要用发送者的私钥加密（RSA 算法），与原文一起传送给接收者。接收者只有用发送者的公钥才能解密被加密的摘要信息，然后用 HASH 函数（MD5 算法）对收到的原文产生一个信息摘要，与解密的摘要信息对比是否一致。如果相同，则说明收到的信息是完整的，在传输过程中没有被修改，否则说明信息被修改过，因此数字签名能够验证信息的完整性和发送者的身份，数字签名的过程如图 9-13 所示。

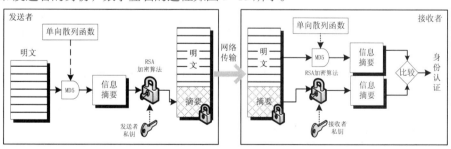

图 9-13 数字签名生成示意图

数字签名提供了两种功能，一是能确定消息确实是由发送方签名并发出来的，因为别人假冒不了发送方的签名。二是数字签名能确定消息的完整性。因为数字签名的特点是它代表了文件的特征，文件如果发生改变，数字签名的值也将发生变化。不同的文件将得到不同的数字签名。数字签名算法就是 RSA 算法和 MD5 算法的结合。

9.6 网络安全的攻击与防卫

9.6.1 常见的网络攻击及解决方法

9.6.1.1 特洛伊木马

特洛伊木马程序是用古希腊神话故事而取名。特洛伊木马程序在表面上是做一件事情，但实际上却是做另外的事情，它提供了用户所不希望的功能，而且这些额外的功能往往是有害的。通常这些程序包含在一段正常的程序中，借以隐藏自己。

由于在特洛伊木马程序中包含了一些用户不知道的代码，而这类程序的危害是很大的，恶意用户可以获取系统根用户（ROOT）口令、读写未授权文件、获取目标主机的所有控制权。例如，曾经给我国各类企业网络、校园网络安全带来严重问题的 BO 和 BO2K 就属于特洛伊木马程序，它们附带在某些程序或电子邮件中，用户在运行这些程序或阅读邮件时，就激活了 BO，在用户机器上安装 BO 服务器程序，使入侵者能够远程控制目标主机。

解决特洛伊木马程序的基本思想是要发现正常程序中隐藏的特洛伊木马，常用的解决方法是使用数字签名技术为每个文件生成一个标识，在程序运行时通过检查数字签名发现文件是否被修改，从而保护已有的程序不被更换。这样的程序工具有 MD5 系统，它以一个任意长消息为输入，同时产生一个 128 位的摘要消息。目前很多发布操作系统安全补丁程序的站点都使用这种技术，以保证程序不被修改。

9.6.1.2 拒绝服务攻击

拒绝服务（DoS）攻击是一种破坏性攻击，其主要目的是通过对目标主机实施攻击，占用大量的共享资源，降低目标系统资源的可用性，甚至使系统暂时不能响应用户的服务请求；另外攻击者还破坏资源，造成系统瘫痪，使其他用户不能再使用这些资源。虽然入侵者不会得到任何好处，但是拒绝服务攻击会给正常用户和站点的形象带来较大的影响。

9.6.1.3 邮件炸弹

邮件炸弹是指反复收到大量无用的电子邮件。过多的邮件会加剧网络的负担；消耗大量的存储空间，造成邮箱的溢出，使用户不能再接收任何邮件；导致系统日志文件变得十分庞大，甚至造成文件系统溢出；同时，大量邮件的到来将消耗大量的处理器时间，妨碍了系统正常的处理活动。

解决邮件炸弹的方法有：识别邮件炸弹的源头，跟踪信息来源；配置路由器，拒收源端主机发送的邮件，或保证外面的 SMTP 连接只能到达指定服务器，而不能影响其他系统。

9.6.1.4 SYN 淹没攻击

SYN 淹没攻击是一种拒绝服务攻击，它通常是进行 IP 欺骗和其他攻击手段的前序步骤。TCP 连接的建立包括 3 次握手过程，在 TCP/IP 的实现程序中，TCP 处理模块有一个处理并行 SYN 请求的最上限，它可以看做是存放多条连接的队列长度。其中，连接数目包括了那些三步握手法没有最终完成的连接，也包括了那些已成功完成握手，但还没有被应用程序所调用的连接。如果达到队列的最上限，TCP 将拒绝所有连接请求，直至处理了部分连接链路。攻击方法是，入侵者伪装一台不存在或已关机的主机地址，向被攻击主机发送 SYN 请求，目标主机接收到请求后，向被伪装的主机发送 SYN/ACK 消息，并等待 ACK 应答。显然，不会有 ACK 应答发送给它，因为该主机不存在或不活动，这时，目标主机会一直等待到超时。如果攻击者不断发送该 SYN 请求，就会导致请求队列的溢出，造成目标主机无法响应其他任何连接请求。

对 SYN 淹没攻击的解决办法是，定时检查系统中处于 SYN-Received 状态的连接。如果存在大量的连接线路处于 SYN-Received 状态，表示系统可能遭到攻击，如果连接数到达某个阈值，就可以拒绝其他请求，关闭这些连接，防止 SYN 队列溢出。

9.6.1.5 过载攻击

过载攻击是使一个共享资源或者服务处理大量的请求，从而导致无法满足其他用户的请求。过载攻击包括进程攻击和磁盘攻击等几种方法。

进程攻击实际上就是产生大量的进程，而且这些进程处理的工作需要大量的 CPU 时间，这时系统就会处于非常繁忙的状态，不能迅速响应其他用户对 CPU 的需求。解决的办法有：限制单个用户能拥有的最大进程数，并观察系统的活动进程，杀死一些耗时的进程，以保证系统的可用性。

磁盘攻击包括磁盘满攻击、索引节点攻击、树结构攻击、交换空间攻击、临时目录攻击等几种方法。磁盘满攻击是对磁盘写入大量的信息，占用磁盘的所有空间。索引节点攻击是产生大量小的或空的文件，消耗磁盘索引节点，导致无法产生新的文件。树结构攻击则是指产生一系列很深的目录，并在这些目录中放置大量文件，消耗磁盘空间，这时删除文件将是一个很繁琐的工作。交换空间是一些大程序运行时所必需的，交换空间攻击就是占用交换空间，阻止这些程序的运行。临时目录攻击是用完临时目录空间，使某些程序不能运行。解决这些问题的方法是观察各个用户使用磁盘空间的情况，终止消耗大量磁盘空间的进程运行；删除无用文件，为用户提供更多的可用空间。

9.6.1.6 入侵

1. 缓冲区溢出

缓冲区溢出是程序编写时造成的错误，它是一个在操作系统中普遍存在的漏洞，同时它也是一个非常危险的问题，给系统带来了巨大的威胁。利用 SUID 程序中的缓冲区溢出，用户可以获取超级用户权限，利用服务器程序中存在的这个问题可以造成拒绝服务攻击，因此对缓冲区溢出应该引起高度的重视。下面从原理上简单分析这类安全漏洞。

利用缓冲区溢出攻击系统需要 2 个条件：首先是某个程序存在缓冲区溢出问题；其次，该程序是一个 SUID root 程序。所谓缓冲区溢出是指程序没有检查拷贝到缓冲区的字符串长度，而将一个超过缓冲区长度的字符串拷贝到缓冲区，造成了缓冲区空间的字符串覆盖了与缓冲区相邻的内存区域，这是编程的常见错误。SUID 程序是可以改变 UID 的程序，也就是说，进程的所有者和进程运行时具有的权限不同，SUID root 程序则是指程序在运行时具有根用户的权限。

进程在内存中的结构是由正文区、数据区和堆栈区 3 部分组成的，其中堆栈区包含调用该函数时传递的参数值、函数的返回地址和局部变量。如果调用该函数时传递的参数过长，那么参数值将覆盖函数的返回地址。经过精心设计，可以使函数的返回地址指向一个 Shell 程序，也就是说，函数不能正常返回，而是执行了一个 Shell 程序，如果被调用的程序是 SUID root 程序，那么在 Shell 程序中，用户将具有超级用户权限，这时用户就有很多方法可以获取实际的根用户权限了。缓冲区溢出这种攻击方法的隐蔽性非常好，即使用户获取了超级用户权限，对系统还是表现为普通用户，系统管理员很难发现这类安全隐患。

2．口令破译

有 2 种方法可以破译口令，第一种方法是字典遍历法，它的前提是已经获取了系统的口令文件，具体的破译方法是使用一个口令字典，按照口令的加密算法对字典中的每个项进行加密，然后逐一比较得到的加密数据和口令文件的加密项，如果二者相同，那么就有 80%的概率可以肯定用户口令就是该数据项。这种方法的一个问题是字典需要有非常丰富的数据项，否则无法破译出口令。另一种方法是根据算法解密，目前发明的加密算法绝大多数都能被破译，例如，人们通过寻找大数的素因子达到解密 RSA 算法的目的，在 1992 年利用普通微机就可以分解 144位的十进制数，现在为了加强保密性通常采用 1 024 位，甚至是 2 048 位的大数来提高解密的复杂性。

3．利用上层服务配置问题入侵

利用上层服务入侵非常普遍，包括利用 NFS、FTP、WWW 等服务设计和配置过程中存在的问题。

4．网络欺骗入侵

网络欺骗入侵包括 IP 欺骗、ARP 欺骗、DNS 欺骗和 WWW 欺骗 4 种方式，它们的实现方法有入侵者冒充合法用户的身份，骗过目标主机的认证，或者入侵者伪造一个虚假的上下文环境，诱使其他用户泄露信息。关于网络欺骗入侵更详细的资料，感兴趣的读者请参阅相关文献。

9.6.1.7　信息窃取

窥探是一种广泛使用的信息窃取方法。在广播式网络中，每个网络接口通常只响应 2 种数据帧：目的地址为本地网络接口的帧和目的地址是广播地址的帧，当网络接口发现数据帧地址与自己的 MAC 地址相同时，接收该帧，否则丢弃该帧。但是，有些网络接口支持一种称为混杂方式的特殊接收方式，在这种方式下，网络接口可以监视并接收网络上传输的所有数据报文（通常网络分析仪就是利用网络接口的这种接收方式来检测网络运行状况的）。但是从另一个角度说，恶意用户也可以利用这种混杂方式截获网络上传输的关键数据，如口令、账号、机密信息等，它对计算机系统或关键部门等将造成极大的威胁。

解决信息窥探的方法需要从 2 个层次考虑，第一就是保证恶意用户不能窥探到关键网络上传输的数据，解决的方法是设计合理的网络拓扑结构，将关键网络组成一个独立的网段，切断窥探器的信息获取来源，这样非法用户就无法获取该网段上的所有数据了。更高的层次是对传输的数据加密，保证即使数据被非法窃取后，非法用户也不能有效地识别其中的内容，避免信息的泄露。

9.6.1.8　病毒

病毒对计算机系统和网络安全造成了极大的威胁，通常病毒在发作时会破坏数据，使软件的工作不正常或瘫痪，有些病毒的破坏性更大，它们甚至能破坏硬件系统。随着网络的使用，病毒传播的速度更快，范围更广，造成的损失也更加严重。病毒实际上是一段可执行的程序，它常常修改系统中另外的程序，将自己复制到其他程序代码中，感染正常的文件。病毒可以分为以下 3 类。

1．文件类病毒

文件类病毒使用可执行文件作为传播的媒介，感染系统中的 COM、EXE 和 SYS 文件。当用户或操作系统执行被感染的程序时，病毒将首先执行，并得到计算机的控制权，然后它立即开始寻找并感染系统中其他的可执行文件，或把自己建立为操作系统的内存驻留服务程序，随时感染其他的可执行文件。

2. 操作系统类病毒

操作系统类病毒的攻击目标是系统的引导程序，它们通常覆盖硬盘或软盘上的引导记录，当系统启动时，它们就完全控制了机器，并能感染其他的文件，甚至造成系统的瘫痪。

3. 宏病毒

宏病毒的感染目标是带有宏的数据文件，最常见的是带有模板的 doc 文件，当打开带宏的数据文件时，Word 会检查这个模板中是否包含局部宏，如果有局部宏，Word 就会自动执行该宏，并把它移到全局宏池中。当用户完成文档编写退出 Word 时，Word 会把对全局宏池所做的修改保存到 normal.dot 模板文件中。这个过程是自动的，没有与用户进行交互，因此，如果模板中有宏病毒，它将会感染所有的模板文件。

对用户来说，为了避免系统遭受病毒的攻击，应该定期地对系统进行病毒扫描检查。另外，根据目前的病毒发展情况来看，病毒的发作对系统造成的损失是致命的，因此，还必须对病毒的侵入做好实时地监视，防止病毒进入系统，彻底避免病毒的攻击。

9.6.2　网络安全的防卫模式

由于计算机系统和网络存在着大量的安全问题以及来自外部和内部的威胁，因此，为了加强 Internet 站点的防范，尽量避免外来的攻击，必须对站点采取防卫措施。目前，有以下几种安全模式。

1. 无安全防卫

无安全防卫是一种最简单的防卫模式。在这种防卫模式下，用户只是使用销售商提供的安全防卫措施，而不采用其他的安全措施。

2. 模糊安全防卫

对于采用模糊安全防卫模式的站点，是建立在这样一种假设的条件下：站点所有者认为没有人知道这个站点，即使知道，别人也不会对它进行攻击。这是一种非常错误的想法。实际上，只要是网络上的一个站点，就肯定会被他人发现，因为攻击者可以通过许多工具发现该站点并了解相关的信息。

另外，有些系统管理员认为，他们的公司是小公司或是个人站点，对攻击者来说没有什么吸引力。实际上，攻击者通常并不是瞄准特定的目标，他们只想闯入尽可能多的系统，小公司的站点或个人站点更是理想的攻击目标，他们可以通过该站点作为桥梁对别的系统进行攻击，达到掩盖身份的目的。因此，这种模糊安全防卫模式也是不可取的。

3. 主机安全防卫

主机安全防卫是最常用的一种防卫模式，它要求对每台主机加强安全防卫，尽可能地避免或减轻已知的可能影响特定主机安全的问题。主机安全防卫模式的对象是单台主机，它的优点是可以针对不同主机做到非常细化的访问控制，这种安全防卫模式对一个小站点，或是有较强安全要求且和 Internet 直接相连的主机是很合适的。

但是，主机安全防卫模式有一个最大的障碍，即环境的复杂性和多样性。因为每台计算机都有自己的操作系统和自己的一套安全问题，即使站点上的计算机都使用同一厂商的产品，操作系统和应用软件的不同版本也会带来不同的安全问题。如果所有的机器都是运行同一版本的操作系统，不同的配置、服务和不同的子系统也会带来不同的安全问题。因此，在目前的网络环境中，很难保证所有的机器绝对相同，机器越多，安全问题就越复杂。对管理员来说，预先要做大量的配置工作。在运行过程中，还要不断地维护各台主机的安全，它给系统管理员带来极大的不便。而且，就算所有的工作都正确完成了，主机防卫还会受到厂商软件缺陷的影响。

4．网络安全防卫

由于上述原因，主机安全防卫模式在大型网络系统中显得力不从心了。现在，许多站点转向采用网络安全防卫模式，把注意力集中在控制不同主机之间的网络通道和它们所提供的服务上，这样做比对单个主机进行防卫更有效。网络安全防卫包括建立防火墙保护内部网络和系统、运用可靠的认证方法、采用加密方法传输敏感数据等。

9.6.3　常用的安全措施原则

1．建立最小特权

最小特权是最基本的安全原则。最小特权原则是指对任意一个对象只给它需要履行某些特定任务的特权。在网络中，需要最小特权的例子有很多，比如每个用户并不需要使用所有网上的服务，每个用户或系统管理员不需要都知道系统的根口令等，最小特权原则是网络安全的重要保证，很多安全问题就是因为破坏了该原则导致形成的。实施最小特权原则时要注意两点：首先系统要支持对资源的细化控制，这是最小特权的根本保证；其次要保证分配的特权最小而且对完成任务是足够的。

2．多种安全机制

网络安全不能依赖于一种安全机制，而是应该建立多种机制互相协作互相补充。例如，前面提到过的入侵检测和审计，二者的有机结合可以保证及时发现对网络的入侵事件。因此，使用多种工具构建全面的安全方案，可以有效地保证网络的安全。

3．控制点原则

控制点是用户进入网络或系统的唯一途径，控制点原则是指通过控制点监视和控制攻击者，保证任何从网络对该站点实施的攻击都必须经过该通道，并且能够立即响应攻击，比如防火墙就是一个控制点。

4．解决系统的弱点

网络安全是由整个系统中最薄弱的环节来决定的，因此必须加强系统的脆弱点，提高它的安全性。为实施最弱连接原则，首先需要确定系统的脆弱点，这个工作可以由安全扫描器来完成。

5．失败时的安全策略

这种策略是指一旦某种安全措施失败时应该采取的策略，通常有默认拒绝和默认允许两种方法。默认拒绝方法是指当系统失败时只允许执行预先指定的服务，其他的全部被禁止；默认允许方法则是禁止预先指定的服务，而允许其他的全部服务。前者的安全可靠性更高，在实际应用中大多采用这种策略。

6．全体人员的共同参与

建立一个安全的系统需要全体人员的努力，全体人员共同参与原则要求加强内部人员的安全教育，避免机密信息的泄露，防止内部人员的攻击行为，并要求他们及时报告非正常的事件。

练习题

1．填空题

（1）网络安全遭到破坏时，所能采取的基本行动方案有_____方式和_____方式。

（2）_____是指一个由软件和硬件系统组合而成的专用"屏障"，其功能是防止非法用户入侵、非法使用系统资源以及执行安全管制措施。

2．选择题

（1）在企业内部网与外部网之间，用来检查网络请求分组是否合法，保护网络资源不被非法使用的技术是_____。

A．防病毒技术　　　　B．防火墙技术　　C．差错控制技术　　　D．流量控制技术

（2）网络安全机制主要解决的是_____。

A．　网络文件共享　　　　　　　　B．　因硬件损坏而造成的损失

C．　保护网络资源不被复制、修改和窃取　D．　提供更多的资源共享服务

（3）为了保证计算机网络信息交换过程的合法性和有效性，通常采用对用户身份的鉴别。下面不属于用户身份鉴别的方法是_____。

A．　报文鉴别　　　　B．　身份认证　　C．　数字签名　　　　D．　安全扫描

3．简答题

（1）常用的计算机网络安全工具或技术有哪些？

（2）在建设一个企业网时，应该如何制定网络的安全计划和安全策略？

（3）访问控制技术有哪些，各有什么特点？

（4）网络的物理安全是网络安全中很重要的一部分，应该如何保证网络的物理安全性？请简要说明。

（5）在组建 Intranet 时，为什么要设置防火墙？它具有什么优缺点？

（6）防火墙分为哪几种，在保护网络的安全性方面，它们各起什么作用？

（7）对称密钥密码体制与公共密钥密码体制有何区别？

（8）画图说明公共密钥密码体制的加密和认证过程。

（9）什么是数字签名？举例说明数字签名的工作过程。

（10）常见的网络攻击有哪些，使用什么方法可以解决？

PART 10

第 10 章
计算机网络实验设计

10.1 串行通信接口实验

10.1.1 使用串行接口直连 2 台计算机

1. 实验目的
- 熟悉 RS-232C 串口的物理特性和功能特性，并掌握计算机的串口直连技术。

2. 实验环境
- 软件平台：Windows XP。
- 硬件平台：计算机，9 芯扁平电缆，RS-232C DB-9 连接器，烙铁。

3. 实验准备工作
- 准备 9 芯扁平电缆，RS-232C DB-9 连接器，烙铁。如果没有实验环境，要事先购买两种串口电缆，直通电缆和交叉电缆。
- 该实验可分组进行，可以 2 个人或 4 个人为一组，每组 2 台计算机。
- 实验者可以通过 Windows XP 中的"新建连接向导"建立串口或并口的连接。

4. 实验内容和步骤

（1）熟悉本书前面章节介绍的关于 RS-232C 接口的知识，了解和掌握 DB-9 针接口每一个针脚的功能电气特性，以及 DTE 和 DCE 连接时的串口连接规则，DTE 与 DCE 的连接规则。

（2）使用 DB-9 针的 RS-232C 连接器和 9 芯扁平电缆制作两根串口电缆，其中一根电缆的制作方法按照空 Modem 的连接规则（也称为"交叉线"），另外一根电缆按照 DTE 与 DCE 的连接来制作（也称为"直通线"）。

（3）使用"交叉线"连接两台计算机的串行口 1（也可以是串口 2，但要记录好每台计算机各使用的串口号），然后启动两台计算机。（注：一定要先接线后开计算机，而且在计算机处在开机状态时，不要插拔串口，以免烧坏串口电路。）

（4）在 Windows XP 操作系统中，单击"开始"→"程序"→"附件"→"新建连接向导"，打开"新建连接向导"对话框中，单击"下一步"，打开如图 10-1 所示的对话框，选择"设置高级连接"并单击"下一步"，在随后打开的对话框中选择"直接连接到其他计算机"，并继续下一步，打开如图 10-2 所示的对话框。

（5）每组中的两台计算机分别作为主机和来宾进行操作，根据对话框的提示选择进行后续的操作，其中可以选择使用串口进行连接，并指定"允许连接的用户"。

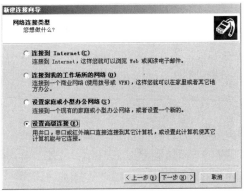

图 10-1　新建连接向导

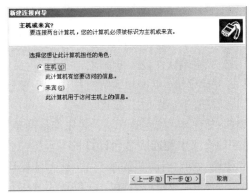

图 10-2　直接电缆连接对话框

（6）当 2 台计算机通分别选择主机和来宾角色后，在各自的网络连接中就会出现"传入的连接"图标，此时就可以使用它建立两台计算机的连接，客户机就可以浏览主机所提供的共享资源。

（7）如果要交换主机与来宾的角色，则根据步骤 4 重新执行"新建连接向导"命令，并重新选择主机和来宾进行连接。

（8）将计算机关闭，然后使用"直通线"连接 2 台计算机，并重复步骤 4，检查一下会有什么结果。

（9）取下串口线，将并口线连接到 2 台计算机上，重复步骤 4，完成该实验。

5．实验小结

由于采用了串行电缆的连接（空 Modem 连接），可以在 2 台计算机之间进行通信，但是传输文件的时间较长，这也说明了串口通信只适用于低速远距离的通信环境中。使用并口通信（通过并行口连接），并口通信的速率比串口要高，在目前的一些应用中，还有一些设备使用并口连接到计算机上，比如打印机、扫描仪、光刻机等。

10.1.2　使用超级终端进行串行通信

1．实验目的

● 了解利用 RS-232C 接口进行异步通信的原理与过程，并理解和掌握异步通信中各种通信参数的设置和使用。

● 使用 Modem 可以进行远距离通信，通过该实验可以掌握通过 PSTN 实现 2 台计算机之间的远程通信技术。

2．实验环境

● 软件平台：Windows XP。

● 硬件平台：计算机，调制解调器，电话线及电话交换设备（程控交换机、集团电话或其他）。

3．实验准备工作

● 事先准备两种串口电缆，即直通电缆和交叉电缆。

● 实验以分组的形式进行，根据实际的实验环境，可以 2 个人或 4 个人为一组，每组分配 2 台计算机，2 台 Modem 和 2 根电缆。

● 事先在所有计算机的 Windows XP 中安装好 Modem 的驱动程序，并安装"超级终端"软件，该软件也是集成在 Windows XP 中的一个通信软件。

4．实验说明

● 该实验的内容分为 2 个，一个实验是通过串口交叉线直接连接 2 台计算机，与实验一不同的是，本实验使用超级终端软件，且通信双方可以自定义通信参数。另一个实验是通过调制解调器连接两台计算机，以模拟实际应用中相距较远的计算机之间所采用的通信方式，Modem 与计算机的连线使用直通线。

● 对于实验内容 2，如果没有实际的实验环境，可以准备两条 PSTN 电话线进行实验。

5．实验内容一：使用串口交叉电缆连接 2 台计算机

（1）先使用串口交叉电缆连接两台计算机的串口 1，然后打开计算机。

（2）在 Windows XP 操作系统中，单击"开始"→"程序"→"附件"→"通信"，选中"超级终端"命令，打开超级终端窗口，执行窗口中"Hypertrm"应用程序，打开如图 10-3 所示的对话框。

（3）在"名称"输入框中输入名称，比如 test，然后随便选择一种图标，单击"确定"按钮。此时，出现"连接到"对话框，在该对话框中的"连接时使用"下拉框中选择"直接连接到串口 1"，如图 10-4 所示。

图 10-3 超级终端连接说明对话框

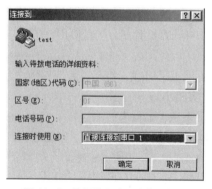

图 10-4 选择使用串口连接计算机

（4）单击"确定"后，打开如图 10-5 所示的对话框，在这个对话框中，可以选择通信双方采用的通信速率、数据位的个数、奇偶校验位、停止位和可以使用的流量控制方法。不管设置什么参数，必须保证两台计算机的所有参数相同，而且数据传输速率不能超过 115 200 bit/s。设置参数完毕后，单击"确定"按钮。

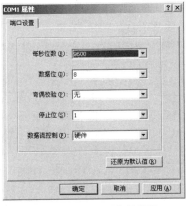

图 10-5　COM1 参数设置

（5）进入到"超级终端"窗口界面后，如图 10-6 所示，2 台计算机之间就可以进行通信了。

图 10-6　"超级终端"窗口

（6）通信双方可以互相发送一些字符。缺省情况下，发送端发送的字符在本地不会显示，如果希望使用本地回显功能，则单击"文件"菜单，选择"属性"命令，在打开的窗口中选择"设置"选项卡，并单击"ASCII 码设置"，打开如图 10-7 所示的对话框，选中"本地显示键入的字符"复选框。返回到超级终端窗口中，再发送一些字符，观察结果。

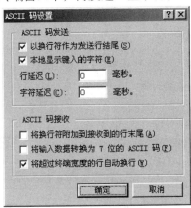

图 10-7　ASCII 码设置对话框

（7）使用超级终端进行双机通信，还可以给对方发送文件。单击"传送"菜单上的"发送文件"命令，打开"发送文件"对话框，并选择所要传送的文件，就可以发送出去，发送的过程如图 10-8 所示。在发送文件的同时，接收端会自动出现一个类似的对话框，并显示出接收状态，文件保存的位置、传输速率等信息。

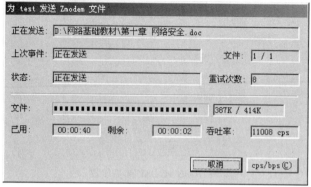

图 10-8　发送文件对话框

（8）考虑：在步骤 4 中，如果将两台计算机的串口通信速率分别设置为 2 400 bit/s 和 4 800 bit/s，会出现什么现象？若使用的数据位分别为 7 位和 8 位，在通信过程中又会出现什么现象？请实际操作一下，并记录结果，给出结论。

6. 实验内容二：使用 Modem 连接 2 台计算机

（1）使用串口直通线将 2 台 Modem 分别连接到 2 台计算机上，并且将每个 Modem 通过电话线连接到电话交换设备上（程控交换机或集团电话使用的交换机）。

（2）执行实验内容一的步骤（2）和步骤（3）。在打开如图 10-4 所示的对话框后，可以单击"取消"，关闭该对话框，并进入到"超级终端"窗口中。

（3）在建立 2 台计算机之间的通信连接之前，先要确定由谁来主动进行拨号连接。

● 对于等待对方拨入的计算机，要单击"拨入"菜单的"等待拨入"命令，然后等待对方呼叫。

● 对于主动进行拨号的计算机，单击"拨入"菜单的"拨号"命令，打开如图 10-9 所示的对话框。在"连接时使用"下拉框中选择使用调制解调器，并在"电话号码"栏中，输入等待呼叫一方的电话号码，然后单击"确定"。

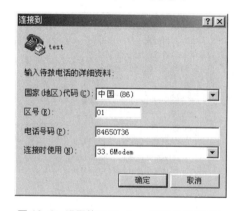

图 10-9　设置使用 Modem 连接 2 台计算机

（4）根据随后出现的对话框提示逐步操作，当完成拨号连接后，2 台计算机之间就建立了连接。此时，可以执行与实验内容一的步骤（6）和步骤（7）相同的操作，实现通信双方的数据通信过程。

（5）考虑：当 2 个位于同一地区的人在家中需要互传文件时，是采用 Modem 拨号连接 2 台计算机的速度快呢？还是使用 Internet 传输数据快（比如使用电子邮件或其他方式）？若 2 个人位于不同的省市或不同的国家，情况又如何？

7．实验小结

事实上，实验内容一使用的方法也属于串行通信，只不过它是最简单的应用。在实际的应用环境中，有很多使用超级终端进行串行通信的实例，例如，很多网络设备都带有一个 Console（管理）端口，如交换机、路由器、UPS 等，该端口实际上就是一个串行接口，网络管理人员可以使用超级终端软件，并通过 Console 端口连接到这些设备中，对它们进行监控、修改参数、软件升级或者重新启动设备等操作。此外，要实现两台相距较远的计算机之间能够直接快速的交互文件时，实验内容二就是一个很好的方法，它在远程通信中比较常用。

 注意　当计算机与网络设备通过串口电缆相连时，使用的可能是直通电缆，也可能是交电缆，这取决于网络厂商对网络设备的硬件设计。但一般来说，凡是带有管理端口的设备，在出厂时，厂商都会附带一条串行电缆。

10.2　组建小型计算机局域网实验

本节实验提供了组建一个小型局域网的实际过程，包括对硬件的连接、安装与调试，软件的安装与配置，以及如何测试网络是否连通等实验内容。网络的拓扑结构如图 10-10 所示。

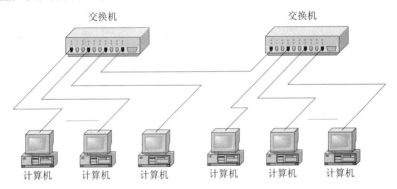

图 10-10　小型局域网网络拓扑结构

10.2.1　网线制作与网络设备状态识别

1．实验目的
- 了解双绞线的类型和特点。
- 使用 5 类双绞线制作网络直通电缆和交叉电缆。
- 了解交换机的工作状态。

2．实验环境
- 软件：无。
- 硬件：计算机、带有 RJ-45 接口的网卡、5 类非屏蔽双绞线、RJ-45 连接器（RJ-45 头）、压线钳、通断测线器、Fluke 测试仪（可选）、集线器或交换机。

3．实验准备工作

● 要事先准备好双绞线、压线钳和足够的 RJ-45 连接器（头）。

● 由于目前很多网卡都支持即插即用的功能，对网卡进行手工配置的情况较少，因此，事先将网卡安装到各台计算机中。

● 引导实验者了解对于组建图 10-10 所示的网络，需要哪些设备和网络配件，该如何连接。

4．实验内容（一）：制作网络电缆

（1）对于图 10-10 所示的网络，需要制作两种网络电缆，一种用于连接计算机与集线器（或交换机），这类电缆也被称为直通电缆。另一种用于集线器之间（或交换机之间）的连接，也称为交叉电缆。具体连线的规则如图 10-11 所示。

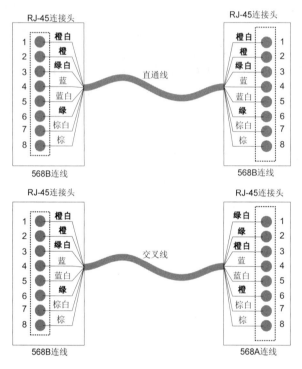

图 10-11　电缆的两种连线顺序

（2）根据 8 根线缆的颜色标识，将每根线缆按照连线的顺序排列好，并插入到 RJ-45 连接头中（要注意每个 RJ-45 连接头编号为 1 的位置），并确认 8 根线是否完全插紧，然后使用压线钳将 RJ-45 头与线固定在一起。按照同样规则，制作相同电缆的另一端接头。在制作交叉线时，一定要注意电缆两端的连接顺序是不一样的，一个采用 568 B 的连接顺序，另一个采用 568 A 的连接顺序。

（3）使用通断测线器测试直通电缆，查看是否该电缆的 8 根线全部直通。若经过测试，发现电缆不通时，可以再使用压线钳重新压线一次，再进行测试，若还不通，则剪断该电缆的一端，重新做线，直到测试通过。

（4）使用通断测线器是最简单的测线方法，如果有实验环境，可以使用专用的双绞线测试仪，比如美国 Fluke 公司的 Fluke DP-100，使用专用的测线器，不但可以测试线路的通断，交叉、电缆长度，而且可以测量每根线的衰减值。

（5）（可选）若有专用的测线仪，将做好的双绞线连接到测线仪上，并记录测试结果。测试内容包括线路的通断和交叉、线缆长度、传输延时、阻抗、传输衰减值和近端串扰等。

5．实验内容（二）：识别网卡、集线器和交换机的工作状态

（1）网络电缆测试完毕后，将做好的直通电缆一端连接到计算机上，另一端连接到集线器（或交换机）上。如果要将 2 台计算机通过网卡直接连接时，要使用交叉电缆。目前的交换机带有检测功能，能根据插入的电缆自动调整，所以即使直通线也可以做交换机直连。

（2）通常，交换机上的每个端口上都带有几个状态指示灯，有链路状态指示灯，当与交换机器相连的计算机开机后，若线路连接正确，该指示灯就会"点亮"，表示双方的链路已接通；目前交换机上的端口通常是自适应端口，并以半双工或全双工方式工作，因此，在这些交换机上也会设有相关的指示灯，用以表示相应的信息。例如，当某台计算机连接到交换机的某个端口时，通过交换机上的指示灯就能很清楚的识别出该计算机的连接速率（10 Mbit/s 或 100 Mbit/s）和工作方式（全双工或半双工）。（通常使用 2 个双色发光二极管，一个二极管表示速率，另一个二极管表示工作方式，比如采用 10 Mbit/s 速率时，二极管显示颜色为淡黄色，采用 100 Mbit/s 速率连接时，显示为绿色，对于不同厂家的产品，方式各有不同）。

（3）一般来说，网卡上也包括几个指示灯，但其中至少有一个链路状态指示灯，其目的与上面所说的相同，都是用于检测线路连接是否正确。

（4）观察本实验使用的集线器或交换机的工作状态，以及本地计算机上网卡的工作状态。

（5）将计算机、集线器或交换机加电，观察集线器或交换机各端口的链路状态显示。

6．实验小结

实际上，组建一个局域网非常简单，但制作网络电缆是整个过程中最关键的因素之一，有很多网络的故障通常是来自网络的物理连接。因此，网络电缆与接口的好坏直接影响着一个网络是否能够正常地工作。

10.2.2　使用 TCP/IP 协议配置计算机局域网

1．实验目的

● 熟悉和了解组建局域网所需要的软件系统，包括各种服务和协议。

● 掌握配置局域网的过程，以及各种配置参数的使用目的。

2．实验环境

● 软件环境：Windows XP/7 操作系统。

● 硬件环境：计算机。

3．实验准备工作

● 准备一个 IP 地址段，比如 192.168.1.1 ~ 192.168.1.40。

4．实验内容：手工配置 TCP/IP 协议参数

（1）要实现小型局域网中各台计算机能够连接到网络中，除了硬件连接外，还必须安装软件系统，比如网络协议软件。本实验使用典型的 TCP/IP 协议软件。在 Windows XP 操作系统中，由于 TCP/IP 协议包缺省已安装在系统中，所以可以直接配置 TCP/IP 参数。

在设计和组建一个网络时，必须要对网络进行规划，其中也包括对网络地址的规划和使用，比如使用哪一类 IP 地址，需要为多少台计算机分配 IP 地址，每台计算机是自动获取 IP 地址（动态 IP 地址，通过 DHCP 服务实现），还是通过手工方式进行设置（静态 IP 地址）等。在本实验中，采用手工方式设置 IP 地址。

（2）使用鼠标右键单击桌面上的"网上邻居"，选择"属性"命令，打开"网络连接"窗口，右键单击窗口中的"本地连接"，选择属性，打开"本地连接"属性对话框，如图 10-12 左图

所示，然后选择"Internet 协议（TCP/IP）"，并单击"属性"按钮，打开"TCP/IP 属性"对话框，如图 10-12 右图所示。

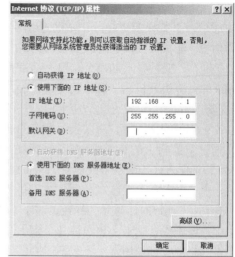

图 10-12　TCP/IP 属性对话框

（3）选中"使用下面的 IP 地址"单选按钮，在"IP 地址"输入框中输入相应的 IP 地址。在"子网掩码"输入框中输入该类 IP 地址的子网掩码。单击"确定"按钮，将 IP 地址设置到本台计算机。

（4）单击桌面的网络邻居，可以发现网络中的其他计算机，如果每台计算机中将资源都设置为共享，就可以实现小型网络的资源共享服务。

（5）思考：如果在步骤（3）种选择"自动获取 IP 地址"，而且网络中没有 DHCP 服务器，每台计算机是否也可使连通呢？

5．实验小结

通过实验可以发现，完成网络 IP 地址规划后，为每台计算机手工配置 IP 地址和子网掩码，就可以将各台计算机连接到同一个网络中，并实现了资源的共享。如果网络中没有 DHCP 服务器，当每台计算机采用自动获取 IP 时，Windows XP 系统也提供了自动 IP 地址分配机制，它会自动为每台计算机分配一个在本地网络中具有唯一性的 IP 地址，从而实现了网络中各台计算机之间的相互访问。其本地网络为一个 B 类的地址：169.254.0.0。

另外，虽然目前有很多网络管理员为了方便、快捷地管理和配置网络，都使用 DHCP 服务器动态的配置网络中的每台计算机，但其实质就是对每台计算机进行协议配置，包括设置 IP 地址、子网掩码、网关以及其他一些信息，而通过手工配置不但可以了解配置的过程，还可以了解其中的一些参数设置，从而达到了实验的目的。

10.2.3　计算机局域网连通性测试

1．实验目的

● 了解 IP 与 ICMP 的理论知识，熟悉并掌握网络连通测试命令"ping"。
● 通过网络连通性测试，掌握分析网络故障点的技能。

2．实验环境

● 软件环境：Windows XP/7 操作系统。

● 硬件环境：计算机。

3．实验内容一：网络连通测试程序 PING

（1）在 TCP/IP 协议组中，网络层 IP 协议是一个无连接的协议，使用 IP 协议传送数据包时，数据包可能会丢失、重复或乱序，因此，可以使用网际控制报文协议 ICMP 对 IP 协议提供差错报告。"Ping"就是一个基于 ICMP 协议的实用程序，通过该程序，可以对源主机与目的主机之间的 IP 链路进行测试，测试的内容包括：IP 数据包能否到达目的主机、是否会丢失数据包，传输延时有多大、统计丢包率等数据。

（2）单击"开始"→"程序"→"附件"，选择"命令提示符"，打开命令提示符窗口，在窗口命令行下，输入"Ping 127.0.0.1"，其中"127.0.0.1"是用于本地回路测试的 IP 地址（"127.0.0.1"代表 Localhost，即本地主机），按回车键后，就会显示出测试结果（它也被称为"回波响应"），如图 10-13 所示。

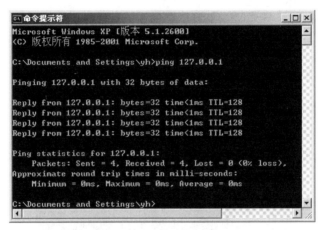

图 10-13　Ping 命令的测试结果

（3）当使用 Ping 命令后，可以通过接收对方的应答信息来判断源主机与目的主机之间的链路状况。若链路良好，则会接收到如下的应答信息。

> Reply from 127.0.0.1: bytes=32 time<10ms TTL=64
>
> Reply from 127.0.0.1: bytes=32 time<10ms TTL=64
>
> Reply from 127.0.0.1: bytes=32 time<10ms TTL=64
>
> Reply from 127.0.0.1: bytes=32 time<10ms TTL=64
>
>
> Ping statistics for 127.0.0.1:
>
> 　　Packets: Sent=4, Received = 4, Lost= 0 (0% loss),
>
> Approximate round trip times in Milliseconds:
>
> Minimum =0ms, Maximum=0ms, Average =0ms

其中"bytes"表示测试数据包的大小，"time"表示数据包的延迟时间，"TTL"表示数据包的生存期。统计数据结果为总共发送了 4 个测试数据包，实际接收应答数据包也是 4 个，丢包率为 0%，最大、最小和平均传输延时为 0 ms（这个延时是数据包的往返时间）。

如果收到下面的应答信息，就表示数据包无法达到目的主机。

> "Destination host unreachable."

如果收到下面的应答信息，则表示数据包无法达到目的主机或数据包丢失。

"Request timed out. "

（4）在窗口命令行下，输入"Ping"回车，就会得到对 Ping 命令的帮助提示。该命令有很多的开关参数设置，其中常用的有"-t""-n""-l"，其实际使用方法如下。

- "-t"用于连续性测试链路，比如使用"ping X -t"（X 表示目的主机的 IP 地址，如 192.168.1.10），就可以不间断的测试源与目的主机之间链路，直到用户使用中断退出（"CTRL+C"），而且在测试过程中，可以随时使用"CTRL+BREAK"组合键来查看统计结果。
- "-n"表示发送测试数据包的数量，在不指定该参数时，其缺省值为 4。若要发送 1 000 个数据包测试链路，则可以使用"ping X -n 1000"命令。
- "-l"表示发送测试数据包的大小，比如发送 100 个 1 024 字节大小的数据包，就可以使用"ping X -n 100 -l1024"。

4．实验内容二：测试网络的连通性

（1）首先，先检查一下本机 TCP/IP 协议的配置情况：在"命令提示符"窗口下，输入"ipconfig"，单击"Enter"键，显示本机 TCP/IP 的配置。若要进一步查看更为详细的信息，可以执行"ipconfig /all"命令，显示如图 10-14 所示的内容。

图 10-14　使用 ipconfig 查看本机 TCP/IP 配置

（2）下面开始网络的测试。首先，在命令行中，输入"Ping 127.0.0.1"，然后按回车键，如果能接收到正确的应答响应且没有数据包丢失，则表示本机的 TCP/IP 工作正常。若应答响应不正确（数据包丢失或目的主机无法达到等），则查看网络设置，确认本机是否安装了 TCP/IP 协议。

（3）然后，输入"Ping X"，其中 X 就是在步骤 1 中所记录的地址，若记录的地址为"192.168.1.10"，则输入"Ping 192.168.1.10"。按回车键后，如果能接收到应答信息且没有数据包丢失，则表示本机 TCP/IP 的配置正确，且该计算机在网络上可以进行通信。否则，重新检查或设置本机的 TCP/IP 协议配置参数。（很多时候都是因为 IP 地址或子网掩码输入错误造成）。

（4）同样，输入"Ping X"，其中 X 代表另外一台已连通到网络上的计算机所使用的 IP 地址。按回车键后，如果同样能够接收到对方正确的应答信息且没有数据包丢失，则表示本机与对方计算机之间可以互相通信，并正确的连接到网络上。如果不通，则检查网络电缆是否插好（包括本机一端和集线器一端）。若还出现问题，则重新测试或制作网络电缆。若还不能解决问题，则说明地址解析可能出现问题（ARP 工作不正常），解决方法是将 TCP/IP 协议删除并重新安装。

5. 实验小结

将网络的硬件连接好，然后进行相应的软件和协议配置，当所有这些操作结束后，并不意味着网络就能够连通，或者说并非所有的计算机都能连接到网络上，其中可能会出现各种各样的问题。因此，本实验的目的就在于，通过网络连通的检测和测试，寻找出现问题的起源在哪里，并针对这些问题进行解决。

10.2.4 局域网子网间的连通性与路由追踪测试

本实验的网络拓扑如图 10-15 所示，对计算机局域网划分为 2 个子网进行通信。

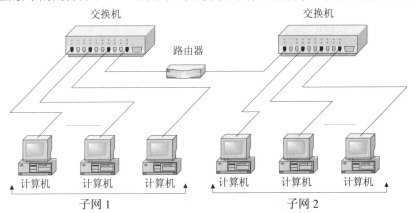

图 10-15　将一个网络划分为 2 个子网

1. 实验目的

- 了解子网划分的目的和作用，掌握如何划分简单的网络。
- 通过配置网关地址，能够较好的理解网络之间的数据传输与交换。
- 掌握子网网络之间的一些测试方法。

2. 实验环境

- 软件环境：Windows XP/7。
- 硬件环境：计算机、路由器。

3. 实验准备工作

- 准备一台带有 2 个 Ethernet 端口的路由器，并事先使用 RIP 路由协议配置路由器，将路由器的两个端口的 IP 地址分别设置为 192.168.1.65 和 192.168.1.129，子网掩码中的主机号位数为 6，并启动 IP 路由功能。
- 如果没有路由器，也可以使用一台服务器（或 PC 机），并安装 2 块网卡（双宿主主机）。在该计算机上安装 Windows 2003 Server，将 2 块网卡的 IP 地址分别设置为 192.168.1.65 和 192.168.1.129，子网掩码设置为 255.255.255.192。并且打开服务器的路由功能（本实验使用静态路由就可以，也可以通过安装"RIP 协议"组件实现动态路由功能）。
- 掌握子网划分的原理和方法，做网络或子网 IP 地址规划，注意不要重复分配某一个 IP 地址。

4. 实验内容一：对网络进行子网划分

（1）对于一个 C 类的网络 192.168.1.0，若要划分为 2 个子网。请对该网络进行划分，并确定子网掩码，以及每个子网中主机可以使用的 IP 地址的范围。

（2）在划分子网时，要考虑去除全 0 子网和全 1 子网（虽然在 Microsoft 的 TCP/IP 网络中，可以支持全 0 和全 1 的子网，但在本实验中，以 RFC 标准为准）。

5．实验内容二：配置 TCP/IP 参数

（1）根据子网划分结果，每台计算机均可以分配一个唯一的子网 IP 地址和子网掩码。将 IP 地址规划记录下来。

（2）对当前计算机配置 TCP/IP 协议，并使用所记录的 IP 地址和子网掩码进行配置，比如 IP 地址为 192.168.1.70，子网掩码为 255.255.255.192。

（3）根据先前的实验连接网络设备，最后使用"ping"测试本机与网络上其他计算机的连接，注意，会发现什么问题？请记录。

6．实验内容三：设置网关的 IP 地址

（1）设置网关的 IP 地址。

（2）再次配置 TCP/IP 协议，但不需要修改 IP 地址和子网掩码。在"Internet 协议（TCP/IP）"属性对话框中，在"默认网关"输入框中输入网关 IP 地址（要注意，2 个子网中的计算机使用的网关是不同的），如图 10-16 所示，最后单击"确定"按钮。

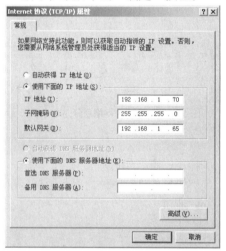

图 10-16　配置网关的 IP 地址

（3）重新启动计算机后。测试与网络上其他计算机的连接，此时，会有什么现象？请记录。

7．实验内容四：测试子网间的连通性和路由跟踪

（1）之前提供了测试网络连通性的方法，但在设置了网关 IP 地址后，对网络连通性的测试内容又增加了一项，也就是说，测试了与本机回路地址 127.0.0.1、本机 IP 地址和其他主机 IP 地址的连通性后，还要测试当前计算机能否连接到本地网的网关（实质是路由器）上，即测试与网关 IP 地址之间的连通——"ping 192.168.1.65"和"ping 192.168.1.129"，若能连通，说明本机所处的网络环境良好。若与另一个子网上的某台主机也能连通，则表明 2 个子网之间可以进行通信。

（2）除了使用"ping"命令测试网络链路的连通外，还有一个很重要的应用程序"tracert"，它也被称为路由跟踪程序。通过 tracert，可以了解到数据包从源主机到达目的主机的过程中，在中间链路上所经过的路由器的名称和数量。

（3）具体使用 tracert 时，可以在"命令提示符"窗口下，输入"tracert X"，其中 X 代表目的主机的 IP 地址。按回车键后，就可以查看相关的信息。在本实验中，可以进行下面 2 种测试。

- 使用同一子网上的计算机进行测试。使用"tracert X", X 为同一子网上的某台计算机的 IP 地址,比如"tracert 192.168.1.70"或"tracert 192.168.1.120"命令。
- 使用不同子网上的计算机进行测试。使用"tracert X", X 为另一个子网上的某台计算机的 IP 地址。比如对于子网 192.168.1.64 上的主机,可以执行"tracert 192.168.1.120"命令。

（4）经过 2 种测试后,比较路由跟踪的测试结果。

8．实验小结

在实际的网络应用中,网络管理员经常要使用路由跟踪程序"tracert"。由于在一个网络中,可能存在很多的路由器连接不同的网络,在使用 ping 命令来测试网络是否连通时,当发现与某台计算机不能连接时,就要使用路由跟踪程序来检查数据在从一个网络转发到另一个网络的过程中,究竟是在哪一个转发的位置上(路由器)出现了问题,由此查找问题的所在,然后去解决问题。在 Internet 中,经常出现无法连接到某个站点的问题,使用 tracert 命令,就可以查找问题的答案。

另外,在 Windows XP/7 中,还有一个很好的路由跟踪测试程序 pathping,该命令结合了 ping 和 tracert 命令的功能,可提供这 2 个命令都无法提供附加信息。经过一段时间,pathping 命令将数据包发送到最终目标位置途中经过的每个路由器,然后根据从每个路由器返回的数据包统计结果。因为 pathping 显示指定的所有路由器和链接的数据包的丢失程度,所以用户也可据此确定引起网络问题的路由器或链接。

10.3 路由协议、网络安全和无线路由实验

本节实验帮助理解和掌握路由器的基本配置,以及设置路由器的静态路由、缺省路由、动态路由等,实验网络拓扑图如图 10-17 所示,图中路由器 R1～R4 使用 Cisco2514,该路由器带有 2 个以太网接口,分别为 E0（Ethernet 0）和 E1；2 个串行口,分别为 S0（Serial 0）和 S1。

 注意 路由器的选型要视具体网络的需要,选择带有不同接口和功能的路由器。

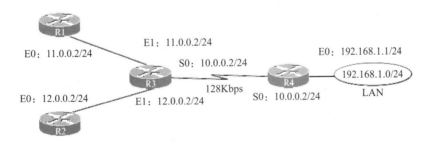

图 10-17 网络拓扑图

10.3.1 路由器与静态路由配置

1．实验目的
- 了解路由器的基本配置,配置接口的 IP 地址。
- 查看路由器的工作状态、接口状态与配置。

- 掌握静态路由、缺省路由的配置与测试。

2．实验环境

- 软件环境：Windows XP/7、Boson NetSim 或 Cisco PacketTracer 网络交换与路由模拟器。
- 硬件环境：计算机、路由器/模拟器。

3．实验准备工作

- 如果有 Cisco 路由器，按照网络拓扑图连接实验环境。需要说明的是，该实验的最小实验环境应有 2 台路由器。
- 如果没有实际的路由器，事先下载 Boson NetSim 或局域网交换与路由模拟器，该软件可以从 http://www.boson.com/ 下载免费试用版软件，并安装计算机中。也可以使用 Cisco Packet Tracer 模拟器完成本实验。
- 事先了解路由器的基本原理，包括处理器、接口、存储器和 IOS 的基本操作。

4．实验内容一：路由器的 IOS 软件使用

（1）使用计算机通过 Telnet 的方式远程登录到路由器，或者使用网络模拟器绘制网络拓扑，并连接到相应的路由器。

（2）连接到路由器 R3，熟悉路由器的基本操作指令。按照如下的命令对路由器进行操作。

命令（粗体部分）	说明
Router>enable	//Enable 用于进入特权模式
Router#conf terminal	//进入全局配置模式
Router(config)#hostname R3	//设置路由器的主机名为 R3
R3(config)#enable password cisco	//设置路由器的密码为 cisco
R3(config)#enable secret XXX	//设置路由器的特权模式密码
R3(config)#exit	//退出全局配置模式
R3#show version	//显示系统硬件和软件的状态
R3#show flash	//显示系统闪存的信息
R3#show protocol	//显示激活的网络路由信息
R3#show interface	//显示当前的接口信息与状态
R3#show running–config	//显示路由器的当前配置信息
R3#show startup–config	//显示路由器的启动配置信息
R3#show ip route	显示当前的 IP 路由表

（3）按照网络拓扑图所示的 IP 地址规划，配置路由器 R3 的接口，操作如下。

R3(config)#interface ethernet 0	//配置以太网接口 E0
R3(config-if)#ip address 11.0.0.1 255.255.255.0	//设置该接口 IP 地址和子网掩码
R3(config-if)#no shut	//激活 E0 端口
R3(config-if)#interface ethernet 1	//配置以太网接口 E1
R3(config-if)#ip address 12.0.0.1 255.255.255.0	//设置该接口 IP 地址和子网掩码
R3(config-if)#no shut	//激活 E1 端口
R3(config-if)#interface serial 0	//配置串行接口 S0
R3(config-if)#ip address 10.0.0.1 255.255.255.0	//设置该接口 IP 地址和子网掩码
R3(config-if)#bandwidth 128	//设置链路带宽为 128kbit/s
R3(config-if)#clock rate 64	//设置 DCE 设备的时钟速率
R3(config-if)#no shut	/激活 S0 端口

（4）按照步骤（3）完成对路由器 R1、R2 和 R4 各接口的配置。

5．实验内容二：为路由器添加静态路由和默认路由

（1）在路由器 R3 上添加一条静态路由，当存在目标网络为 192.168.1.0/24 的数据包时，通过静态路由将该数据包转发到路由器 R4，命令如下。

```
R3(config)#ip route 192.168.1.0 255.255.255.0 10.0.0.2
```

（2）连接到路由器 R4，按照实验内容一完成对 R4 的端口设置。

（3）在 R4 路由器上添加一条默认路由，当网络 192.168.1.0/24 中的主机向外网发送数据包时，无论目标网络为何地址，R4 缺省将数据包转发到 R3 的 S0 端口，命令如下。

```
R4(config)#ip route 0.0.0.0 0.0.0.0 10.0.0.1
```

6．实验内容三：测试路由器接口、静态路由和缺省路由

（1）连接到路由器 R3，测试 R3 各接口的连通状态，以及到 R4 的静态路由。

```
R3#ping 11.0.0.1
R3#ping 12.0.0.1
R3#ping 10.0.0.1
R3#ping 192.168.1.1
R3# traceroute 192.168.1.1
```

（2）连接到路由器 R4，测试 R4 各接口的连接，以及到 R3 的默认路由。

```
R4#ping 10.0.0.2
R4#traceroute 10.0.0.1
```

7．实验小结

Cisco 路由器 IOS 软件的指令集提供了丰富的指令以完成对路由器的设置、监控和查询，需要很好地熟悉这些指令。当使用静态和默认路由配置后，在路由器的路由表中就会添加一条静态路由或默认路由，可以通过 show ip route 命令查看。另外，本实验是针对 Cisco 公司路由器设计的，如有其他厂商的路由器，也可以按照此方法进行实验，但操作指令会有差异。

10.3.2　RIP 动态路由协议的配置

1．实验目的

● 了解路由器动态路由协议的工作原理。

● 掌握 RIP 动态路由的配置与测试。

2．实验环境

● 软件环境：Windows XP/7、Boson NetSim 或 Cisco Packet tracer 网络交换与路由模拟器。

● 硬件环境：计算机、路由器/模拟器。

3．实验内容

（1）使用图 10-17 所示的网络拓扑图作为本实验所需的网络。

（2）使用计算机通过 Telnet 的方式远程登录到路由器，或者使用网络模拟器绘制网络拓扑，并连接到相应的路由器。

（3）连接到路由器 R3，配置路由器的动态路由器协议 RIP，步骤如下。

```
Router>enable
Router#conf terminal
```

```
Router(config)#hostname R3

R3(config)#interface ethernet 0

R3(config-if)#ip address 11.0.0.1 255.255.255.0

R3(config-if)#no shut

R3(config-if)#interface ethernet 1

R3(config-if)#ip address 12.0.0.1 255.255.255.0

R3(config-if)#no shut

R3(config-if)#interface serial 0

R3(config-if)#ip address 10.0.0.1 255.255.255.0

R3(config-if)#clock rate 64

R3(config-if)#no shut

R3(config-if)#exit

R3(config)#router rip                          //设置 RIP 动态协议

R3(config-router)#network 10.0.0.0//设置接口 S0 连接的网络地址

R3(config-router)#network 11.0.0.0//设置接口 E0 连接的网络地址

R3(config-router)#network 12.0.0.0//设置接口 E1 连接的网络地址

R3(config-router)#exit
```

（4）按照步骤（3）分别完成路由器 R1、R2、R4 的接口和动态 RIP 路由协议配置。

```
R1(config)#router rip                          //设置路由器 R1 的 RIP

R1(config-router)#network 11.0.0.0


R2(config)#router rip//设置路由器 R2 的 RIP

R2(config-router)#network 12.0.0.0


R4(config)#router rip //设置路由器 R4 的 RIP

R4(config-router)#network 10.0.0.0

R4(config-router)#network 192.168.1.0
```

（5）连接到路由器 R1 中，通过命令"show ip route"显示 R1 的动态路由表，观察路由表项，当目标网络是 192.168.1.0/24 时，需要多少跳数（hops）？

（6）连接到 R2、R3、R4，查看每台路由器的路由表。

（7）使用 ping 命令测试到路由器各接口的连通状态，以检测路由器的配置。

4．实验小结

RIP 动态路由协议是一个距离矢量路由协议，非常简单，仅通过源节点与目的节点之间的路由器或路程段的数目（跳数）来决定发送数据包的最佳途径。由于 RIP 协议自身的一些限制，其允许的最大跳数为 15，只适用于小型的网络。RIP 协议有两种版本 RIPv 1 和 RIPv 2，前者不支持 VLSM，而后者支持。

10.3.3　OSPF 动态路由协议的配置

1．实验目的

● 了解路由器动态路由协议的工作原理。

- 掌握 OSPF 动态路由的配置与测试。

2．实验环境

- 软件环境：Windows XP/7、Boson NetSim 或 Cisco Packet tracer 网络交换与路由模拟器。
- 硬件环境：计算机、路由器/模拟器。

3．实验内容

（1）使用图 10-17 所示的网络拓扑图作为本实验所需的网络。

（2）使用计算机通过 Telnet 的方式远程登录到路由器，或者使用网络模拟器绘制网络拓扑，并连接到相应的路由器。

（3）连接到路由器 R3，配置路由器的动态路由器协议 RIP，步骤如下。

```
Router>enable
Router#conf terminal
Router(config)#hostname R3
R3(config)#interface ethernet 0
R3(config-if)#ip address 11.0.0.1 255.255.255.0
R3(config-if)#no shut
R3(config-if)#interface ethernet 1
R3(config-if)#ip address 12.0.0.1 255.255.255.0
R3(config-if)#no shut
R3(config-if)#interface serial 0
R3(config-if)#ip address 10.0.0.1 255.255.255.0
R3(config-if)#clock rate 64
R3(config-if)#no shut
R3(config-if)#exit
R3(config)#router ospf 10              //启动进程号为 10 的单区域 ospf 路由选择进程
R3(config-router)#network 10.0.0.1 0.0.0.0 area 0//在接口 S0 启动 OSPF，加入区域 0
R3(config-router)#network 11.0.0.10.0.0.0 area 0//在接口 E0 启动 OSPF，加入区域 0
R3(config-router)#network 12.0.0.0 0.0.0.255area 0 //在网络上启动 OSPF，加入区域 0
R3(config-router)#exit
```

（4）按照步骤（3）分别完成路由器 R1、R2、R4 的接口和动态 OSPF 路由协议配置。

```
R1(config)#router ospf 10//在 R1 上启动进程号为 10 的单区域 ospf 路由选择进程
R1(config-router)#network 11.0.0.20.0.0.0 area 0

R2(config)#router ospf 10//在 R2 上启动进程号为 10 的单区域 ospf 路由选择进程
R2(config-router)#network 12.0.0.20.0.0.0 area 0

R4(config)#router ospf 10//在 R4 上启动进程号为 10 的单区域 ospf 路由选择进程
R4(config-router)#network 10.0.0.10.0.0.0 area 0
R4(config-router)#network 192.168.1.10.0.0.0 area 0
```

（5）连接到路由器 R1 中，通过命令"show ip route"显示 R1 的动态路由表，观察路由表项，当目标网络是 192.168.1.0/24 时，度量值为多少？

（6）连接到 R2、R3、R4，查看每台路由器的路由表。

（7）使用 ping 命令测试到路由器各接口的连通状态，以检测路由器的配置。

4．实验小结

OSPF 作为一种链路状态路由协议，除了路由器的数目外，还通过路程段之间的连接速率和负载平衡等多项参数计算出到达目标节点的度量值，并选择度量值最低的作为发送数据包的最佳途径。OSPF 是层次化的路由选择协议，用于大型网络的互联，可以将网络划分多个区域，每个区域为一个段，区域 0（area 0）是 OSPF 网络中必须具有的主干区域，其他所有区域要求通过区域 0 互连到一起。

10.3.4 VLAN 的划分与互通

本实验的网络拓扑如图 10-18 所示，图中路由器 R1 使用 Cisco 2620，该路由器可扩展广域网接口模块，并带有 1 个快速以太网接口 Fast Ethernet 0/0（简写 fa0/0）；S1 和 S2 为 Cisco 的二层交换机 2950-12，带有 12 个快速以太网端口。PC1 连接到 S 2 交换机的 fa 0/1，PC2 连接到 S1 交换机的 fa 0/1，路由器 R1 连接到 S1 的 fa0/11，S1 和 S2 通过各自的 fa0/11 端口互连。在由 S1 和 S2 组成的网络中，划分了 2 个 Vlan（Vlan 1 和 Vlan 2），PC1 属于 VLAN2（192.168.1.0/24），PC 2 属于 VLAN1（192.168.2.0/24）。

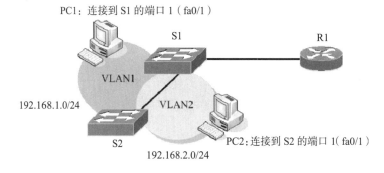

图 10-18　网络拓扑图

1．实验目的
- 掌握交换机的基本配置、端口配置。
- 掌握基于端口的虚拟局域网（VLAN）划分。
- 掌握单臂路由环境下的 VLAN 互通。

2．实验环境
- 软件环境：Windows XP/7、Boson NetSim 或 Cisco Packet Tracer 网络交换与路由模拟器。
- 硬件环境：计算机、路由器/模拟器。

3．实验准备工作
- 按照网络拓扑图连接实验环境。如果没有设备，可下载 Boson NetSim 或 Cisco Packet Tracer 局域网交换与路由模拟器。
- 了解交换机的工作原理。
- 了解 Cisco 交换机的虚拟局域网中继协议 VTP、802.1Q 基本概念与应用（或参见 www.cisco.com）。

4．实验内容一：创建 VLAN

（1）使用计算机通过 Telnet 的方式远程登录到路由器，或者使用网络模拟器绘制网络拓扑，并连接到相应的路由器。

（2）按照如下的指令，完成对交换机 S1 的配置，首先创建 VTP 服务器和域，然后创建 VLAN，并将 S1 的 fa0/1 设置为二层交换端口，将其划分到 VLAN1 中，最后将 S1 的 fa0/11 指定为 Trunk。

```
Switch>enable
Switch#conf terminal
Switch (config)#hostname S1                              //设置交换机的主机名为 S1
S1(config)#exit
S1#vlan database                                         //进入 vlan 配置模式
S1(vlan)#vtp server                                      //设置交换机为服务器模式
S1(vlan)#vtp domain NetworkLab                           //设置 vtp 管理域名称
S1(vlan)#vtp password XXXX                               //设置 vtp 管理密码
S1(vlan)#vlan 1 name VLAN1                               //创建 Vlan1
S1(vlan)#vlan 2 name VLAN2                               //创建 Vlan2
S1(vlan)#exit
S1#config terminal
S1(conf)#interface fastEthernet 0/1                      //配置快速以太网端口 fa 0/1
S1(conf-if)#switchport mode access                       //设置二层交换端口
S1(conf-if)#switchport access vlan 1                     //将 S1 的 fa 0/1 划分到 VLAN1 中
S1(conf)#interface fastEthernet 0/11
S1(conf-if)#switchport mode trunk                        //设定 S1 的 fa 0/11 为中继端口
S1(conf-if)#end
```

（3）连接到交换机 S2，首先创建 VTP 客户机，然后设置 S2 的 fa 0/1 为二层交换端口，将其划分到 VLAN2 中，最后将 S2 的 fa0/11 指定为 Trunk。

```
Switch>enable
Switch#conf terminal
Switch (config)#hostname S2
S2(config)#exit
S2#vlan database
S2(vlan)#vtp client                                      //设置交换机为客户端模式
S2(vlan)#vtp domain NetworkLab
S2(vlan)#vtp password XXXX
S2(vlan)#exit
S2#config terminal
S2(conf)#interface fastEthernet 0/1                      //配置快速以太网端口 fa0/1
S2(conf-if)#switchport mode access                       //设置二层交换端口
S2(conf-if)#switchport access vlan 2                     //将 S2 的 fa0/1 划分到 VLAN2 中
S2(conf)#interface fastEthernet 0/11
S2(conf-if)#switchport mode trunk                        //设定 S2 的 fa0/11 为中继端口
S2(conf-if)#end
```

5．实验内容二：使用单臂路由器实现 VLAN 的互通

连接到路由器，将路由器的快速以太网端口 fa 0/0 划分为两个子接口 fa 0/0.1 和 fa 0/0.2，对每个子接口配置，并采用 802.1q 的数据封装。

```
Router>enable
Router#conf terminal
Router(config)#interface FastEthernet 0/0.1
Router(config-if)#encapsulation dot1q native          //802.1q 的封装，本征 VLAN
Router(config-if)#ip add 192.168.1.0 255.255.255.0
Router(config-if)#no shut
Router(config-if)#interface FastEthernet 0/0.2
Router(config-if)#encapsulation dot1q 2               //802.1q 的封装
Router(config-if)#ip add 192.168.2.0 255.255.255.0
Router(config-if)#no shut
```

6．实验内容三：采用三层交换机实现 VLAN 互通

将实验拓扑图中的路由器 R1 换成三层交换机，将 S1 连接到三层交换机上，则可以实现全交换的局域网。要实现此网络的配置，只需要在三层交换机上创建 VLAN，并设置为服务器模式，在二层交换机 S1 和 S2 上设置为客户机模式，再指定端口到某个具体的 VLAN，最后在三层交换机启动 IP 路由"IP routing"就可以实现 VLAN 的互通。

7．实验小结

虚拟局域网是局域网中很重要的网络技术，它可以按照具体业务逻辑的要求，将分布在不同地方的计算机划分到同一个逻辑网络中，而不同的逻辑网络可以互通，也可以不通，由此不但方便了网络的管理与配置，也确保了网络的安全。

10.3.5 防火墙访问控制列表（ACL）实验

本节实验采用的网络拓扑图如图 10-19 所示，图中路由器 R1～R2 使用 Cisco 2514，该路由器带有 2 个以太网接口，分别为 E0（Ethernet 0）和 E1；2 个串行口，分别为 S0（Serial 0）和 S1，路由器每个接口和每台 PC 机的 IP 地址如图所示。路由器不但可以实现网络间的路由选择，也可以作为防火墙，过滤不安全的数据包。在路由器中可以通过设置访问控制列表 ACL(Access Control List)完成数据包的过滤功能。

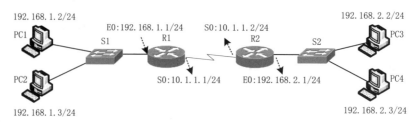

图 10-19　访问控制列表实验拓扑图

1．实验目的
● 了解路由器作为防火墙的工作原理。
● 掌握数据包过滤的规则，访问控制列表的配置与测试。

2．实验环境
● 软件环境：Windows XP/7、Boson NetSim 或 Cisco Packet Tracer 网络交换与路由模拟器。
● 硬件环境：计算机、交换机、路由器/模拟器。

3．实验内容

（1）使用计算机串行口连接到路由器的 Console 端口，或者通过 Telnet 的方式远程登录到路由器。

（2）连接到路由器 R1，配置路由器的 E0 和 S0 端口，并配置和启动 RIP 路由，步骤如下。

```
Router>enable
Router#conf terminal
Router(config)#hostname R1
R1(config)#interface ethernet 0
R1(config-if)#ip address 192.168.1.1 255.255.255.0
R1(config-if)#no shut
R1(config-if)#interface serial 0
R1(config-if)#ip address 10.1.1.1 255.255.255.0
R1(config-if)#clock rate 64
R1(config-if)#no shut
R1(config)#router rip
R1(config-router)#network 192.168.1.0
R1(config-router)#network 10.0.0.0
R1(config-router)#exit
```

（3）连接到路由器 R2，配置路由器 R2 的 E0 和 S0 端口，并配置和启动 RIP 路由，步骤如下。

```
Router>enable
Router#conf terminal
Router(config)#hostname R2
R2(config)#interface ethernet 0
R2(config-if)#ip address 192.168.2.1 255.255.255.0
R2(config-if)#no shut
R2(config-if)#interface serial 0
R2(config-if)#ip address 10.1.1.2 255.255.255.0
R2(config-if)#no shut
R2(config)#router rip
R2(config-router)#network 192.168.2.0
R2(config-router)#network 10.0.0.0
R2(config-router)#exit
```

（4）在 PC1～PC4 的 4 台 PC 机上配置 IP 地址，网关地址。在 PC2 上测试各 PC 间的连通性，记录实验结果。

Ping 192.168.1.2

Ping 192.168.2.2

Ping 192.168.2.3

如果路由器和 PC 的配置正确，那么 PC1～PC4 是连通的。

（5）若根据网络安全的规则，"允许 PC1 发出的数据包经过 R1 访问其他网络，禁止 PC2 的数据包经过 R1"，则在路由器 R1 设置访问控制列表，步骤如下。

```
R1(config)#access-list 1 deny 192.168.1.3 0.0.0.0//增加一条 ACL，禁止主机 192.168.1.3
R1(config)#access-list 1 permit any            //允许其他主机
R1(config)#interface serial 0
R1(config-if)#ip access-group 1 out            //将 ACL 应用到 S0 端口的出方向
R1(config-if)#exit
```

经过如上的配置后，回到 PC2，再做一次各台 PC 之间的连通，将发现如下一些情况。

Ping 192.168.1.3 是连通的；

Ping 192.168.2.2 不通；

Ping 192.168.2.3 不通。

而在 PC 上测试时，PC1 与 PC2、PC3、PC4 之间都是连通的。这就说明 PC2 发送的数据无法通过 R1 到达 R2 连接的网络。

（6）若根据网络安全的规则，"禁止 TCP 端口号为 20 和 21 的数据包通过 R2 访问其他网络"，则可以在路由器 R2 设置扩展访问控制列表，它不但可以针对源节点地址和目的节点地址设置，还可以对 TCP/IP 中特定的协议和端口号进行分析，实现数据包的过滤功能。具体步骤如下。

```
R2(config)#access-list 101 deny tcp 192.168.2.0 0.0.0.255 any eq 20
R2(config)#access-list 101 deny tcp 192.168.2.0 0.0.0.255 any eq 21
//增加两条扩展 ACL，禁止网络 192.168.2.0 中的主机发送 TCP 端口号为 20 和 21 的数据包
R2(config)#access-list 101 permit ip any any
//允许其他主机
R2(config)#interface serial 0
R2(config-if)#ip access-group 101 out          //将扩展 ACL 应用到 S0 端口的出方向
R2(config-if)#exit
```

（7）可以通过 show access-list 查看路由器上设置的访问控制列表。

```
R2#show access-list
```

4．实验小结

使用路由器的访问控制列表，可以实现简单数据包的过滤功能，通过扩展访问列表能够完成更为复杂的数据包过滤功能，作为小型网络的防火墙，使用非常广泛。

10.3.6　ADSL 无线路由器配置实验

ADSL 无线路由器的产品种类很多，涉及的制造商包括 D-link，TP-link，中兴，华为等，每个厂家又有多种型号，每种设备的配置虽不尽相同，但是设备的工作原理基本一致，只是操作界面略有不同。本节的 ADSL 实验设备为 TP-LINK 的 ADSL+路由器一体机（TD-W89841N 增强型）。

1．实验目的

● 了解 ADSL 无线路由器的工作原理。

● 掌握 ADSL 无线路由器的 LAN，WAN，DHCP，带宽分配等配置。

2．实验环境

● 软件环境：Windows XP/7，IE 浏览器。

- 硬件环境：TP-LINK 的 TD-W89841N，入户电话线。

3．实验准备工作

- 用户需要先办理 ADSL 入网手续，获取 ADSL 宽带接入的账号和密码。

4．实验内容一：ADSL 无线路由器的安装

根据图 10-20 所示的拓扑图，将 ADSL 无线路由器与其他设备连接。

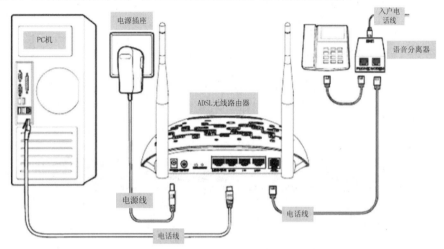

图 10-20　ADSL 无线路由器的物理连接

5．实验内容二：ADSL 无线路由器的设置向导

（1）在 PC 机上，打开浏览器页面，输入 IP 地址 192.168.1.1（大部分的 ADSL 无线路由器使用此地址用于设备的 Web 管理）。打开后输入账号和密码，一般账号和密码均为 admin（可以查看路由器背面标签上的标注信息）。

（2）选择"设置向导"，显示如图 10-21 所示的页面；单击下一步，打开如图 10-22 所示的"系统模式"设置页面，选择"ADSL 无线路由模式"；单击下一步，打开"DSL 设置"页面，需要手动填写虚电路的相关参数，也可以勾选"开启 PVC 自动搜索"，通过系统自动检测功能来获取参数信息；单击下一步，显示出图 10-24 所示的"WAN 口连接方式"，选择"PPPoE"；单击下一步，打开"PPPoE"设置页面，输入申请到的 ADSL 上网账号和密码；单击下一步，显示出图 10-26 的"无线"设置页面，将无线功能设为"启用"，输入"SSID 名称"（用来标识无线网络名称）和密码，采用 WPA-PSK 的加密模式；单击下一步，显示出 ADSL 无线路由器的基本配置信息，如图 10-27 所示，单击"保存"后，路由器将重新启动并拨号连接。

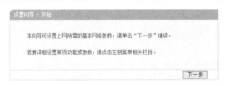

图 10-21　设置向导

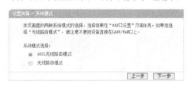

图 10-22　"系统模式"设置

图 10-23　"DSL"设置

图 10-24　"WAN"连接方式

图 10-25 "PPPoE"设置　　　　图 10-26 "无线"设置　　　　图 10-27 "保持"设置

（3）除了使用"设置向导"快速地完成 ADSL 无线路由器配置外，也可以在"网络参数"设置中，通过手动分项进行"WAN 口设置"、"LAN 口设置"、"DSL 参数设置"、"PVC 自动检测设置"等，如图 10-28 所示。其中对于"WAN 口设置"，单击 PPPoE 接口的"编辑"按钮，显示如图 10-29 所示的页面，可以设置 PPPoE 的接口拨号模式、断线重拨、等待时间等。

图 10-28 ADSL 无线路由器的配置列表

图 10-29 WAN 口服务设置

特殊拨号：根据 ISP 的限制，可能出现正常拨号模式下 PPPoE 无法连接成功时，则可以尝试特殊拨号模式。

按需连接：若选择按需连接模式，当有来自局域网的网络访问请求时，系统会自动进行连接。若在设定时间内(自动断线等待时间)没有任何网络请求时，系统会自动断开连接。对于采用按使用时间进行交费的用户，可以选择该项连接方式，有效节省上网费用。

自动断线等待时间：如果自动断线等待时间 T 不等于 0（默认时间为 15 分钟），则在检测到连续 T 分钟内没有网络访问流量时自动断开网络连接，保护您的上网资源。此项设置仅对"按需连接"和"手动连接"生效。

自动连接：若选择自动连接模式，则在开机后系统自动进行连接。在使用过程中，如果由于外部原因网络被断开，系统则会每隔一段时间（10 秒）尝试连接，直到成功连接为止。若您的网络服务是包月交费形式，可以选择该项连接方式。

手动连接：选择该项，开机后需要用户手动才能进行拨号连接，若在指定时间内（自动断线等待时间）没有任何网络请求时，系统会自动断开连接。若您的网络服务是按使用时间进行交费，可以选择该项连接方式。

6．实验内容三：配置 DHCP 服务

DHCP 动态主机控制协议(Dynamic Host Control Protocol)。选择"DHCP 服务器"→"DHCP服务设置"，打开如图 10-30 所示的页面。

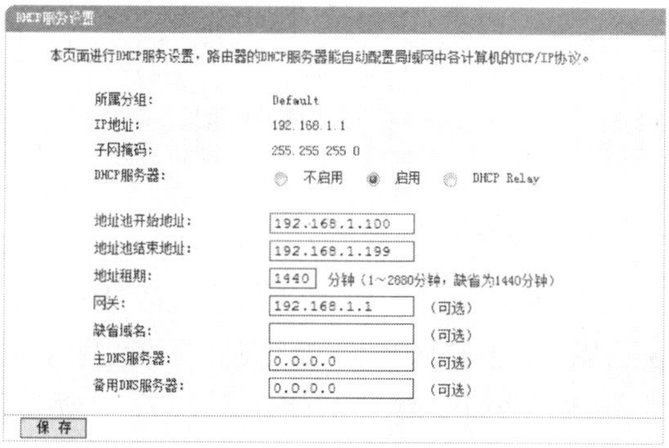

图 10-30　DHCP 服务器设置

TD-W89841N 有一个内置的 DHCP 服务器，它能够自动分配 IP 地址给局域网中的计算机。配置该项功能，可为局域网中的所有计算机配置 TCP/IP 参数，包括 IP 地址、子网掩码、网关以及 DNS 服务器的设置等。若要使用路由器的 DHCP 服务器功能，局域网中计算机的 TCP/IP协议项必须设置为"自动获得 IP 地址"。

7．实验内容四：IP 带宽控制

带宽控制功能可以实现对局域网计算机上网带宽的控制，以确保优先级的设备使用更多带宽。在如图 10-31 的页面中，可以开启带宽控制，并设定宽带线路类型及带宽大小，同时，还可进行带宽控制规则的添加、删除等。只有开启了带宽控制的总开关，"带宽控制规则"才能够生效。

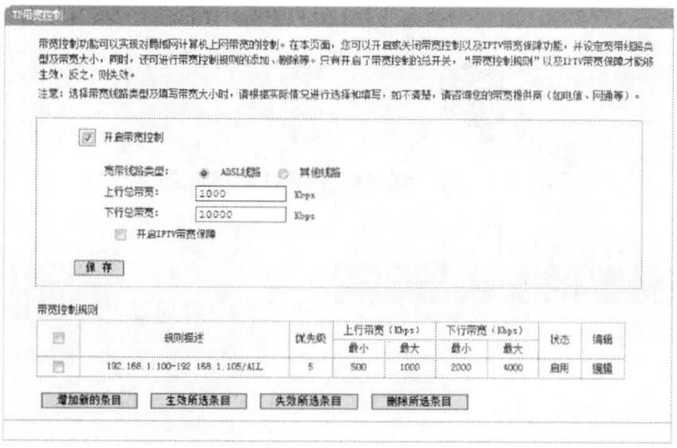

图 10-31　带宽设置

8．实验内容五：防火墙设置

ADSL 无线路由器也可以限制内网主机的上网行为。在图 10-32 所示的页面，可以打开启防火墙，并且设定默认的规则，还可以灵活地设置组合规则，通过选择合适的"内网主机"、"外网主机"、"日程计划"，构成完整而又强大的上网控制规则。

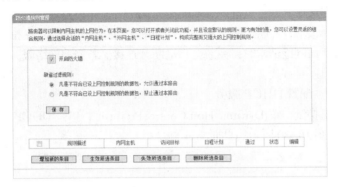

图 10-32　防火墙规则管理

9．实验小结

ADSL 无线路由器是目前广泛采用的宽带接入设备，尤其适合家庭用户，通过 ADSL 设备与路由器的一体化，不但实现了 Internet 接入、还提供了包括 DHCP 服务、路由服务、带宽控制、家长控制、网络安全防火墙、动态 DNS 等多种功能。随着计算技术与网络技术的不断发展，ADSL 无线路由器还会把更高速的通信带宽、更好的性能提供给用户。

10.4　基于 Windows Server 2003 的网络应用服务实验

本节实验将以 Windows Server 2003 网络操作系统为基础，通过域名服务器、动态主机配置协议服务器、Internet 信息服务器的安装、配置和管理，掌握基于 windows 平台的 Internet 应用服务系统的创建。本节实验的网络拓扑如图 10-33 所示。

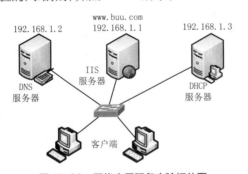

图 10-33　网络应用服务实验拓扑图

10.4.1　DNS 服务器的安装与配置

1．实验目的

● 了解域名服务器的工作原理。
● 掌握 Windows Server 2003 DNS 服务器的安装、配置与测试。

2．实验环境

● 软件环境：Windows Server 2003 操作系统。

● 硬件环境：服务器、计算机、局域网。

3．实验内容一：安装 DNS 服务器

（1）在硬件服务器上安装 Windows Server 2003 操作系统，并配置 TCP/IP 协议，为网卡分配固定的 IP 地址"192.168.1.2"，安装成功后开始安装 DNS 服务器。选择"开始"→"设置"→"控制面板"→"添加 / 删除程序"命令，在出现的对话框中单击"添加 / 删除 Windows 组件"选项，出现"Windows 组件向导"对话框，如图 10-34 所示。

（2）选择对话框"组件"列表中的"网络服务"一项，然后单击"详细信息"按钮，出现"网络服务"对话框。在对话框的"网络服务的子组件"列表中选择"域名系统（DNS）"选项，如图 10-35 所示。

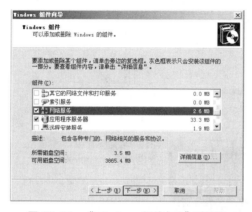

图 10-34 "Windows 组件向导"对话框

（3）单击"确定"按钮，返回"Windows 组件向导"对话框。然后单击"下一步"进行安装，系统将从安装光盘中复制所需的程序，最后提示配置完成。

（4）安装完成后，在"开始"→"程序"→"管理工具"的下级子菜单中也会增加一个"DNS"可执行文件。同时，在"\Windows\System32"下创建一个名为"dns"的文件夹。该文件夹中保存了与 DNS 运行有关的文件，如缓存文件（Cache）、DNS 配置文件（DNS）及一些文件夹。

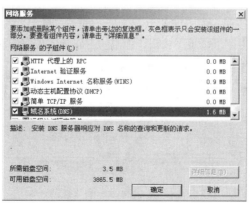

图 10-35 "网络服务"对话框

4．实验内容二：创建 DNS 正向查找区域

安装了 DNS 服务器之后，开始创建一个区域，以便完成域名解析的服务功能。正向查找区域用于正向查找请求，即从域名查找 IP 地址。为保证 DNS 服务的基本运行，在 DNS 服务器上至少应该配置正向查找区域，创建正向查找区域步骤如下。

（1）选择"控制面板"→"管理工具"→"DNS"，打开 DNS 管理控制台。在 DNS 控制台的目录树中，找到要创建正向查找区域的 DNS 服务器，右键单击该服务器，弹出如图 10-36 所示的快捷菜单，单击"配置 DNS 服务器"菜单项，弹出"欢迎使用配置 DNS 服务器向导"窗口，如图 10-37 所示。

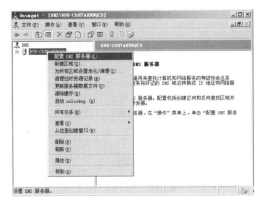

图 10-36　选择配置 DNS 服务器界面

图 10-37　欢迎使用配置 DNS 服务器向导

（2）单击"下一步"按钮，弹出如图 10-38 所示的"选择配置操作"对话框，选中"创建正向查找区域"选项，单击"下一步"按钮，弹出"主服务器位置"对话框，如图 10-39 所示。

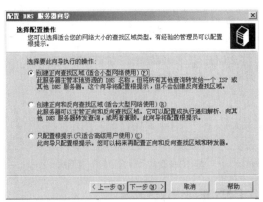

图 10-38　"选择配置操作"对话框

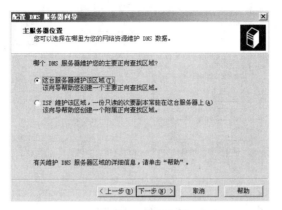

图 10-39　"主服务器位置"对话框

（3）选择"这台服务器维护该区域"项，然后单击"下一步"按钮，弹出"区域名称"对话框，如图 10-40 所示。在区域名称编辑框中输入区域名称，如"buu"，然后单击"下一步"按钮，弹出"区域文件"对话框，如图 10-41 所示。询问是否创建新的区域文件，可以按照默认的显示名称创建新文件。单击"下一步"按钮，系统弹出"动态更新"对话框，如图 10-42 所示。出于安全考虑，一般选择"只允许安全的动态更新"项，然后单击"下一步"按钮，弹出"转发器"对话框，如图 10-43 所示。

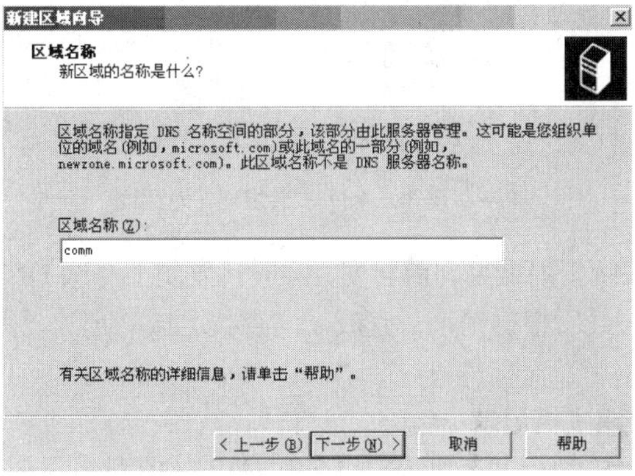

图 10-40　"区域名称"对话框

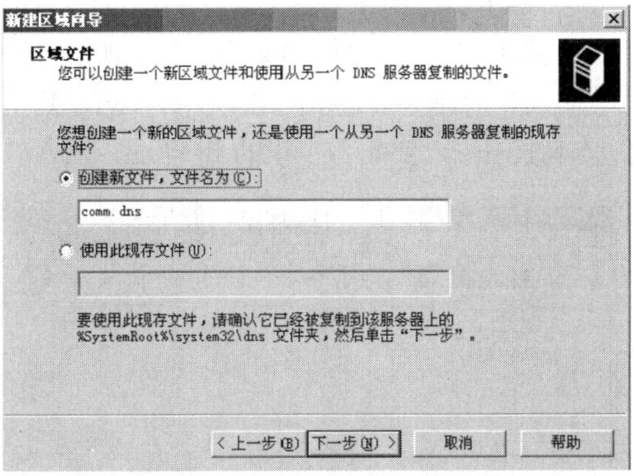

图 10-41　"区域文件"对话框

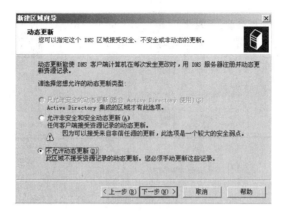

图 10-42　动态更新

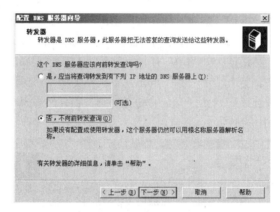

图 10-43　"转发器"对话框

（4）转发器是将无法解析的域名向前转发，一般转发到上一级 DNS 服务器，本实验课选择"否，不向前转发查询"。最后根据提示，完成正向查找区域的创建，图 10-44 标识出了创建的正向查找区域。

5．实验内容三：创建主机记录

创建主机记录是将主机的相关参数（主机名和对应的 IP 地址）添加到 DNS 服务器中，以满足 DNS 客户端查询主机名或 IP 地址的需要。在主要区域中创建主机记录的具体步骤如下。

（1）在 DNS 控制台，展开服务器下配置好的"正向查找区域"，如图 10-45 所示，右键单击新建区域名"buu.com"，在菜单中选择"新建主机"，打开如图 10-46 所示的"新建主机"对话框，在"名称"文本框中输入要创建主机记录的名称，如 www，则主机完整的域名为："www.buu.com"；在"IP 地址"文本框中输入要配置主机的 IP 地址，输入"192.168.1.1"。

图 10-44　配置完成界面

图 10-45　选择"新建主机"界面

如果 IP 地址与 DNS 服务器位于同一子网内，且建立了反向查询区域，则可以选择"创建相关的指针（PTR）记录"选项，服务器将自动为要配置的主机创建一条反向解析记录（即根据 IP 地址解析主机名）。

（2）单击"添加主机"按钮，完成该主机的创建。在区域"buu.com"中出现了新建的主机 www.buu.com，如图 10-47 所示。

图 10-46　"新建主机"对话框

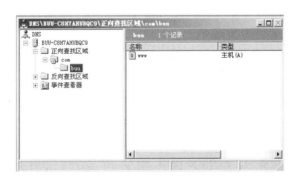

图 10-47　显示创建主机结果

区域内需要的大多数主机记录可以包含提供共享资源的工作站或服务器、邮件服务器和 Web 服务器以及其他 DNS 服务器等。这些资源记录由区域数据库中的大部分资源记录构成。另外，并非所有的计算机都需要主机资源记录，但是在网络上以域名来提供共享资源的计算机需要该记录。

6．实验内容四：创建邮件交换器记录

邮件交换器（MX）资源记录是为电子邮件服务专用的。电子邮件应用程序利用 DNS 客户根据收信人邮件地址中的 DNS 域名，向 DNS 服务器查询邮件交换器资源记录，从而定位要接收邮件的邮件服务器。邮件交换器记录的创建步骤如下。

（1）如图 10-48 所示，在 DNS 管理控制台窗口中，右键单击已创建的区域，从弹出的快捷菜单中选择"新建邮件交换器"。

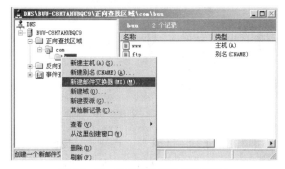

图 10-48　启动新建邮件交换器窗口

（2）系统自动弹出"邮件交换器"设置界面，如图 10-49 所示。在"主机或子域"下的编辑框中输入此邮件交换器记录负责的域名，即要发送邮件的域名。电子邮件应用程序将收件人地址的域名与此域名对照，以定位邮件服务器。

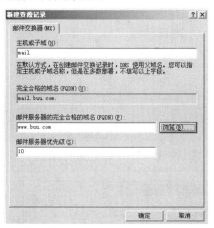

图 10-49　邮件交换器设置界面

（3）在"邮件服务器的完全合格的域名"下的文本框中输入负责处理上述邮件服务器的全称域名。发送或交换到邮件交换器记录所负责域中的邮件将由该邮件服务器处理。可单击"浏览"按钮从 DNS 记录中选择。

（4）在"邮件服务器优先级"下的文本框中，输入一个表示优先级的数值，范围为 0～65 535，来调整此域的邮件服务器的优先级，数值越小优先级越高。

（5）单击"确定"按钮，向该区域添加新记录，如图 10-50 所示。

图 10-50　邮件交换器添加完成

7．实验内容五：创建反向查找区域及其记录

通过主机名查询其 IP 地址的过程称为正向查询，而通过 IP 地址查询器主机名的过程称为反向查询；反向区域可以实现 DNS 客户端利用 IP 地址来查询其主机名的功能。配置了正向查询区域就可以满足用户的基本要求，反向查询区域不是必需的，可以在需要时创建。在 Windows Server 2003 中，创建标准主要区域的反向查找区域的操作如下。

（1）在 DNS 管理控制台目录树中找到要创建反向查找区域的服务器，然后展开该服务器，并右键单击"反向查找区域"选项。在弹出的快捷菜单中选择"新建区域"菜单项，进入"欢迎使用新建区域向导"。单击"下一步"按钮，出现"区域类型"界面，选择"主要区域"，单击"下一步"按钮，进入"反向查找区域名称"对话框，如图 10-51 所示。在"网络 ID"下方输入网络号，如果是 A 类网络，则只要输入 IP 地址的第一段数字，B 类网络输入前二段数字，只有 C 类网络才三段数字都输入。输入网络号后，反向查找区域被自动命名。如输入 192.168.1，它会自动显示在"反向查找区域名称"的下方（1.168.192.in-addr.arpa）。

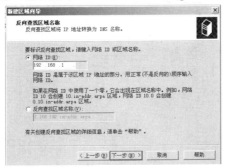

图 10-51　反向查找区域名称

（2）单击"下一步"按钮，出现"区域文件"界面，一般选中"创建新文件，文件名为"后，接受默认的文件名，直接单击"下一步"按钮即可生成创建并配置反向查找区域的摘要信息，如图 10-52 所示。确认无误后，单击"完成"按钮，结束反向查询区域的创建过程。

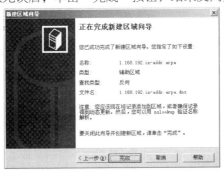

图 10-52　完成反向查询区域的创建

创建反向查找区域完成后，需要创建相关记录以提供反向查找。记录为指针（PTR）类型，用于映射基于指向其正向 DNS 域名计算机的 IP 地址的反向 DNS 域名。可以通过以下方式在该反向标准区域内创建指针类型的记录。

（1）在 DNS 管理控制台目录树中"反向搜索区域"下选择要创建指针的反向区域名称，单击鼠标右键，在出现的快捷菜单中选择"新建指针（PTR）"选项，如图 10-53 所示。

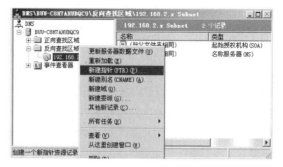

图 10-53　启动新建指针窗口

（2）系统弹出配置"指针"选项的对话框，在"主机 IP 号"后的一段文本框中输入主机 IP 地址的最后一段，然后在"主机名"后文本框中输入该 IP 地址对应的主机名，如图 10-54 所示。

图 10-54　配置"指针"选项对话框

（3）单击"确定"按钮，一个指针记录创建成功，如图 10-55 所示。可以用同样方法创建其他记录数据。

图 10-55　指针记录创建成功

8．实验内容六：DNS 客户端的配置与 DNS 测试

DNS 服务器安装完成后，客户端在使用 DNS 服务器上之前，必须对 DNS 客户端进行设置，在运行 Windows XP/7 的计算机上配置的步骤如下。

（1）右键单击桌面上的"网上邻居"，选择"属性"命令，打开"网络连接"对话框。

（2）选取窗口中的"本地连接"选项，单击鼠标右键，在出现的快捷菜单中选择"属性"选项，打开"本地连接属性"对话框，如图 10-56 所示。

（3）在对话框"此连接使用下列选定的组件"中，选取已安装的"Internet 协议（TCP/IP）"项，然后单击"属性"按钮，出现"Internet 协议（TCP/IP）属性"对话框，如图 10–57 所示。

（4）在"首选 DNS 服务器"后面输入 DNS 服务器的 IP 地址，如果网络中还有其他的 DNS 服务器时，在"备用 DNS 服务器"后输入备用 DNS 服务器的 IP 地址。设置完成后，DNS 客户端会依次向这些 DNS 服务器进行查询。

（5）根据先前设置的主机记录 www.buu.com（192.168.1.1），在 Windows XP/7 的"命令提示符"窗口下，执行"ping www.buu.com"，如果收到连通成功的应答，则说明 DNS 服务器工作正常。

图 10-56 "本地连接属性"对话框

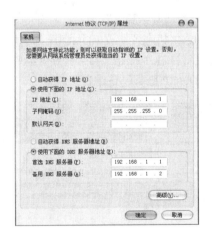

图 10-57 "Internet 协议（TCP/IP）属性"对话框

9. 实验小结

本节实验的主要目的在于了解 DNS 的工作原理，掌握 windows server 2003 DNS 服务器的配置和管理过程，使用 DNS 服务器之后，DNS 客户端可以方便地使用域名直接访问主机，而无需记住不同主机的 IP 地址。

10.4.2 DHCP 服务器的安装与配置

1. 实验目的

● 了解 DHCP 服务器的工作原理。

- 掌握 windows 2003 server DHCP 服务器的安装、配置与测试。

2．实验环境

- 软件环境：Windows Server 2003 操作系统。
- 硬件环境：服务器、计算机、局域网。

3．实验内容一：安装 DHCP 服务器

（1）在硬件服务器上安装 Windows Server 2003 操作系统，并配置 TCP/IP 协议，为网卡分配固定的 IP 地址"192.168.1.3"，安装成功后开始安装 DHCP 服务器。选择"开始"→"设置"→"控制面板"→"添加／删除程序"命令，在出现的对话框中单击"添加／删除 Windows 组件"选项，出现"Windows 组件向导"对话框，如图 10-34 所示。

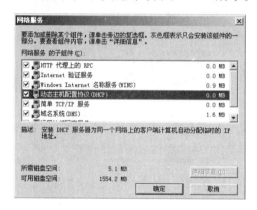

图 10-58　"网络服务的子组件"列表框——DHCP 组件

（2）在"组件"列表框中双击"网络服务"选项，打开的"网络服务"对话框的"网络服务的子组件"列表框，选择"动态主机配置协议（DHCP）"，如图 10-58 所示，然后单击"确定"按钮完成安装。完成安装后，单击"开始"→"程序"→"管理工具"→"DHCP"，可以看到图 10-59 所示界面，表明 DHCP 服务已正常安装。

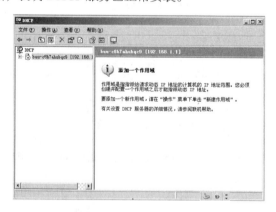

图 10-59　DHCP 管理单元

4．实验内容二：授权 DHCP 服务器

完成 DHCP 服务器的安装之后，还需要授权 DHCP 服务器。在 Windows Server 2003 中，当网络中的 DHCP 服务器不唯一时，必须采取措施防止因某些 DHCP 服务器配置不当而引发的错误地址出租问题。为了避免错误的地址出租，可以采取对 DHCP 服务器进行授权的方法来确认权威服务器，中止未授权的 DHCP 服务器的服务。

对 DHCP 服务器授权的操作步骤如下。

（1）选择"控制面板"→"管理工具"→"DHCP"，打开 DHCP 控制台。右键单击控制台树中 DHCP，在弹出的菜单中选择"管理授权的服务器"命令，启动授权管理。

（2）在系统弹出的"管理授权的服务器"对话框中单击"授权"按钮，系统将弹出"授权 DHCP 服务器"对话框，如图 10-60 所示。在"名称或 IP 地址"文本框中输入要授权的 DHCP 服务器的名称或 IP 地址，比如"192.168.1.3"，然后单击"确定"按钮，完成授权 DHCP 服务器的配置，如图 10-61 所示。

图 10-60　"授权 DHCP 服务器"对话框

图 10-61　"管理授权的服务器"对话框

5．实验内容三：创建与配置 DHCP 作用域

DHCP 作用域是指某个网段中可以用作动态分配的 IP 地址范围。在 Windows Server 2003 中，DHCP 程序以域为单位进行 DHCP 资源的管理与分配。要想使 DHCP 服务器能为客户机分配 IP 地址，必须在该服务器上创建并配置作用域。具体步骤如下。

（1）启动 DHCP 服务，在"DHCP 的内容"文本框中选择要为其创建作用域的服务器，右键单击，在弹出的菜单中选择"新建作用域"命令，如图 10-62 所示。

图 10-62　新建作用域

（2）系统弹出"新建作用域向导"对话框，单击"下一步"按钮，在"名称"对话框中输入作用域名称等信息，如图 10-63 所示。

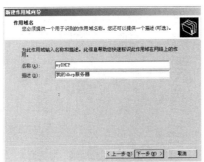

图 10-63　"作用域名"对话框

（3）单击"下一步"按钮，系统将出现设置"IP 地址范围"对话框，如图 10-64 所示。在"起始 IP 地址"和"结束 IP 地址"文本框中输入 IP 地址范围的起始值和结束值，在"子网掩码"文本框中输入相应的子网掩码。

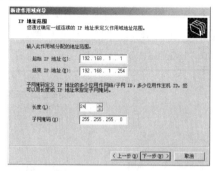

图 10-64　设置"IP 地址范围"对话框

（4）单击"下一步"按钮，系统将出现"添加排除"对话框，如图 10-65 所示。在该对话框中，可以根据需要设置排除 IP 地址范围内已用了的地址或将保留的地址。在"起始 IP 地址"和"结束 IP 地址"文本框中输入排除范围 IP 地址的起始值和结束值，单击"添加"按钮。如果要排除单个 IP 地址，则在"起始 IP 地址"文本框中输入 IP 地址的起始值，而"结束 IP 地址"文本框中为空，然后单击"添加"按钮即可；如果要从排除范围中删除 IP 地址或 IP 地址范围，在"排除的地址范围"列表框中选择该地址，单击"删除"按钮。

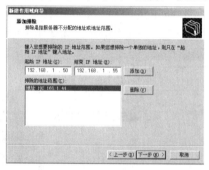

图 10-65　"添加排除"对话框

（5）单击"下一步"按钮，在"租约期限"对话框中指定该作用域中 IP 地址的租用时间（包括"天"数、"小时"数和"分钟"数），如图 10-66 所示。

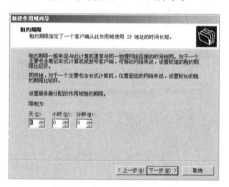

图 10-66　"租约期限"对话框

（6）单击"下一步"按钮，系统将询问现在是否为所创建的作用域配置 DHCP 选项，选中"是，我想现在配置这些选项"，然后单击"下一步"按钮，系统会对这些选项作出说明，需要配置的选项包括指定作用域要分配的路由器或默认网关、域名称和 DNS 服务器以及 WINS 服务器，只需在各个提示框中输入相应的信息即可。

（7）单击"下一步"按钮，出现"完成"窗口。单击"完成"按钮，完成配置任务。激活所创建的作用域，在 DHCP 服务的控制台树中可以看到所创建的作用域，如图 10-67 所示。

图 10-67　创建作用域

6．实验内容四：配置 DHCP 客户机

在运行 Windows XP/7 的计算机上，打开"Internet 协议（TCP/IP）属性"窗口（具体操作如前），如图 10-68 所示。在"常规"选项卡中选中"自动获得 IP 地址"单选按钮后，单击"确定"按钮，此计算机就被设置成为 DHCP 客户机。

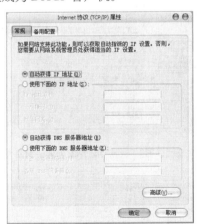

图 10-68　"Internet 协议（TCP/IP）属性"对话框

DHCP 配置完成后，就可以通过使用局域网中的 DHCP 服务器的功能。在 Windows XP/7 的命令行窗口下，可使用 ipconfig 命令来测试 DHCP 的配置信息，具体命令如下。

（1）ipconfig/all：显示客户机获得的详细 IP 协议的配置信息。

（2）ipconfig/release：释放租约，即停租本机的 IP 地址。

（3）ipconfig/renew：强行更新租约，此命令向 DHCP 服务器发出一条 DHCPREQUEST 消息，以接收更新的配置选项和租用时间。

7．实验小结

本节实验的主要目的在于了解 DHCP 的工作原理，掌握 Windows server 2003 DHCP 服务器的配置和管理过程，使用 DHCP 服务器之后，网络中的计算机启动之后，可以向 DHCP 服务器发出请求获取 IP 租约，得到服务器应答后，计算机将根据获取到的信息完成本机的网络配置。

10.4.3　IIS 服务器的安装与配置

1．实验目的

- 了解 IIS 服务器的工作原理。
- 掌握Windows 2003 server IIS 服务器的安装、配置与测试。

2．实验环境

- 软件环境：Windows Server 2003 操作系统。
- 硬件环境：服务器、计算机、局域网。

3．实验内容一：安装 IIS 服务器

IIS 是 Internet 信息服务器（Internet Information Server），利用 IIS 6.0 可以方便地架设和管理 Web 站点及 FTP 服务等。安装 IIS 的步骤如下。

（1）在硬件服务器上安装 Windows Server 2003 操作系统，并配置 TCP/IP 协议，为网卡分配固定的 IP 地址"192.168.1.1"。在 Windows Server 2003 操作系统里，单击"开始"→"控制面板"→"添加或删除程序"→"添加/删除 Windows 组件"，显示"Windows 组件向导"窗口，在打开的列表框中依次选择"应用程序服务器"和"详细信息"，显示"应用程序服务器"窗口，选中"ASP.NET"复选框以启用 ASP.NET 功能，如图 10-69 所示。

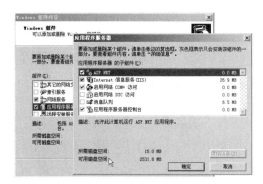

图 10-69　"应用程序服务器"窗口

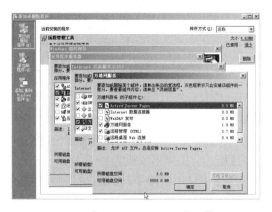

图 10-70　"Internet 信息服务（IIS）"窗口

（2）然后依次选择"Internet 信息服务（IIS）"→"详细信息"→"万维网服务"→"详细信息"，在"万维网服务"窗口需选中"Active Server Pages"复选框，如图 10-70 所示。选中该复选框后，IIS 中可运行 ASP 程序。

（3）单击"确定"按钮返回"Windows 组件"窗口，单击"下一步"按钮，按照系统提示插入 Windows Server 2003 安装光盘即可安装好 IIS。

4．实验内容二：使用网站创建向导创建 Web 站点

IIS 安装完成后，需要对网站进行配置和管理，如设置网站属性、IP 地址、指定主目录、默认文档等。默认情况下，当安装了 IIS 以后，Windows 会自动创建一个默认的 Web 站点。该站点使用默认设置，内容为空。可以调整默认站点的设置，将要发布的网页文件复制到相应的站点文件夹中，以实现创建站点的目的。另外，IIS 中提供了网站创建向导功能，以帮助创建站点，具体步骤如下。

（1）在 Windows Server 2003 操作系统里，单击"开始"→"管理工具"→"Internet 信息服务（IIS）管理器"，在打开的"Internet 信息服务（IIS）管理器"中，右键单击"网站"，指向"新建"，选择"网站"。在弹出的"欢迎使用网站创建向导"页面，单击"下一步"；在网站描述页输入网站的描述，如 WinServer.org，如图 10-71 所示。

（2）单击下一步，在"IP 地址和端口设置"页面，设置此 Web 站点的网站标识（IP 地址、端口和主机名头），输入网站 IP 地址为 192.168.0.1；保持端口为默认 HTTP 端口 80，不输入主机名头，然后单击"下一步"，如图 10-72 所示。

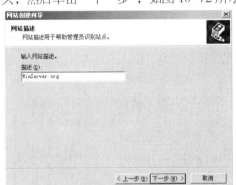

图 10-71　描述网站

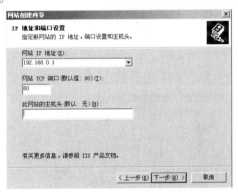

图 10-72　为网站设置 IP 地址和端口

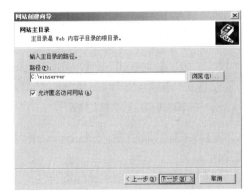

图 10-73　设置网站主目录

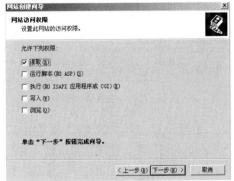

图 10-74　设置网站访问权限

（3）单击"下一步"，显示"网站主目录"页面，如图 10-73 所示，输入主目录的路径，主

目录即网站内容存放的目录，在此输入为 c:\winserver。默认选择了允许匿名访问网站，表示允许对此网站的匿名访问。

（4）单击"下一步"，显示如图 10-74 所示的"网站访问权限"页面，默认只是选择了读取，即只能读取静态内容。如果需要运行脚本如 ASP 等，则勾选"运行脚本（如 ASP）"，至于其他权限，可根据需要慎重考虑后再选取。单击"下一步"，在"已成功完成网站创建向导"页面，单击完成实现 Web 站点的创建。

5．实验内容三：设置 Web 站点的属性

在"Internet 信息服务（IIS）管理器"中，右键单击对应的 Web 站点，然后在弹出的快捷菜单中选择"属性"选项，配置 Web 站点的属性，本实验仅对主目录、×××等几项配置进行说明。

主目录设置：是一个网站的中心，每个 Web 站点必须有一个主目录，通常它包含带有欢迎内容的主页或索引文件，并且包含该站点到其他页面的链接。假设站点的域名为 www.buu.com，主目录为 c:\winserver，客户端计算机在浏览器中输入 www.buu.com 时，访问的就是 c:\winserver 中的文件。单击网站属性对话框中的"主目录"标签，设置主目录，如图 10-75 所示。在主目录标签，主要可以进行以下配置。

（1）修改网站的主目录：通过"此资源的内容来自"内容的选择，可以将网站的主目录配置为本地目录、共享目录或者重定向到其他 URL 地址 3 种情况之一。

（2）修改网站访问权限：网站访问权限用于控制用户对网站的访问，IIS 6.0 中具有 6 种网站访问权限：读取、写入、脚本资源访问、目录浏览、记录访问、索引资源，其中读取、记录访问、索引资源 3 项是默认选中的。

（3）执行权限：执行权限用于控制此网站的程序执行级别，IIS 6.0 中有无纯脚本、脚本和可执行文件这 3 种执行权限，最后一种安全性低，设置前要慎重考虑。

图 10-75　"主目录"标签

图 10-76　"文档"标签

默认文档设置：默认文档是指当用户通过客户端浏览器中输入 Internet 域名（如www.buu.com）访问时，在浏览器中打开的默认页面。

（1）在图 10-75 的基础上选中"文档"标签，如图 10-76 所示。使用此标签可以定义站点的默认网页并在站点文档中附加页脚。

（2）选中"启用默认内容文档"复选框，当浏览器请求访问该 Web 站点时，如果没有指定文档名称，默认按照列表次序中的文档提供给浏览器。默认文档可以是目录主页或包含站点文

档目录列表的索引页，多个文档可以按照自上向下的搜索顺序列出。可以添加和删除默认内容文档，也可以选择对应名字后单击上移、下移调整优先级。

（3）选中"启用文档页脚"复选框，在网站能够将任何一个页面传送给浏览器时，由系统自动地给每一个页面加上一个 html 格式的文件，插在网页的最后，这种格式的文件就称为页脚文档。页脚文档一般包含着公司的名称、版权信息等内容，在用户浏览该网站的任何一个页面时，在每个页面的最后都会看到这样的信息。

目录安全性设置：为了 Internet 信息服务器的安全性，IIS 6.0 提供了一套服务器安全机制，可以最大限度地降低或消除各种安全威胁。在如图 10-77 所示的"目录安全性标签"，可以配置身份验证和访问控制、IP 地址和域名限制、安全通信等。

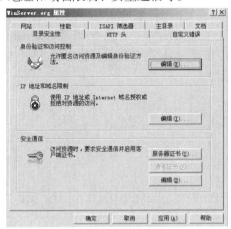

图 10-77 "目录安全性"标签

身份验证和访问控制。

新建设的网站默认是所有用户都可以进行访问的，但是对于内容比较保密的网站，为了确保网站信息的安全性，必须要求用户输入用户名和密码才能进行访问。

单击图 10-64"身份验证和访问控制"组的"编辑"按钮，弹出"身份验证方法"对话框，如图 10-78 所示。IIS 6.0 支持 5 种身份验证方式，在此仅介绍常用的 3 种。

图 10-78 "目录安全性"标签——身份验证方法

匿名访问：启用匿名访问后，当用户访问此 Web 站点时，Web 站点会使用预配置的用户账户代替客户进行身份验证，而不需要用户输入身份验证信息，为了实现更高的安全性和隔离性，可以配置为使用自定义的用户账户。

基本身份验证：基本身份验证是广泛使用的工业标准身份验证方式，访问 web 站点时要求用户显式输入身份验证信息，然后通过 BASE64 编码传送至 Web 服务器，由于没有进行加密，如果数据包被其他人捕获则会造成身份验证信息的泄露。

集成 Windows 身份验证：集成 Windows 身份验证在通过网络发送用户名和密码之前，先将它们进行哈希计算，因此更为安全，它在 Windows 系统中被广泛使用。但是非 Windows 系统可能不支持集成身份验证，并且不能通过代理使用集成身份验证。

6．实验小结

本节实验的主要目的在于了解 Windows server 2003 的 Internet 信息服务器，掌握 IIS 的安装过程，并完成创建 Web 站点和对 Web 服务器进行配置的过程，如果熟悉 web 开发，可制作 Web 站点并发布到 IIS 服务器上。